U0297911

湿地保护修复与可持续利用丛书

本书受 国家科技重大专项“汉丰湖流域生态防护带建设关键技术研究与示范”（2013ZX07104-004-05）
国家自然科学基金（51808065；52178031）
中央高校基本科研业务费项目（2021CDJQYJC005）
资助

Study on Design for the
Littoral Zone Ecosystem of Hanfeng Lake

汉丰湖消落带生态系统设计研究

■ 袁兴中 袁 嘉 熊 森 陈光海◎著

科 学 出 版 社
北 京

内 容 简 介

三峡工程蓄水后形成30米落差的消落带，冬季淹没、夏季出露，面对严酷逆境的挑战，汉丰湖消落带生态系统修复设计与实践研究，为全世界大型蓄水水库消落带治理与修复提供了科学参考和技术范式参照。本书介绍了三峡库区汉丰湖消落带生态系统修复设计与实践研究的创新成果，在探讨三峡工程蓄水后汉丰湖消落带生态系统变化及生物多样性研究进展、消落带生态系统修复策略与技术的基础上，结合作者近十年来在汉丰湖所进行的消落带生态系统修复实践，全面介绍了消落带适生植物筛选及群落配置、消落带基塘生态系统设计、消落带林泽生态系统设计、汉丰湖库岸生态系统修复设计、鸟类生境设计和滨水区小微湿地设计及其实践应用，展示了大型蓄水水库消落带生态系统修复的创新研究进展。

本书为水库消落带生态系统修复设计与实践研究方面的专著，可供生态学、风景园林学、湿地科学、环境科学与工程等领域的管理人员、专业技术人员和大专院校有关专业师生参考。

图书在版编目（CIP）数据

汉丰湖消落带生态系统设计研究/袁兴中等著. —北京：科学出版社，2024.1

（湿地保护修复与可持续利用丛书）

ISBN 978-7-03-075515-5

Ⅰ. ①汉…　Ⅱ. ①袁…　Ⅲ. ①三峡水利工程-水库环境-生态规划-研究-重庆　Ⅳ. ①X321.271.9

中国国家版本馆CIP数据核字（2023）第081251号

责任编辑：朱萍萍　李　静 / 责任校对：韩　杨
责任印制：师艳茹 / 封面设计：有道文化

科学出版社出版
北京东黄城根北街16号
邮政编码：100717
http://www.sciencep.com

北京中科印刷有限公司印刷
科学出版社发行　各地新华书店经销
*
2024年1月第　一　版　开本：720×1000　1/16
2024年1月第一次印刷　印张：17 3/4
字数：270 000

定价：158.00元

（如有印装质量问题，我社负责调换）

丛书编委会

丛 书 序

湿地是重要的生态系统，是流域生态屏障不可缺少的组成部分，具有重要的生态服务功能，包括涵养水源、水资源供给、气候调节、环境净化、生物多样性保育、碳汇等。近年来，经济社会的高速发展给湿地生态系统带来了巨大压力和严峻挑战。随着人口急剧增加和经济快速发展，对湿地的不合理开发利用导致天然湿地日益减少，湿地的功能和效益日益下降；过量捕捞、狩猎、砍伐、采挖等对湿地生物资源的过量获取，造成湿地生物多样性丧失；盲目开垦导致湿地退化和面积减少；水资源过度利用，使得湿地蓄水、净水功能下降，顺应自然规律的天然水资源分配模式被打破；湿地长期承泄工农业废水、生活污水，导致湿地水质恶化，严重危及湿地生物生存环境；森林植被破坏，导致水土流失加剧，江河湖泊泥沙淤积，使湿地资源遭受破坏，生态功能严重受损；气候变化（尤其是极端灾害天气频发）给湿地生态系统带来了严重威胁。长期以来，一些地方对湿地资源重开发、轻保护，重索取、轻投入，使得湿地资源不堪重负，已经超出了湿地生态系统自身的承载能力。为加强湿地保护和修复，2016年11月，《国务院办公厅关于印发湿地保护修复制度方案的通知》（国办发〔2016〕89号）提出了全面保护湿地、推进退化湿地修复的新要求。

加强湿地保护修复和可持续利用是摆在我们面前的历史任务。对于如何保护、修复湿地，合理利用湿地资源，需要科学指引，需要生态智慧，迫切需要湿地保护修复及可持续利用理论与实践应用方面的指导。针对湿地保护修复和可持续利用，长江上游湿地科学研究重庆市重点实验室和重庆大学湿地生态学博士点的专家团队组织编写了本套丛书。丛书的编著者近年来一直从事湿地保护、修复与可持续利用的研究与应用实践，开展了系列创新性的研究和实践工作，取得了卓越成就。本套丛书基于该团队近年来的研究与实践工作，从流域与区域相结合的层面，以三峡库区腹心区域的澎溪河流域为例，论述全域湿地保护与可持续利用；基于河流尺度，系统阐述具有季节性水位变化的澎溪河湿地自然保护区生物多样性；对受水位变化影响的工程型水库湿地——汉丰湖进行整体生态系统设计研究；从生物多样性形成和维持机制角度，阐述采煤塌陷区新生湿地生物多样性及其变化；在深入挖掘传统生态智慧的基础上，阐述湿地资源的可持续利用。

湿地是地球之肾，也是自然资产。对湿地认识的深入，有利于推动我们从单纯注重保护，走向保护-修复-利用有机结合。保护生命之源，为人类提供生命保障系统；修复自然之肾，为我们优化人居环境；利用自然资产，为人类社会的永久可持续做贡献。组织出版一套湿地领域的丛书是一项要求高、费力多的工程。希望本丛书的出版能够为全国湿地的保护、修复、利用和管理提供科学参考。

马广仁

2018年1月

前 言

2010年，三峡水利枢纽工程在完成175m实验性蓄水后，实行“蓄清排浑”的运行方式，由此在海拔145～175m的库区两岸形成了冬季淹没、夏季出露的水库消落带。位于三峡库区腹心区域的重庆市开州区消落带面积巨大、类型众多，生态环境问题复杂，且挑战巨大。为最大限度地减缓消落带所带来的不利影响，充分利用消落带为我们带来的生态机遇，重庆市开州区在移民新城下游4.5km处修建水位调节坝，正常蓄水位为170.28m，将水位消涨幅度由30m降至4.72m，形成独具特色的“城市内湖”——汉丰湖。2008年，重庆市开州区开始建设汉丰湖水位调节坝，于2012年建成，2017年正式运行水位调节坝。2017年以前，汉丰湖的水位变化与三峡水库同步。冬季三峡水库高水位运行时，汉丰湖水位为175m；夏季三峡水库水位消落到145m时，汉丰湖水位保持在145m。2017年之后，汉丰湖在冬季仍保持175m高水位，夏季则由于水位调节坝的运行，水位保持在170.28m。这是一个多重动态水位变化过程，如何应对三峡水库消落带的30m水位变化及冬季深水淹没严酷逆境的生态环境挑战，以及巨大水位变动影响下的城市内湖消落带，国内外的相关研究都很薄弱，国际上尚缺乏相关的可供参考的案例。

突破三峡水库消落带生态系统修复与景观优化关键技术，是国家长江生态大保护战略的重大需求。汉丰湖消落带生态系统设计和修复实践备受关注，但如何深入挖掘隐含在具有巨大水位变化的汉丰湖消落带生态系统背后的生态学机制，进行耐水淹植物筛选及种源库建设，探索适应水位变化的植物群落配置及营建模式，构建汉丰湖消落带生态系统适应性设计途径及技术体系，迫切需要加强基础科学研究及关键技术攻关。自2008年以来，本课题组一直持续进行着三峡水库消落带及汉丰湖的深入调查和研究，在了解汉丰湖消落带生态系统的基础上，进行了消落带生态系统科学设计和修复实践，并取得了良好成效。

本书是有关汉丰湖消落带生态系统设计与实践研究方面的专著，在反映和介绍汉丰湖消落带生态系统变化及生物多样性研究进展、消落带生态系统修复技术的基础上，结合作者近十几年来在汉丰湖所进行的生态实践，对消落带生态系统修复设计及实践进行了全面阐述。全书共十章，完整概括了汉丰湖消落带生态系统修复研究进展、修复策略与技术，结合消落带适生植物筛选及群落配置、消落带基塘生态系统设计、消落带林泽生态系统设计、汉丰湖库岸生态系统修复设计、鸟类生境设计和滨水区小微湿地与水敏性设计等方面，论述了三峡库区汉丰湖消落带生态系统修复设计技术及其实践应用，展示了大型工程型水库消落带生态系统修复的创新性研究进展。

大型工程型水库消落带生态系统设计与实践是生态学研究和生态修复工程领域的新课题，无论是理论探索还是技术方法，都需要大胆创新和深入研究。如何借鉴中国传统农耕时代与治水、利水、善水相关的生态智慧，基于自然的解决方案，进行消落带生态系统整体设计，优化和提升消落带生态系统服务功能，是我们面临的挑战和机遇。在书中，我们力图反映消落带生态系统研究和技术方法的最新进展，深入分析和阐述水库消落带生态系统创新性设计技术方法。尽管还有很多方面需要进一步完善，但我们希望本书对大型工程型水库消落带生态系统研究及应用能起到积极推动作用。

本书得到国家科技重大专项“汉丰湖流域生态防护带建设关键技术研究与示范”（2013ZX07104-004-05）、国家自然科学基金面上项目“乡村景观中的小微湿地网络及其调控机理研究”（52178031）、国家自然科学基金青年科学基金项目“山地城市水敏性区域草本植物群落适应性设计研究”（51808065）及中央高校基本科研业务费项目“基于自然解决方案的三峡库区消落区生态系统修复研究”（2021CDJQYJC005）等多个项目的资助，是在大量调查研究和实践应用的基础上编写而成。

全书由袁兴中统稿，各章撰写执笔分工如下：第一章研究区域概况由熊森、陈光海撰写，第二章汉丰湖湿地资源由袁兴中、陈光海撰写，第三章汉丰湖湿地生物多样性由袁兴中撰写，第四章消落带生态系统设计技术框架由袁兴中、袁嘉撰写，第五章消落带适生植物筛选及群落配置由袁兴中、袁嘉撰写，第六章汉丰湖消落带基塘生态系统设计由袁兴中、袁嘉撰写，第七章汉丰湖消落带林泽生态系统设计由袁兴中撰写，第八章汉丰湖库岸生态系统修复设计由袁兴中、袁嘉撰写，第九章汉丰湖消落带鸟类生境设计由袁兴中撰写，第十章汉丰湖滨水区小微湿地与水敏性设计由袁嘉撰写。

在十几年来汉丰湖消落带生态系统设计和修复实践应用中，课题组得到了重庆市开州区人民政府、开州区自然保护地管理中心的大力支持和帮助。十几年来，本课题组团队的博士研究生、硕士研究生参与了三峡水库消落带和汉丰湖消落带的野外调查与研究，并且绘制了书中的部分图件。此外，三峡水库消落带及汉丰湖的研究和本书的写作，也得到国内外许多专家、学者的大力支持。在此，对他们致以衷心的感谢。

袁兴中

2022 年 5 月

目　录

第一章　研究区域概况

三峡水库蓄水后，由于防洪、清淤及航运等需求，实行“蓄清排浑”的运行方式，即夏季低水位运行（145m），冬季高水位运行（175m）。因而，在145～175m高程的库区两岸形成与天然河流涨落季节相反、涨落幅度30m、面积达348.9km^{2}的水库消落带（刁承泰，1999）。2006年，三峡工程开始156m蓄水，自此形成了典型的消落带新生湿地。2010年10月26日，三峡工程完成175m试验性蓄水，拉开了全面进入三峡库区生态环境保护和建设的“后三峡时代”序幕。在“后三峡时代”的生态环境保护与建设中，消落带湿地生态保护和建设是重中之重。三峡工程蓄水运行后，岸坡稳定问题和水库消落带的环境影响逐步显现（Yuan et al.，2013）。开州区消落带面积巨大，类型众多，生态环境问题复杂，且开州区新城的人口密度大，消落带环境与人居环境问题相互交织、错综复杂。对开州区来说，消落带是把“双刃剑”。如何化害为利，最大限度地减缓消落带的不利影响，充分利用消落带出露时期正是植物生长的水热同期季节所带来的生态机遇，开州区进行了大胆的尝试。2008年开始，重庆市开州区在新城下游4.5km处丰乐镇乌杨村修建了水位调节坝，主坝顶高178.00m，最大坝高22.53m，正常蓄水位170.28m。建成后，水位调节坝以上减少消落带面积14.48km^2，再辅以库区生态防护措施，能在一定程度上减轻消落带生态环境问题的影响。2012年，汉丰湖水位调节坝建成，2017年，水位调节坝正式运行。2017年以前，汉丰湖的水位变化与三峡水库同步。冬季三峡水库高水位运行时，汉丰湖水位为175m；夏季三峡水库水位消落到145m时，汉丰湖水位保持在145m。2017年之后，汉丰湖在冬季仍保持175m高水位，夏季则由于水位调节坝的运行，水位保持在170.28m。

开州区新城与汉丰湖水乳交融。水是城市发展的重要影响因子，城市因水而生，也可能因水而衰。将汉丰湖的保护、修复、景观生态建设与城市建设整合起来、协同共生（袁兴中等，2019），建设一个极具特色的湿地之城，是目前国内外城市人居环境建设的最新发展趋势。开州区生态文明建设对国土生态保护、水质保护及生物多样性保护提出了更高的要求。汉丰湖作为开州区生态环境保护的重要区域和关键节点，对开州区的生态文明建设具有十分重要的示范意义，发挥着举足轻重的作用，国家湿地公园则为此提供了极好的平台。汉丰湖国家湿地公园在国内外最大的特色和亮点是：季节性水位变动下城市内湖湿地景观建设与人居环境协同共生，建设湖城共生的复合生态系统。

第一节　自然环境概况

一、地理位置和范围

汉丰湖国家湿地公园位于重庆市东北部开州区境内（黎璇等，2009），地处三峡库区腹心区域，长江三峡水库支流澎溪河回水末端。开州历史悠久，古属梁州之域，秦、汉属巴郡朐忍县地。东汉建安二十一年（公元216年）蜀先主划朐忍西部地置汉丰县，以汉土丰盛为名。南北朝刘宋（公元420～479年）又于汉丰境内增置巴渠、新浦共三县皆属巴东郡。西魏改汉丰为永宁。北周天和四年（公元569年）移开州于永宁，辖永宁、万世（巴渠改名）、新浦、西流（新置）四县。隋开皇十八年（公元598年）改永宁为盛山县，改开州为万州。广德元年（公元763年）改盛山县（贞观初西流县并入）为开江县，开州辖开江、新浦、万岁（万世改名）三县。宋庆历四年（1044年）省新浦入开江，万岁改名清水，时开州辖二县。元（1271～1368年）省县入州。明洪武六年（1373年）降州为县，开州之名自此始。因南河古名开江，州、县由此得名。

汉丰湖国家湿地公园地处开州城区内东河与南河交汇处（图1-1），范围东起乌杨桥水位调节坝（包括水位调节坝主体），南以新城滨湖公园最南界（包括滨湖公园在内）为界，往西一直延伸到镇安镇，以南河镇安大桥为界；往西北延伸，以南河支流桃溪河176m高程线为界，支流最西北端以河湾村与新龙村间的挡水坝为界（176m 蓄水后的回水位线）；北到老县城所在的乌杨坝—汉丰坝—大邱坝—风箱坪一线，以滨湖公路的外侧边界为界。汉丰湖国家湿地公园包括汉丰湖主体、东河下游及河口段、头道河下游及河口段、桃溪河下游及河口段，总面积为 1332.65hm^2。

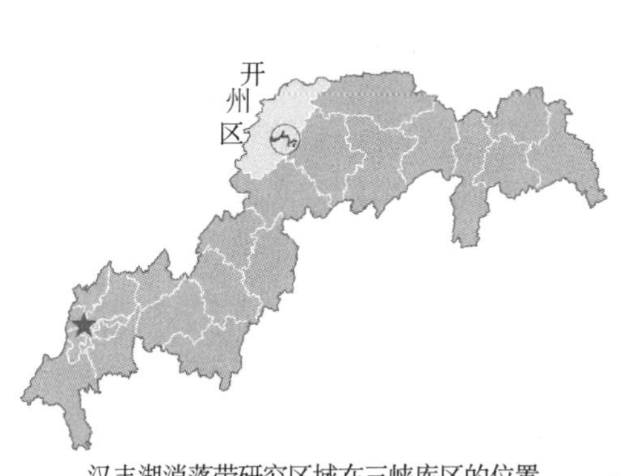

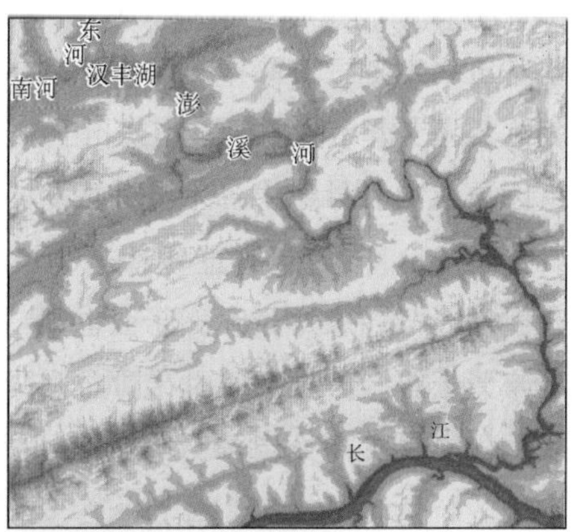

图 1-1　汉丰湖国家湿地公园地理位置图

二、地质

汉丰湖所在的开州区位于重庆市东北部，地处大巴山麓、三峡库区腹地。开州区属新华夏系四川沉降褶皱带北东端部分，西部属盆东褶皱带，南部属川东平行岭谷区，北部属大巴山南麓。开州区地质构造大体由三个背斜

（铁峰背斜、开梁背斜–假角山背斜和温泉背斜）组成。出露地层有第四系新冲积、侏罗系沙溪庙组两个层段。

三、地貌

开州区属浅丘河谷区，为丘陵山地地貌，由于受地质构造和岩性的控制，呈狭长条形山脉与丘陵相间的“平行岭谷”地貌景观。地貌形态有浅切条状低山、中切梳状中山，形成“四山三丘三分坝”的地貌特征。汉丰湖所在区域属丘陵河谷地貌区，南河近东西走向，漫滩及岸坡呈带状沿河岸发育。河床两侧为宽缓的河谷，河漫滩发育，局部基岩出露，地形起伏小，河谷高程一般为 161.30～162.36m，宽度为 30～300m，河岸高程一般为 163.99～185.28m（图 1-2），相对高程为 5～20m，基岩岸坡形成陡坡。河岸横向沟谷发育，规模较大的有平桥河沟、观音河、头道河和驷马河等冲溪河沟，场地根据地形陡缓分为斜坡区和河漫滩区。

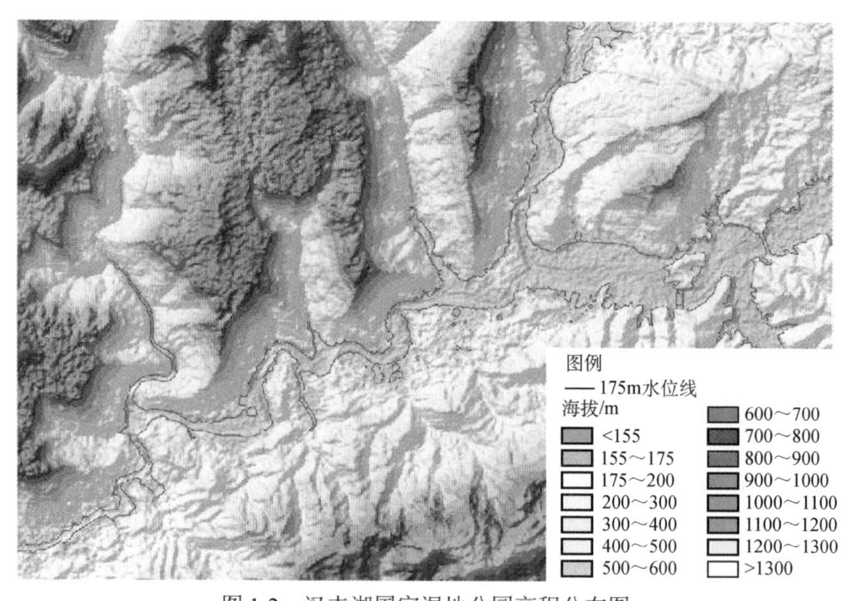

图 1-2　汉丰湖国家湿地公园高程分布图

四、气候

汉丰湖所在的开州区属亚热带湿润季风气候，多年平均气温为 18.5℃；多年平均最高气温为 23.1℃，变幅为 1.4℃；多年平均最低气温为 14.9℃，变幅为1.2℃；月平均最低气温为1月，为7℃；月平均最高气温为7月，为29.4℃；≥10℃积温长达277天，无霜期为306天。多年平均降水量为1385mm，降水总量为55.07亿m^3。由于该地地势低洼，不易散热，盛夏酷热。

五、水文

（一）径流与泥沙

开州区境内有南河（江里河）、东河（东里河）、普里河3条主要河流，均属长江支流澎溪河水系。汉丰湖西段为南河，在汉丰坝开州老城旧址老关咀处汇入东河，老关咀以下称澎溪河，在云阳县注入长江。澎溪河全长52.55km，多年平均流量为102.81m^3/s。

澎溪河流域洪水由暴雨形成，洪水的季节性变化与暴雨一致。据统计，年最大洪峰一般出现在5～9月，10月也偶有发生，但量级较小。其中以5月、7月、9月3个月出现的次数最多，6月、8月次之。澎溪河属山溪性河流，汇流速度快，河槽调蓄能力小，洪水涨落急骤，洪水过程线形状多变，复峰和连续峰均有出现，主峰既有尖瘦的高峰，又有洪峰不高而洪量较大的胖峰，当各支流洪水遭遇时，就会形成澎溪河特大洪水。东河水质清澈，在枯季一般无泥沙，南河泥沙含量相对较大，且以悬移质居多，两河交汇后，清浊逐渐混合。澎溪河输沙量年内的变化，随径流量年内变化而变化，汛期5～9月这5个月的输沙量占总输沙量的96%，主汛期6～9月的输沙量占总输沙量的75%。

（二）水库运行方式

1. 三峡水库调度运行方式

三峡水库汛期以防洪为主，发电需要服从于防洪。为了防洪需要，汛期水库维持防洪限制水位145m运行，汛后的10月，水库蓄水，库水位逐步升高至175m运行。在枯水期，发电和航运统筹兼顾，在满足电力系统要求的前提下，水库尽量维持在高水位运行，随入库径流减小，水库水位逐步下降，5月末降至枯期最低消落水位145m。

2. 汉丰湖水位调节坝调度运行方式

汉丰湖水位调节坝的正常蓄水位为170.28m。水位调节坝正式运行后，汉丰湖形成典型的季节性水位变化（袁兴中等，2019，2021）。冬季三峡库区高水位运行期间，汉丰湖维持在175m高水位。此时，水位调节坝上的汉丰湖和坝下的澎溪河同为175m水位。夏季，三峡水库坝前水位消落至145m。由于水位调节坝的作用，汉丰湖的水位保持在170.28m（图1-3）。

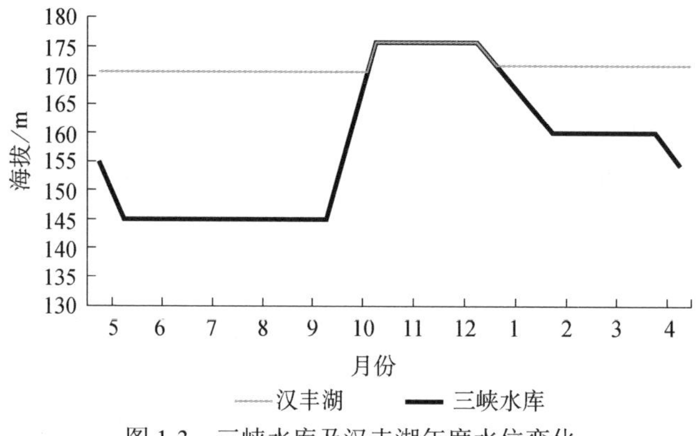

图1-3　三峡水库及汉丰湖年度水位变化

六、土壤

开州区的土壤类型众多，理化性质差异显著，主要有水稻土、紫色土、黄壤、黄棕壤、棕壤、石灰土、亚高山草甸土7个土类、10个亚类、20个土属、68个土种。林地以石灰土、黄棕壤和棕壤为主，占林地总面积的56.41%；农耕地则以紫色土为主，占耕地总面积的72.92%。与全国养分分级标准相比较，开州区土壤有机质的含量属于中等或中下等水平。加上气候因素、母质因素、地形因素的影响，表现出沙质土的比例较大、碳酸盐土类分布广的特点。全区土壤含钾量较丰富。汉丰湖国家湿地公园有冲积土、紫色土、黄壤、黄棕壤和石灰土5个土类，其中以冲积土、紫色土为主。

第二节　蓄水淹没后的变化

一、三峡水库蓄水淹没与消落带

2010年10月26日三峡工程完成175m蓄水后，三峡水库消落带面积已达 348.9km^2，是我国面积最大的水库消落带（张虹，2008）。三峡水库消落带形成后，水位变幅达到 30m，冬季深水淹没长达 5～6 个月，夏季出露季节正值高温时期，形成了极严峻的环境挑战。由于库水淹没、水位每年季节性大幅度消涨并与自然雨旱洪枯季节规律相反，水流速度减慢，消落带陡坡地段泥沙被反复冲刷，基岩裸露，平缓地段泥沙淤积，浅水漫滩面积增加，消落带出露期气候炎热潮湿，陆岸库区污染物在消落带阻滞积累转化和再溶入水库，使蓄水前消落带生态环境条件、生态系统、地理景观及格局发生剧变，导致一系列生态环境问题（苏维词，2004）。这些生态环境问题包括：消落区原有生物减少与消失；陆岸库区污染物在消落带阻滞积累转化和再溶入水库导致水质污染；库岸失稳诱发次生地质灾害；库岸带居民与移民生存环境和景区旅游环境质量衰退，以及冬季淹没季节植物在水下厌氧分解，成为二次污染源。

三峡水库蓄水后形成的消落带既是严峻的环境挑战，也带来了生态机遇（Shen and Xie，2004；Mitsch et al.，2008）。一方面，水库消落带的生态脆弱性需要我们加强保护和慎重选择保护修复模式；另一方面，三峡水库消落带夏季出露期间，正值生长旺季，大多数平缓的土质库岸消落带被生长的植被所覆盖，分析表明，三峡水库以坡度小于 15°的平缓消落带为主，面积达到 204.59km^2，占消落带总面积的 66.79%；大面积的消落带植被吸收了大量 CO_2，积累的生物物质是宝贵的资源。

面对三峡水库这样的特大型水库及大面积的消落带区域，我们的认识应该从观念上发生转变，即在正视其潜在问题的同时也应看到其给我们带来的生态机遇。一方面，我们要重视消落带环境质量的变化；另一方面，我们也应该看到，大面积的消落带植被所蓄积的碳及营养物质是宝贵的资源，如果能够加以妥善的利用，就能化害为利。消落带是一把“双刃剑”，而生态方法是解决消落带问题的根本出路。

二、蓄水淹没与汉丰湖消落带的变化

三峡库区重庆市开州区消落带面积大、类型多，生态环境问题复杂。汉丰湖是三峡水库蓄水后形成的库中库，水文变化特征受上游和库区的双重影响。三峡水库在 2006 年蓄水到 156m，汉丰湖所在的澎溪河段基本不受三峡水库蓄水影响，呈现典型的河流性质，主要受夏季洪水影响。2008 年，三峡水库高水位蓄水到 173m，回水影响到汉丰湖所在的澎溪河段，冬季在原开县老城区形成宽阔的水面。初期蓄水淹没至 173m 水位时，对澎溪河高河漫滩及河岸高地区域形成浅淹没状态，尚有一些沙洲出露水面。2008～2009 年冬季，该地吸引了很多水鸟，种类较蓄水前增加，尤其是雁鸭类水鸟。初期蓄水淹没的是肥沃的土地，由于营养盐的释放，2008～2009 年汉丰湖所在的澎溪河段消落带景观品质低下、近岸水域水质较差。2010 年 10 月 26 日，三峡水库完成 175m 蓄水，高水位淹没形成汉丰湖。随着淹没的持续进行，原来澎溪河那些高河漫滩及河岸高地区域处在深淹没状态，冬季那些出露的沙洲也被淹没于水下，越冬水鸟的数量有所减少。

高水位淹没后，在每年夏季出露季节，汉丰湖土质库岸的消落带上草本植物自然恢复生长，但过去挖沙采石对原生地貌的破坏及开州新城建设过程中两岸堤防的建设，使得部分岸段消落带底质及地形条件较差，部分岸段被硬化处理，生物多样性呈下降趋势。

三峡水库蓄水形成汉丰湖消落带以来，面临的主要问题包括以下 4 点。①位于汉丰湖湖滨的开州城区有 35 万人口，建成区面积约有 40km^2，是一个典型的水敏性城市，来自陆域集水区的地表径流携带面源污染物，经消落带这一水陆界面入湖，使水环境安全受到威胁，人居环境质量受到严峻的环境挑战。②冬季深水淹没、夏季高温季节出露，由此带来巨大威胁——由于湖泊型水体与河流型水体间的差异，生活在原有河岸的物种难以适应季节性水位变化巨大、且冬季长时间深水淹没的消落带新环境，而生长不良甚至消失；生活在原有河岸的物种难以适应汉丰湖消落带新的环境。③土地利用格局的改变使得水敏性区域的水环境胁迫难以预测和治理。④长期季节性的水位变化对库岸稳定性产生不利影响。

第三节　汉丰湖国家湿地公园发展沿革

如何有效地保护汉丰湖湿地资源及水环境安全，并将湿地景观生态建设与城市人居环境有机整合起来，开县[①]县委、县政府于2010年提出了建设汉丰湖国家湿地公园的构想，并于当年成功申报了国家湿地公园。2011年3月25日，国家林业局以林湿发〔2011〕61号文正式批准重庆汉丰湖成为国家湿地公园建设试点。

自2011年年初国家林业局批准汉丰湖作为国家湿地公园建设试点以来，在开州区委、区政府的领导和支持下，汉丰湖国家湿地公园的建设扎实推进，取得了明显成效。汉丰湖国家湿地公园已经成为开州区城市美化的窗口和美丽开州区建设的重要细胞工程，为汉丰湖景观生态建设与城市人居环境质量提升打下了坚实基础。

开州区围绕汉丰湖启动了一系列规划设计和工程建设，完成了汉丰湖国家湿地公园建设四大节点的设计工作。2011年，完成了汉丰湖北岸生态结构设计。同年，完成了汉丰湖南岸石笼船大桥城市多功能基塘系统建设，经过多年蓄水淹没的考验，多功能基塘系统的植物长势良好，为开州区城乡居民提供了休闲观赏场所，并显现了良好的生态效益和社会效益。2012年，实施了汉丰湖北岸生态结构施工和湿地工程建设。汉丰湖北岸的林泽、生态护坡及湿地工程经受住了多年蓄水淹没考验，湿地植物长势良好。水位调节坝工程建设竣工后，与之配套的景观工程初步完成。滨湖公园建设的完成，已经成为汉丰湖国家湿地公园的重要组成部分。通过湿地公园建设以来的保护与恢复，使湿地保护保育区基本保持自然状态，湿地野生动植物栖息环境受人类活动干扰相对较少，水质保持良好。2013年年底，完成乌杨坝生态修复地形施工。2014年4月，完成乌杨坝生态修复工程。

2014年，汉丰湖国家湿地公园顺利通过国家林业局组织的验收。2015年，汉丰湖被国家林业局列为全国重点建设的23家国家重点湿地公园之一。2015年5月底，完成汉丰湖湿地“五小”工程及芙蓉坝多维湿地建设。同年10月，“长江湿地保护网络年会”在开州区召开。这是国家林业局和世界自然基金会（WWF）共同主办的会议。会议期间，30多个省（市）的200多位代表高度赞扬了开州区湿地保护与建设的成就。2016年1月6日，习近平总书记

① 2016年，国务院批复同意撤销开县，设立重庆市开州区，同年7月22日开州区正式挂牌成立。

考察重庆，指出长江经济带生态大保护的发展方向[①]；同年 11 月，国家林业局张建龙局长亲自带队考察，对汉丰湖作为长江经济带绿色发展的样板给予了充分肯定。2021 年 6 月，汉丰湖获评 2021 年度重庆市美丽河湖。同年 10 月，重庆首届生态保护修复十大案例评选结果出炉，汉丰湖消落带生态系统修复列第四位。

① 习近平：落实创新协调绿色开放共享发展理念　确保如期实现全面建成小康社会目标[EB/OL]. 2016-01-06. http://www.gov.cn/xinwen/2016-01/06/content_5031019.htm?allcontent [2022-05-20].

第二章　汉丰湖湿地资源

汉丰湖国家湿地公园位于开州区新城，包括汉丰湖水体、湖岸消落带湿地、东河下游及河口段湿地、头道河河口段湿地，形成大面积形态各异的湿地类型，是由水库湿地、河流湿地、岛屿沙洲湿地等构成的自然与人工复合湿地系统，湿地野生动植物资源丰富，水库湿地特征显著，湿地形态自然，植被景观秀丽、观赏性强，是我国水库湿地的典型代表，具有较高的保护价值和科学研究价值。

第一节　湿地类型与分布

汉丰湖国家湿地公园内湿地资源丰富，类型多样。根据《全国湿地资源调查技术规程（试行）》的分类系统，湿地公园内的湿地分为河流湿地、沼泽湿地和人工湿地三大湿地类和永久性河流、季节性河流、洪泛湿地、草本沼泽、灌丛沼泽、森林沼泽和库塘湿地七个湿地型。

一、河流湿地

（一）永久性河流湿地

永久性河流湿地是指常年有河水径流的河流湿地。汉丰湖国家湿地公园的永久性河流湿地主要包括澎溪河、东河、南河、头道河（图 2-1）、桃溪河等常年有水的河流。

图 2-1　汉丰湖国家湿地公园永久性河流湿地（头道河）

（二）季节性河流湿地

季节性河流湿地也称间歇性河流湿地，主要包括汉丰湖国家湿地公园周围汇入的间歇性小溪沟，雨季有流水，旱季则为干河沟。

（三）洪泛湿地

洪泛湿地是指河流洪水泛滥淹没的河流两岸地势平坦地区，以多年平均洪水位为准，在丰水季节由洪水泛滥的河滩、河心洲、河谷、季节性泛滥的草地及保持常年或季节性被水浸润的内陆三角洲所组成。汉丰湖地处开州区三里河谷平坝，东河、南河在此交汇，洪泛湿地广布，主要有大邱坝等大面积河滩，以及东河、桃溪河、头道河支流和汉丰湖中的一些河心沙洲，数量众多、形态多样（图 2-2）。2017 年夏季水位调节坝下闸蓄水至海拔 170.28m 后，洪泛湿地面积显著减少。

图 2-2 洪泛湿地（汉丰湖东河河口沙洲及泛滥地）

二、沼泽湿地

沼泽湿地主要包括草本沼泽、灌丛沼泽和森林沼泽三个湿地型。

（一）草本沼泽湿地

草本沼泽是指由水生和沼生的草本植物组成优势群落的淡水沼泽。三峡水库于 2006 年开始 156m 蓄水，2008 年蓄水至 173m，2010 年蓄水至 175m。由于水库实施“蓄清排浑”的运行方式，已经形成了典型的消落带湿地，在汉丰湖周围地势低洼处，冬季被水淹没，夏季退水后仍然积水，湿地草本植物发育良好，逐渐沼泽化，形成草本沼泽湿地，主要分布在芙蓉坝、乌杨坝、水冬坝及东河河口段的部分区域（图 2-3）。

图 2-3 草本沼泽湿地（汉丰湖北岸水冬坝）

（二）灌丛沼泽湿地

灌丛沼泽是指以灌丛植物为优势群落的淡水沼泽。由于水库实施“蓄清排浑”的运行方式，已形成了典型的消落带湿地，在汉丰湖周边地势低洼处，冬季被水淹没，夏季退水后积水，部分地势低洼、土层较深厚的区域湿地灌木生长良好，如秋华柳等，形成以灌丛植物为优势群落的淡水沼泽，主要分布在窟窿坝以西的部分区域。

（三）森林沼泽湿地

森林沼泽是以乔木为优势群落的淡水沼泽。随着三峡水库蓄水时间的延长，在汉丰湖头道河与南河交汇处的原有河滩及沙洲上，柳树、桑等植物的繁殖体在此自然定植，形成冬季淹没水中的林泽，由于地势低洼，夏季也常常处在浅淹没状态。此外，2014 年开始在汉丰湖北岸乌杨坝区域，西自水东坝，东到王家湾，实施了 300 余亩①复合林泽工程，构建了针阔叶混交的消落带林泽（图 2-4），为冬季越冬鸟类提供了良好的栖息和庇护场所。

① 1 亩≈666.67m^2。

图 2-4　针阔叶混交的消落带林泽（不同水位时期汉丰湖北岸乌杨坝迎仙村段）

三、人工湿地

人工湿地主要是指库塘湿地，是为蓄水、发电、农业灌溉、城市景观、农村生活为目的而建造的人工蓄水设施。汉丰湖水位调节坝以上是因三峡水库蓄水形成的典型的库塘湿地。汉丰湖国家湿地公园的人工湿地类型非常丰富，包括因三峡水库蓄水形成的消落带人工湿地（图 2-5）、汉丰湖周边的人工蓄水池、水生植物种植田（包括部分地块的荷花种植塘、茭白种植塘）、水生动物养殖塘（乌杨岛王家湾一带的小型鱼塘等）。

图 2-5　库塘湿地（汉丰湖头道河河口）

第二节　湿地资源特征

汉丰湖湿地资源具有自然性、代表性、典型性、多样性、稀有性和脆弱性六个特征。

一、自然性

三峡水库消落带是水、陆生态系统的交错过渡与衔接区域，受水、陆季节性变化的影响，水库消落带由陆地转变为水陆交替的湿地，陆地生态系统逐渐向湿地生态系统演变，形成典型的湿地。汉丰湖湖面宽阔，湿地类型多样，湿地自然生境质量良好，基本维持了原生状态。

二、代表性

三峡水库正常蓄水后，消落带经历从陆地生态系统向湿地生态系统的演替过程，这是一个典型的原生演替。汉丰湖消落带湿地为我们提供了研究原生演替的理想基地，湿地形成后，湿地植被从浅水、库岸，直到过渡高地，呈现出典型的湿地生态演替序列。

汉丰湖消落带湿地是中国水库消落带湿地的代表性区域和长江上游地区湿地的重要组成部分，已被列入《中国湿地行动保护计划》和《全国湿地保护工程实施规划》。

水鸟是监测湿地生态环境的重要指示物种，水鸟的多少是湿地生态系统健康与否的标志。三峡水库蓄水后，汉丰湖湖面增大，库湾增多，水生植物、底栖动物和鱼类丰富，已经成为鸟类越冬的乐园和觅食场所。近年来的观察表明，蓄水后飞到汉丰湖越冬的水禽多达30余种，数量达到上万只。因此，汉丰湖是研究长江上游越冬水禽的重要基地。

三峡水库消落带形成后可能带来众多的生态环境问题，汉丰湖国家湿地公园建立后，通过在公园内开展消落带湿地生态恢复、重建和湿地生态资源合理利用的科学研究和生态工程示范，给三峡水库消落带湿地的综合整治和利用提供了参考模式，也为国内外大型水库消落带治理和可持续利用提供了典型范例。

总之，汉丰湖湿地类型多样，生境复杂，在三峡水库消落带湿地和长江上游地区的湿地中具有较强的代表性和典型性。175m 蓄水后，河湖关系、生态水文等均发生巨大变化，在研究“自然–人工”二元干扰与水库环境关系方面，具有极其重要的意义。

三、典型性

汉丰湖湿地在水形态、湿地生境形态、湖周建筑形态、移民文化和民俗文化五个方面具有典型特征。汉丰之胜，独在于水，汉丰湖季节性变化的大面积水面、消落带湿地共同构成动态性特色湿地景观。季节性变化的湖面、湖周消落带湿地构成了汉丰湖独特的水形态。汉丰湖湿地是三峡水库和水位调节坝双重影响下演变形成的湿地，其生境、生物群落、水鸟、城市与水的紧密相依是自然与人类和谐相处的典范。乌杨古刹和芙蓉坝的文峰塔、古木群落及生态环境，造就了汉丰湖湿地独特的人文肌理形态。

四、多样性

汉丰湖湿地的多样性表现在湿地类型多样和湿地水生生物物种多样。汉丰湖湿地包括河流湿地、库塘湿地、沼泽湿地三大湿地类和永久性河流湿地、季节性河流湿地、洪泛湿地、库塘湿地、草本沼泽、灌丛沼泽、森林沼泽七个湿地型；在三峡库区，汉丰湖成为最大的内陆湖库湿地，湿地类型最丰富，包括终年河道自然湿地、河口湿地、河心沙洲湿地、河滩自然湿地、消落带人工湿地、水库人工湿地、人工蓄水池、水生植物种植田和水生动物养殖塘，兼有岛屿型消落带、库湾型消落带、湖盆型消落带、土质库岸消落带、基岩质库岸消落带等类型。调查表明，汉丰湖国家湿地公园有高等维管植物 691 种，隶属 150 科 504 属，其中蕨类植物 23 科 37 属 49 种；裸子植物 7 科 13 属 16 种；被子植物 120 科 454 属 626 种；水生植物达 104 种，在水生植物中，水域分布主要为浮萍科、泽泻科、茨藻科植物，湿地分布则以禾本科、莎草科、蓼科、灯心草科、泽泻科植物为多，这些丰富的湿地植物形成了多种多样的湿地植被类型，包括挺水植物群落、沉水植物群落、漂浮植物群落、湿生草甸群落等。汉丰湖国家湿地公园有野生陆栖脊椎动物 248 种，其中两栖类 13 种，爬行类 19 种，鸟类 193 种，兽类 23 种。

五、稀有性

汉丰湖是罕见的城中次生湖库湿地，其生态资源丰富，资源景观质朴，文化积淀深厚。汉丰湖湿地是中国水库湿地的典型，与城市相依存，属于稀缺的具有季节性水位变化的城市湿地资源，具有深厚独特的历史文化积淀。汉丰湖独一无二的季节性水位变化，无论是科学研究，还是游览观赏，都具有极大的价值。

汉丰湖珍稀生物众多，有国家一级保护动物中华秋沙鸭和黄胸鹀 2 种，国家二级保护动物胭脂鱼（*Myxocyprinus asiaticus*）、大鲵（*Andrias davidianus*）、乌龟（*Chinemys reevesii*）、脆蛇蜥（*Ophisallnis harti*）、小天鹅、鸳鸯、花脸鸭、白秋沙鸭、鹗、凤头蜂鹰、黑鸢、雀鹰、普通鵟、白腹鹞、游隼、燕隼、水雉、红嘴相思鸟、蓝喉歌鸲 19 种，重庆市重点保护水生野生动物 15 种，重庆市重点保护陆生野生动物 7 种，长江上游特有鱼类 11 种。

六、脆弱性

脆弱性是反映生境、生物群落和物种对环境改变敏感程度的指标，生态系统脆弱性表现为区内生态系统易受破坏。汉丰湖湿地生态系统处于水陆交错界面，受到季节性水位变动的影响，具有明显的不稳定性和脆弱性。因此，汉丰湖湿地需要特别加以保护。

第三节　湿地生态系统评估

一、评估指标体系

根据《国家湿地公园评估标准》（LY/T 1754—2008），对汉丰湖湿地生态系统进行评估，评估指标体系由湿地生态系统质量、湿地环境质量、湿地景观、基础设施、管理和附加分 6 类项目共 23 个因子组成，总分 100 分，其权重分值见

表 2-1。根据评估因子进行逐项打分，得出汉丰湖湿地生态系统的评估等级。

表 2-1　评估指标体系及各指标分值

评估项目	湿地生态系统质量（40 分）	湿地环境质量（23 分）	湿地景观（15 分）	基础设施（10 分）	管理（10 分）	附加分（2 分）
评估因子	生态系统典型性（10 分）	水环境质量（10 分）	科学价值（4 分）	宣教设施（4 分）	功能分区（4 分）	附加分（2 分）
	湿地面积比例（9 分）	土壤环境质量（7 分）	整体风貌（3 分）	景观通达性（3 分）	保育分区（3 分）	
	生态系统独特性（8 分）	空气环境质量（3 分）	科普宣教价值（3 分）	监测设施（2 分）	机构设置（2 分）	
	湿地物种多样性（7 分）	噪声环境质量（3 分）	历史文化价值（3 分）	接待设施（1 分）	社区共管（1 分）	
	湿地水资源（6 分）	—	美学价值（2 分）	—	—	

二、评估方法与标准

（一）评估方法

汉丰湖湿地生态系统评估分值按下式计算：

$$W=\sum_{i=1}^{23}a_iX_i$$

式中，a_i 为 6 类评估项目中各评估因子的权重；X_i 为 6 类评估项目中各评估因子的评估分值；W 为湿地生态系统评估分值。

本书采用上述公式进行汉丰湖湿地生态系统评估。

（二）评估标准

（1）评估总得分≥80 分，且单类评估项目得分均不小于该类评估项目满分的 60%，评为“优”。

（2）70 分≤评估总得分＜80 分，且单类评估项目得分均不小于该类评估项目满分的 60%，评为“良”。

（3）60 分≤评估总得分＜70 分，且单类评估项目得分均不小于该类评估项目满分的 60%，评为“一般”。

（4）评估总得分＜60 分，或单类评估项目得分为该类评估项目满分的 60%以下时，评为“差”。

三、湿地生态系统评估

（一）评估因子

汉丰湖湿地生态系统评估主要包括以下五个方面内容。

1. 生态系统典型性

汉丰湖是由永久性河流湿地、洪泛湿地、草本沼泽湿地、库塘湿地等多种类型组成的复合生态系统，在我国长江上游及西南山地具有极强的典型性。同时，汉丰湖国家湿地公园的植物组成为泛北极植物区中国-日本森林植物亚区的典型代表，并发育了典型的水位调节变化下水库消落带人工湿地植被。湿地公园是众多水禽在长江上游三峡水库的越冬栖息地。

2. 湿地面积比例

汉丰湖国家湿地公园内湿地总面积为 1151.09hm^2，占土地总面积的 86.38%，不仅远远超过湿地率不低于 30%的标准，且湿地类型独特。

3. 生态系统独特性

生态系统独特性表现在以下三个方面。

（1）三峡水库消落带是水、陆生态系统的交错过渡与衔接区域，受水、陆季节性变化的影响，水库消落带由陆地转变为水陆交替的湿地，陆地生态系统逐渐向湿地生态系统发生演变。汉丰湖湖面宽阔，湿地类型多样，湿地自然生境质量良好，基本维持了原生状态。

（2）三峡水库正常蓄水后，消落带经历从陆地生态系统向湿地生态系统的演替过程，是典型的原生演替，为人们提供了研究原生演替的理想基地。

（3）汉丰湖是罕见的城中次生湿地，属于稀缺的城市湿地资源，是中国水库湿地的典型，具有深厚独特的历史文化积淀和极大的保护与科研价值。

4. 湿地物种多样性

调查表明，汉丰湖国家湿地公园内共有高等植物 691 种，水生植物达 104 种，野生陆栖脊椎动物 248 种。汉丰湖珍稀生物种类众多，其中有国家一级保护动物 2 种、国家二级保护动物 19 种，重庆市重点保护水生野生动物 15 种，重庆市重点保护陆生野生动物 7 种，长江上游特有鱼类 11 种。

5. 湿地水资源

汉丰湖国家湿地公园内的水资源补给方式为综合补给，主要包括自然径流、自然降水等方式，水资源丰富。汉丰湖所在的澎溪河全流域多年平均径流量为79.17m^3/s，湿地公园内的宝塔窝站多年平均径流量为76.6m^3/s，多年平均径流深为759mm，年径流量为24.17亿m^3。总之，湿地公园内各河流蕴含了丰富的水资源，完全能够保障湿地生态用水和周边社区生产、生活用水。

（二）评估得分

评估表明，汉丰湖国家湿地公园生态系统质量评估得分为37.4分（表2-2）。

表2-2　湿地生态系统质量评估因子、程度、赋值、指标解释及汉丰湖国家湿地公园得分

评估因子	程度	赋值	指标解释	满分	评估赋值	评估得分
生态系统典型性	高	$1 \geq x \geq 0.8$	湿地类型在全国范围内具有典型性	10	0.9	9.0
	中	$0.8 > x \geq 0.6$	湿地类型在全省范围内具有典型性			
	低	$0.6 > x \geq 0$	湿地类型在全省范围内不具有典型性			
湿地面积比例	高	$1 \geq x \geq 0.8$	干旱区湿地面积占总面积50%及以上，或湿润区湿地面积占总面积70%及以上	9	0.9	8.1
	中	$0.8 > x \geq 0.6$	干旱区湿地面积占总面积30%～50%，或湿润区湿地面积占总面积50%～70%			
	低	$0.6 > x \geq 0$	干旱区湿地面积占总面积30%以下，或湿润区湿地面积占总面积50%以下			
生态系统独特性	高	$1 \geq x \geq 0.8$	湿地生态系统在全国范围内具有独特性	8	1.0	8.0
	中	$0.8 > x \geq 0.6$	湿地生态系统在全省范围内具有独特性			
	低	$0.6 > x \geq 0$	湿地生态系统独特性很差			
湿地物种多样性	高	$1 \geq x \geq 0.8$	物种种数占其所在行政省内湿地物种总数的比例大于10%，或维管束植物种数大于等于150种，或有国家一级、二级保护物种或特有物种；或是某种水生生物在全国范围内的主要栖息地或繁殖地	7	0.9	6.3
	中	$0.8 > x \geq 0.6$	物种种数占其所在行政省内物种总数的比例达3%～5%，或维管束植物种数达100～150种，或脊椎动物种数达50～100种；或有省级保护物种			
	低	$0.6 > x \geq 0$	物种种数占其所在行政省内物种总数的比例的3%以下，或维管束植物种数在100种以下，或脊椎动物种数在50种以下			
湿地水资源	高	$1 \geq x \geq 0.8$	以自然降水或者自然径流补给，水量能够保证湿地用水	6	1.0	6.0
	中	$0.8 > x \geq 0.6$	以自然降水或者自然径流补给为主，基本能够保证湿地用水，或者需要少量的人工补给			
	低	$0.6 > x \geq 0$	自然水量不能保证湿地的需要			
小计				40		37.4

四、湿地环境质量评估

（一）评估因子

汉丰湖国家湿地公园湿地环境质量评估主要包括以下四个方面内容。

1. 水环境质量

地表水环境质量监测表明，汉丰湖大多数水质指标都能满足Ⅲ类水域标准，表明地表水环境质量较好。

2. 土壤环境质量

汉丰湖国家湿地公园及其周边区域基本无污染，土壤达到《土壤环境质量 农用地土壤污染风险管控标准（试行）》（GB 15618—2018）一级标准。

3. 空气环境质量

环境空气质量监测表明，汉丰湖国家湿地公园环境空气中二氧化硫、氮氧化物、悬浮颗粒物均达到二级标准，环境空气质量现状为良。

4. 噪声环境质量

噪声环境质量监测表明，按照《声环境质量标准》（GB 3096—2008）中2类区域标准，汉丰湖国家湿地公园各区域昼夜间均未超标，表明湿地公园声环境质量较好。

（二）评估得分

评估表明，汉丰湖国家湿地公园环境质量评估得分为20.8分（表2-3）。

表2-3 湿地环境质量评估因子、程度、赋值、指标解释及汉丰湖国家湿地公园得分

评估因子	程度	赋值	指标解释	满分	评估赋值	评估得分
水环境质量	高	$1 \geq x \geq 0.8$	达到GB 3838—2002中Ⅲ类水标准及以上	10	1.0	10.0
	中	$0.8 > x \geq 0.6$	达到GB 3838—2002中Ⅳ类水标准			
	低	$0.6 > x \geq 0$	达到GB 3838—2002中Ⅴ类水标准及以下			
土壤环境质量	高	$1 \geq x \geq 0.8$	达到GB 15618—2018中一级标准	7	0.9	6.3
	中	$0.8 > x \geq 0.6$	达到GB 15618—2018中二级标准			
	低	$0.6 > x \geq 0$	达到GB 15618—2018中三级标准			
空气环境质量	高	$1 \geq x \geq 0.8$	达到GB 3095—2012中一级标准	3	0.9	2.7
	中	$0.8 > x \geq 0.6$	达到GB 3095—2012中二级标准			
	低	$0.6 > x \geq 0$	达到GB 3095—2012中三级标准			
噪声环境质量	高	$1 \geq x \geq 0.8$	大部分区域达到GB/T 3096—2008中0类标准	3	0.6	1.8
	中	$0.8 > x \geq 0.6$	大部分区域达到GB/T 3096—2008中1类标准			
	低	$0.6 > x \geq 0$	大部分区域达到GB/T 3096—2008中2～4类标准			
小计				23		20.8

五、湿地景观评估

（一）评估因子

汉丰湖国家湿地公园湿地景观评估主要包括以下五个方面内容。

1. 科学价值

三峡库区正常蓄水后，消落带经历从陆地生态系统向湿地生态系统的演替过程，是典型的原生演替，为人们提供了观察和研究原生演替的理想基地。由于季节性水位变化，呈现出独特的动态景观特点。

2. 整体风貌

汉丰湖国家湿地公园内的观鸟台、文峰塔及其周边建构筑物，形态、体量、格局等方面与湿地景观协调统一，体现了人与自然和谐相处的理念。而且，湿地公园建设以湿地保护与恢复为主，公园内只有少量的湿地科普宣教、科研监测与生态旅游基础设施，建筑风格、形式、外观等与湿地景观相协调，体现了地方特色。

3. 科普宣教价值

汉丰湖国家湿地公园的景观、生物资源和文化资源在湿地知识科学普及、环境保护宣传教育等方面有较高的价值，且是中小学生的重要科普教育基地。

4. 历史文化价值

开州区历史悠久，其聚落可以追溯到新石器时代。随着人类社会的发展，开州区也从秦巴走廊的一个重要村落，发展成为巴蜀大地一个较重要的文化古镇。汉丰湖国家湿地公园及其周边区域历史文化积淀深厚，具有较高的历史文化价值。

5. 美学价值

汉丰湖国家湿地公园自然、人文景观的丰富性、愉悦度、完整度和奇异度等较高，并且蕴含了深厚的巴文化、红色文化、移民文化、桔乡文化，是绘画、影视创作等形式艺术创作的理想场所。

（二）评估得分

评估表明，汉丰湖国家湿地公园湿地景观评估得分为 14.4 分（表 2-4）。

表 2-4　湿地景观评估因子、程度、赋值、指标解释及汉丰湖国家湿地公园得分

评估因子	程度	赋值	指标解释	满分	评估赋值	评估得分
科学价值	高	$1\geq x\geq 0.8$	在湿地学、生态学、生物学、地学等方面有较高的研究价值	4	1.0	4.0
	中	$0.8>x\geq 0.6$	在湿地学、生态学、生物学、地学等方面具有一定的研究价值			
	低	$0.6>x\geq 0$	在湿地学、生态学、生物学、地学等方面的研究价值较低			
整体风貌	高	$1\geq x\geq 0.8$	湿地公园在建筑格调、形式等方面与湿地景观、外围社区环境之间非常协调	3	0.9	2.7
	中	$0.8>x\geq 0.6$	湿地公园在建筑格调、形式等方面与湿地景观、外围社区环境之间比较协调			
	低	$0.6>x\geq 0$	湿地公园在建筑格调、形式等方面与湿地景观、外围社区环境之间不协调，出现不符合湿地公园主题的景观			
科普宣教价值	高	$1\geq x\geq 0.8$	景观在湿地知识科学普及和环境保护宣传教育等方面具有较高的价值	3	1.0	3.0
	中	$0.8>x\geq 0.6$	景观在湿地知识科学普及和环境保护宣传教育等方面具有一般的价值			
	低	$0.6>x\geq 0$	景观在湿地知识科学普及和环境保护宣传教育等方面具有较低的价值			
历史文化价值	高	$1\geq x\geq 0.8$	有较高的历史文化价值，发生过重大的历史事件或与重要历史人物有关等	3	0.9	2.7
	中	$0.8>x\geq 0.6$	有一定的历史文化价值，发生过历史事件或与历史人物有关			
	低	$0.6>x\geq 0$	无历史文化价值			
美学价值	高	$1\geq x\geq 0.8$	自然和人文景观的丰富性、愉悦度、完整度和奇异度等较高	2	1.0	2.0
	中	$0.8>x\geq 0.6$	自然和人文景观的丰富性、愉悦度、完整度和奇异度等一般			
	低	$0.6>x\geq 0$	自然和人文景观的丰富性、愉悦度、完整度和奇异度等较差			
小计				15		14.4

六、基础设施评估

（一）评估因子

汉丰湖国家湿地公园基础设施评估主要包括以下四个方面内容。

1. 宣教设施

汉丰湖国家湿地公园建设有宣教中心用于湿地科普教育，有完善的室

内外解说系统，声像资料和图片丰富，沿湖景点都配有宣传牌，宣教方式丰富，互动性强。

2. 景观通达度

汉丰湖国家湿地公园沿湖 176m 高程建有环湖慢行道，可以满足行人步行游览的需求，且公园外侧就是滨湖公路，交通方便，景观通达度好。

3. 监测设备

汉丰湖国家湿地公园配有完善的监测设备和自动监控系统，可对湿地公园的植物、鸟类及生境进行连续动态观测，相关监测设备完全能够满足湿地公园保护和管理的需求。

4. 接待设施

汉丰湖国家湿地公园配有宣教中心和游客接待中心，水、电、环卫设施等俱全。

（二）评估得分

评估表明，汉丰湖国家湿地公园基础设施评估得分为 7.5 分（表 2-5）。

表 2-5　湿地基础设施评估因子、程度、赋值、指标解释及汉丰湖国家湿地公园得分

评估因子	程度	赋值	指标解释	满分	评估赋值	评估得分
宣教设施	好	$1 \geq x \geq 0.8$	完备的解说系统，设计科学合理，宣教方式丰富，互动性强	4	0.8	3.2
	中	$0.8 > x \geq 0.6$	有解说系统，设计科学合理，宣教方式较多，有一定的互动性			
	差	$0.6 > x \geq 0$	宣教方式单一，无互动性			
景观通达性	好	$1 \geq x \geq 0.8$	公园内部景观多种方式通达，覆盖所有允许进入的湿地景观	3	0.8	2.4
	中	$0.8 > x \geq 0.6$	公园内部景观多种方式通达，覆盖大部分允许进入的湿地景观			
	差	$0.6 > x \geq 0$	公园内部景观通达方式单一，不能覆盖大部分允许进入的湿地景观			
监测设施	好	$1 \geq x \geq 0.8$	具有多种高质量湿地监测仪器，可进行湿地基本生态特征的监测	2	0.6	1.2
	中	$0.8 > x \geq 0.6$	有一些湿地监测仪器，可进行一定的湿地监测			
	差	$0.6 > x \geq 0$	监测仪器较差或无，基本不能进行湿地监测			
接待设施	好	$1 \geq x \geq 0.8$	自有水源或通自来水，充足的电力供应，良好的游客接待能力	1	0.7	0.7
	中	$0.8 > x \geq 0.6$	通水、电，有一定的游客接待能力			
	差	$0.6 > x \geq 0$	通水、电，可接待少量游客			
小计				10		7.5

七、管理评估

（一）评估因子

汉丰湖国家湿地公园管理评估主要包括以下四个方面内容。

1. 功能分区

汉丰湖国家湿地公园将功能区划分为湿地保育区、恢复重建区和合理利用区，管理分区符合国家要求，满足湿地保护、恢复及合理利用的需求。

2. 保育恢复

汉丰湖国家湿地公园进行了一系列湿地保育恢复工作，包括消落带基塘工程、林泽工程的建设，使得汉丰湖国家湿地公园湿地生态环境得到良好恢复，生物多样性逐步提升，水环境质量得到有效保障。

3. 机构设置

开州区林业局专门设有汉丰湖国家湿地公园管理局，负责整个湿地公园的保护管理。其下分为湿地保护恢复科、科普宣教科和综合办公室等三个功能部门，管理机构设置合理，各部门职能分工明确。

4. 社区共管

周边社区的利益相关者能够参与国家湿地公园的保护与管理，并获取一定收益，实现了湿地公园的社区协同共管。

（二）评估得分

评估表明，汉丰湖国家湿地公园管理评估得分为7.5分（表2-6）。

表2-6　湿地管理评估因子、程度、赋值、指标解释及汉丰湖国家湿地公园得分

评估因子	程度	赋值	指标解释	满分	评估赋值	评估得分
功能分区	好	$1 \geq x \geq 0.8$	完整的功能分区，且功能分区科学合理	4	0.7	2.8
	中	$0.8 > x \geq 0.6$	有功能分区但不完整或不够科学合理			
	差	$0.6 > x \geq 0$	无功能分区			
保育恢复	好	$1 \geq x \geq 0.8$	生态因子得到很好的保育恢复，能够充分发挥生态系统功能	3	0.8	2.4
	中	$0.8 > x \geq 0.6$	生态因子进行了保育恢复工作，生态系统功能基本能够正常发挥			
	差	$0.6 > x \geq 0$	保育恢复工作基本没有开展			

续表

评估因子	程度	赋值	指标解释	满分	评估赋值	评估得分
机构设置	好	1≥x≥0.8	管理机构设置合理，各部门职能分工明确	2	0.8	1.6
	中	0.8>x≥0.6	有管理机构设置，各职能部门设置不齐			
	差	0.6>x≥0	有管理机构设置，但不是独立的			
社区共管	好	1≥x≥0.8	周边社区的利益相关者能够经常参与国家湿地公园的保护与管理，并获取收益	1	0.7	0.7
	中	0.8>x≥0.6	周边社区的利益相关者能够参与国家湿地公园的保护与管理，并获取一定收益			
	差	0.6>x≥0	社区共管工作基本没有开展			
小计				10		7.5

八、附加分评估

汉丰湖国家湿地公园位于水位调节坝上游，处于开州区主城内，是典型的城市内湖，具有明显的季节性水位变化，且下游紧邻重庆市澎溪河湿地自然保护区，对区域生态保护、维持区域生物多样性和提高城市人居环境质量具有重要的意义。

评估表明，汉丰湖国家湿地公园附加分为2分（表2-7）。

表2-7　湿地附加分评估因子、程度、赋值、指标解释及汉丰湖国家湿地公园得分

评估因子	程度	赋值	指标解释	满分	评估赋值	评估得分
附加分	有	1	具有特殊影响和意义	2	1	2
	无	0	无特殊影响和意义			
小计				2		2

九、湿地生态系统评估结果

综合上述评估结果，汉丰湖国家湿地公园湿地生态系统评估总得分为89.6分（表2-8），按照《国家湿地公园评估标准》（LY/T 1754—2008），汉丰湖国家湿地公园湿地生态系统总体评估结果为“优”，且湿地生态系统、湿地环境质量、湿地景观和附加分四个单项也都为“优”，说明其湿地生态系统具有较强的代表性和典型性，湿地生态环境质量良好，湿地景观价值高。

但湿地基础设施和湿地管理这两个方面单项评估为良好，还有待进一步提升和完善。

表 2-8　汉丰湖国家湿地公园生态系统评估得分汇总

评估因子	实际得分（2019 年）	满分	比例/%	评估结果
湿地生态系统	37.4	40	93.5	优
湿地环境质量	20.8	23	90.4	优
湿地景观	14.4	15	96.0	优
湿地基础设施	7.5	10	75.0	良
湿地管理	7.5	10	75.0	良
附加分	2.0	2	100.0	优
总计	89.6	100	89.6	优

第四节　湿地景观与文化资源

对汉丰湖湿地景观资源现状的分析，应注重汉丰湖湿地演变历史、地貌和肌理形态，这是汉丰湖湿地景观与文化资源评估的立足点；对现状的充分研究和客观的科学分析，是汉丰湖湿地景观与文化资源评估的根本依据，应包括水生态景观现状、周边建筑现状、生物景观现状和历史人文景观现状等方面内容。

一、湿地景观资源类型

根据《旅游资源分类、调查与评价》（GB/T 18972—2017），汉丰湖国家湿地公园及其周边的旅游资源分为地文景观、水域风光、生物景观、遗址遗迹、建筑与设施、旅游商品、人文活动 7 个主类、15 个亚类，主要有山丘型旅游地、滩地型旅游地、岸滩、岛屿、观光游憩河段、沼泽湿地、林地、水生动物栖息地、鸟类栖息地、文物散落地、废城与聚落遗迹、教学科研实验场所、康体游乐休闲度假地、园林游憩区域、文化活动场所、传统与乡土建筑、水库观光游憩区段、人物、事件共计 19 个基本类型。

二、湿地景观资源特征

汉丰湖国家湿地公园以多姿多彩的湿地类型为主体，以绿荫盈野、动态水位变化的湿地风光和独具特色的地文景观为辅，丰富的生物景观和人文景观镶嵌互补，形成了一个优美和谐的风景资源体系。风景资源特点可以概括为：水灵秀、林郁野、境清幽；秀丽的湿地风光与不事雕琢的自然景观融为一体；清新、灵秀、奇特、多样，蕴含着动与静的妩媚神韵。

（一）湿地景观风貌独特

汉丰湖国家湿地公园以季节性水位变化的水库湿地、岛屿沙洲湿地为主，公园湿地类型丰富，包括永久性河流湿地、季节性河流湿地、洪泛湿地、消落带人工湿地、库塘人工湿地、人工蓄水池、水生植物种植田、水生动物养殖塘等。消落带湿地类型多样，有岛屿型消落带、库湾型消落带、土质库岸消落带和基岩质库岸消落带。公园内湖面宽阔，碧波荡漾。湿地公园南部新城滨水而立，湖城相映。四周峰青峦秀，以山、水、湖、城取胜，呈现出林、草、湿、城和谐共生的美景（图 2-6），景观资源丰富多彩，且特色鲜明。湖岸线曲折连绵，岛屿、半岛错落有致，形成山水环抱的独特景观。库湾、流水、基塘、古树等多种空间组合景观随着时间、气象、视角的变化而呈现千姿百态，绚丽多彩的画面，使人心旷神怡，流连忘返。

图 2-6　林、草、湿、城和谐共生的汉丰湖美景

汉丰湖国家湿地公园在175m蓄水位时水体面积为1138.66hm^2。汉丰湖库岸蜿蜒，东河、头道河从北注入湖内，整体形态似腾飞的巨龙。作为三峡水库的库中之库，除了秀丽幽深的静态美之外，其季节性水位变化表现出动态的景观美。

冬季高水位运行期间，汉丰湖湖面烟波浩荡，水鸟群飞。夏季低水位运行期间，乌杨坝、芙蓉坝出露，沙洲、岛屿、沼泽、水塘错落镶嵌其中，具有重要的科学研究价值和旅游开发价值。

（二）生物景观类型多样

汉丰湖国家湿地公园生态环境优越，动植物区系起源古老，珍稀动植物丰富，奇花异草散布湖湾、沙洲和岛屿间，构成了生物资源宝库和旅游资源基调。

公园内碧幽绝尘、清雅绝俗，湿地植物、水禽、碧水绿岸、蛙鸣鸟唱，充满大自然的生机与野趣，原生态味道浓厚。湿地公园内林泽、灌丛、草地、水域、滩涂兼而有之，是野生动物理想的栖息地。置身其中，莺飞鸟鸣，令人心旷神怡，流连忘返。在这里可以坐观湖中水禽随波荡漾，欣赏鹭鸟碧野相依相傍，构成一幅如诗如画的山水画卷，人与自然、人与动物和谐相处的天然佳景。

（三）地文景观丰富绚丽

汉丰湖地文景观独特。乌杨岛伫立湖旁，与宝塔窝半岛隔湖相望。汉丰湖南部城市滨水而立，湖城一色；四周低山丘陵连绵。湿地公园气候宜人，风景绝美，四季竞秀，妙趣天成。春光降临，水位下降，芦芽竞出，满湖碧翠；炎炎夏日，蒲绿荷红，翠竹如烟；时逢金秋，芦花飞舞，水中五彩林泽；及至冬季，水位高涨，烟波浩渺，水鸟群飞。

（四）人文景观源远流长

开州区历史悠久，人文荟萃，巴文化、红色文化、移民文化、桔乡文化交相辉映。三国蜀主刘备建立政权后，开州区提升为一个独立的建制县，自此开始了开州区有文史记载的历史。开州区独特的地理环境和地质构造，适宜最早人类居住生存的需要。以汉丰古城为中心的“六山三丘一分坝”，则成为联结开州区地面文化遗产分布主要脉络上的纽带，使“六山三丘一分坝”紧密相连，构成了一个有机统一的整体，是开州区文化遗产资源的主要载体和基本格局，也是承载开州区厚重历史文化的“文脉”。古桥文化和寺庙佛教文化是这一“文脉”中的灵魂，古桥和寺庙遗址也是开州区不可移动文物中最重要、最具特色的部分。

湿地公园内的汉丰坝为老县城所在地，历史悠久。汉丰镇为千年古城，位于南河和东河交汇的冲积台地，农业渔业条件较好、生活水源充足，适宜古人类定居，历史悠久，人文荟萃。现存的文化遗迹有开州区故城遗址（包括宋代城池、城墙、文庙等）、魁星楼遗址、大觉寺遗址、文峰塔遗址、汉丰寨遗址、刘伯承元帅纪念馆等。

南河古称开江，是开州区得名的主要依据，是一条对开州区的形成和发展起过重要作用的古河道，从古至今，在开州区人类生产和生活中占有重要地位。因此，数百年来，南河两岸寺庙庄园荟萃，人文景观丰富，至今仍保留了大量的文物古迹。从与四川开江接界的巫山坎到汉丰古城，两岸文物景点如颗颗明珠点缀长河。

开州区文化多样性丰富，集中展示在汉丰湖周边。移民文化是开州区一大特色。2000余年来，四川、重庆区域性大移民对开州区影响很大，尤其是三峡工程建设，开州是三峡库区最大的移民区县。盛山文化是开州区历史文化长卷中最灿烂、最瑰丽的缩影，盛山文化始于唐相韦处厚被贬开州刺史，韦公游于盛山，吟就《盛山十二景》；唐朝是盛山文化的鼎盛时期，以多元的思想和不拘一格的诗文描绘着盛山的盛景，并用优秀经典的文化浇铸着开州文化，更以其早期的韦处厚、温造、柳公绰等人的名声、宽广胸怀、“体恤民隐”而为开州区历代为官者树立榜样。开州区经典的红色文化经久传承，刘伯承元帅故居及刘伯承纪念馆是经典的红色旅游胜地。

第三章 汉丰湖湿地生物多样性

生物多样性（biodiversity）是指生物种的多样化和变异性及物种生境的生态复杂性（牛翠娟等，2002）。生物多样性是生物经过数十亿年自然进化发展的结果，是人类社会赖以生存和发展的重要基础。湿地是地球表层生态系统的重要组成部分，是水陆相互作用形成的自然综合体，是自然界生物多样性最丰富的生态系统和人类最重要的生存环境，被誉为“生命的摇篮”“物种基因库”。三峡水库蓄水后，澎溪河及汉丰湖生物多样性产生了很大的变化（袁兴中等，2022），在汉丰湖消落带生态保护方面，生物多样性备受关注。蓄水及水位季节性变化对汉丰湖生物多样性到底产生了什么影响？蓄水后，在季节性水位变化和冬季深水淹没的影响下，生物多样性变化规律及维持机制是什么（袁兴中等，2022）？如何加强汉丰湖消落带生物多样性保护，以及实施基于生物多样性保护的消落带生态系统修复（袁兴中，2022）。为此，本书作者及其团队从2010年以来，对汉丰湖生物多样性进行了持续不断的调查，研究蓄水影响下汉丰湖生物多样性特征和维持机制，不仅对于揭示大型蓄水水库生物多样性变化机理具有重要的理论和应用价值，而且对汉丰湖生物多样性保护和生态系统修复具有重要意义。

本章重点关注汉丰湖湿地生物多样性中的高等维管植物多样性和鸟类多样性。植物是生态系统中的生产者，不仅为动物提供食物资源，而且为动物提供栖息和庇护场所（Daniel，2016）。鸟类（尤其是湿地鸟类）是湿地生态系统中最重要的动物类群（刘旭等，2018；王强和吕宪国，2007），在湿地食物网中起着重要的生态作用。

第一节　高等维管植物多样性

一、调查方法

植被及植物多样性现状调查主要包括植被类型及分布、植物种类、优势种、盖度、多样性、生物量及生长情况，主要目的是分析汉丰湖植被及植物多样性现状及变化趋势，分析各生态因子间的相互关系及植物群落保护的驱动因子（王伯荪，1987）。

植被调查是根据有关资源专题图等提供的信息，在初步分析的基础上，将现场踏勘和样方调查（按照中国生态系统研究网络观察与分析标准方法《陆地生物群落调查观测与分析》）（董鸣，1997）相结合的一种调查方法。

（一）基础资料收集

收集整理汉丰湖国家湿地公园的植物种类、植被类型、土壤等方面的资料，在综合分析现有资料的基础上，确定实地考察的重点区域和考察路线。

（二）野外实地调查

野外调查包括植物种类和群落调查，调查选择在植物生长较旺盛的夏季进行，选取环汉丰湖消落带及滨水空间区域，以及汉丰湖国家湿地公园开展的湖岸生态工程、湖湾生态工程、入湖支流河口生态工程及与人居环境密切相关的滨水空间生态修复与景观优化等区域进行调查和监测，重点针对汉丰湖实施生态修复的区域和主要对照区（包括汉丰湖北岸乌杨坝区域、头道河下游及河口段、东河下游及河口段、石龙船大桥段的北岸和南岸、汉丰湖北岸桃溪河下游及河口段、汉丰湖南岸芙蓉坝、汉丰湖北岸水东坝等区域）开展植物调查研究。调查采用线路调查和样方实测法，在实地调查的基础上确定典型群落地段进行样方调查，在每个调查点，根据植被类型及群落特征设置调查样方。

根据场地实际情况，在每个区域平行设置 3～4 条样线，每条样线按照高程设置 3～4 个采样断面，每个采样断面内随机选取 1 个植物生长良好、具有代表性的斑块作为样地，对样地内所有乔灌植物和样方内所有草本植物进行调查（图 3-1）。样地内草本群落样方面积为 1m×1m，灌丛样方面积为 5m×5m，调查时记测样方内每种植物名称、多度、盖度和高度等群落数量特征；林地样方面积为 20m×20m，调查时记测样方内每种植物名称、胸径（cm）、高度（m）、冠幅（m×m）等群落数量特征，同时对样地内所有植物进行定性记录。在调查群落数量特征的同时，记录地形、坡度、坡向、土壤类型、经纬度和海拔等环境因子。

图 3-1　汉丰湖植物群落调查

二、种类组成及区系

（一）维管植物种类组成及区系分析

调查表明，汉丰湖国家湿地公园有维管植物 150 科 504 属 691 种。其中蕨类植物 23 科 37 属 49 种；裸子植物 7 科 13 属 16 种；被子植物 120 科 454 属 626 种（附表 1）。在 691 种植物中，人工栽培或引种植物有 143 种，约占植物总种数的 20.69%。548 种自生植物以草本植物为主，优势草本植物为菊科、禾草类，约占植物总种数的 79.31%。

对汉丰湖国家湿地公园维管植物科属的分布区类型进行整理汇总（吴征镒和王荷生，1983；吴征镒等，2003；王荷生，1992）可知种属在科中的分布情况是：单种科植物有 53 科，含 53 种，分别占总数的 35.33%、7.67%；2～5 种的少种科有 71 科，含 212 种，分别占总数的 47.33%、30.68%；6～15 种的多种科有 20 科，含 172 种，分别占总数的 13.33%、24.89%；大于等于 16 种的大科有 6 个科，含 254 种，分别占总数的 4.00%、36.76%。

可以看出，汉丰湖国家湿地公园植物种的优势科相对突出，6 个大科仅占科总数的 4.00%，而种的比例却超过 1/3，占 36.76%。大科中特别是菊科（72 种）、禾本科（68 种）最突出，其余 4 个大科是豆科（43 种）、蔷薇科（32 种）、唇形科（20 种）和莎草科（19 种）。

（二）维管植物的生活型

生活型是植物长期适应外界环境条件而在外貌上表现出的综合形态特征（牛翠娟等，2002）。生活型能反映一个区域的气候（水热）条件和环境受干扰状况。汉丰湖国家湿地公园植物生活型分为 6 类，木本植物分为乔木和灌木（含木质藤本），乔木包括常绿乔木和落叶乔木，灌木分常绿灌木和落叶灌木，草本有陆生草本（含草质藤本）和水生草本（含水陆两栖的湿生草本）。

在汉丰湖国家湿地公园的 691 种植物中，常绿乔木有 37 种，占种总数的 5.35%，常绿乔木区内天然自生的较少，多为人工栽培，如园林绿化树种桂花类，果树柑橘类，人工植树造林樟、柏，以及生态修复工程中栽种的池杉、落羽杉、中山杉等；落叶乔木有 61 种，占种总数的 8.83%，多为植树造林栽培树种，如枫杨、榆树、刺槐、桑、构树、乌桕等；常绿灌木有 46 种，占种总数的 6.66%；落叶灌木有 60 种，占种总数的 8.68%；陆生草本植物有 383 种，占种总数的 55.43%；水生草本植物有 104 种，占种总数的 15.05%。

汉丰湖国家湿地公园内陆生草本植物占比很大，水生草本植物种类也较多，且多为当地原生植物（王强等，2009a，2009b；王晓荣等，2016）。这样的生活型谱特征，不仅反映了汉丰湖国家湿地公园受季节性水位变动影响的基本特征，而且反映了陆地环境历史上的扰动情况。

（三）湿地植物

1. 种类组成和生活型

汉丰湖国家湿地公园有水生维管植物 32 科、104 种，分别占湿地公园维管植物科数和种数的 21.33%和 15.05%。在水生维管植物中，水域分布主要为浮萍科、泽泻科、茨藻科植物；湿地分布则以禾本科、莎草科、蓼科、灯心草科、泽泻科植物为多。

组成水生植被的优势植物主要为世界广布种，如芦苇（*Phragmites australis*）、水烛（*Typha angustifolia*）、金鱼藻（*Ceratophyllum demersum*）

和浮萍（*Lemna minor*）等，其次为亚热带至温带分布的小茨藻（*Najas minor*）等；热带至温带分布有莲（*Nelumbo nucifera*）、黑藻（*Hydrilla verticillata*）等，温带分布的细叶狸藻（*Utricularia minor*）为优势种。根据本区水生植物的生态习性和形态的不同，其生活型有 3 类（表 3-1）。

表 3-1　汉丰湖国家湿地公园水生维管植物生活型类群

类别	沉水植物	漂水植物	挺水植物
种数	12	12	80
占比/%	11.54	11.54	76.92

（1）挺水植物。植物的根、根茎生长在水的底泥中，茎、叶挺伸出水面，常分布于 0～1.5m 的浅水处，其中有的种类生长于潮湿的岸边。这类植物生长在空气中的部分，具有陆生植物的特征；生长在水中的部分（根或地下茎），具有水生植物的特征。湿地公园内水生维管植物中挺水植物有 80 种，占比最高，在水生植物中占比为 76.92%。

（2）沉水植物。植物体的茎、叶全部沉没于水中，根大多数扎入水底淤泥内。在汉丰湖国家湿地公园内，沉水植物有 10 种，占比为 9.62%，

（3）浮水植物。包括浮叶植物和漂浮植物，前者是指植物体的根、地下茎生长在水底淤泥中，而叶片漂浮在水面上；后者又称完全漂浮植物，是根不着生在底泥中，整个植物体漂浮在水面上，这类植物的根通常不发达，体内具有发达的通气组织或具有膨大的叶柄（气囊），以保证与大气进行气体交换。汉丰湖国家湿地公园内有漂浮植物 8 种、浮叶植物 4 种，分别占湿地公园内水生植物的 7.69%和 3.85%。

2. 分布特点

从植物区系的分析来看，汉丰湖国家湿地公园虽地处亚热带，但区系组成成分多种多样。本区水生植物以热带至温带分布、亚热带至温带分布和世界广布种较多，而温带种类则较少。这反映出水生植物的地带性分布不像陆生植物那样明显，因而区系植物出现明显的跨带现象。同时，组成本区水生植物的主要种多为世界广布种，也反映了水生植物的生境水域条件比较一致，可在不同的植被带内由许多相同的种类组成相似的群落，具有隐域性特点。

从植物生态地理特性来看，湿地公园内水生植物因其生长位置、水域深浅、底质肥瘠的不同，分布的植物种类有很大差异。在水质清澈见底、透光度大的地方，水生植物分布较深，而在水质混浊、透光度小的地带，水生植物则分布较浅；水域泥质水底，腐殖质多，水生植物种类丰富，生长也繁茂；沙质水底则很少或无植物生长，因而水生植物的种类分布、繁茂程度的区域差异显著。在正常情况下，挺水植物只沿河岸、库岸带状生长，而在沼泽湿地则连片分布。沉水植物沿岸可向下伸展达水深 1～2m，生长最深的金鱼藻、黑藻可达 2.5m。浮叶植物只在浅水区中分布。漂浮植物（浮萍等）由于个体小，流动性大，只在一些背风向阳的水域生长。在湿地公园内，水生植物分布在水体比较稳定、不受大风扰动的库湾和背风水域，种类较复杂且生长繁茂，组成群落类型也多种多样，总体生物多样性较高。

三、植被类型及特征

（一）植被类型

汉丰湖湿地公园地处亚热带常绿阔叶林区域、东部（湿润）常绿阔叶林亚区域和中亚热带常绿阔叶林地带（吴征镒和中国植被编辑委员会，1980；张新时，2007），地带性植被应为常绿阔叶林。但是由于一些历史、自然和人为因素，常绿阔叶林荡然无存，现状植被均属次生类型。

依据《中国植被》分类原则、依据、单位系统和命名，将汉丰湖国家湿地公园的现状植被分为自然植被和农业植被两类。自然植被包括人工植树造林后自然生长发育的人工林。由于汉丰湖国家湿地公园的海拔较低，相对高差不大，因此生物垂直带谱不明显。自水位调节坝运行以来，消落带水位变化保持在 4.72m，消落带面积较大。汉丰湖国家湿地公园的现状植被类型选用最重要的高、中两级单位进行分析，即植被型和群系。汉丰湖国家湿地公园陆生自然植被有 5 个植被型、23 个群系；水生植被有 3 个植被型、13 个群系（表 3-2）。

表 3-2 汉丰湖国家湿地公园内植被类型

	植被型	群系
陆生自然植被	一、暖性针叶林	1. 柏木林
		2. 落羽杉林
		3. 池杉林
		4. 中山杉林
	二、落叶阔叶林	5. 枫杨林
		6. 加拿大杨林
		7. 乌桕林
	三、竹林	8. 慈竹林
		9. 斑竹林
		10. 硬头黄竹林
		11. 麻竹林
	四、落叶阔叶灌丛	12. 桑–构–小果蔷薇灌丛
		13. 秋华柳群落
	五、草甸	14. 白茅群落
		15. 狗牙根群落
		16. 五节芒群落
		17. 苍耳群落
		18. 狗尾草群落
		19. 酸模叶蓼群落
		20. 双穗雀稗群落
		21. 小蓬草群落
		22. 大狼杷草群落
		23. 砖子苗群落
水生植被	一、挺水植物群落	24. 宽叶香蒲群落
		25. 芦苇群落
		26. 茭白群落
		27. 莲群落
		28. 黄花鸢尾群落
		29. 喜旱莲子草群落
		30. 粉美人蕉群落
		31. 粉绿狐尾藻群落
	二、浮水植物群落	32. 凤眼蓝群落
		33. 满江红群落
		34. 浮萍群落
	三、沉水植物群落	35. 菹草群落
		36. 黑藻群落

（二）陆生自然植被

汉丰湖国家湿地公园陆生自然植被指天然生长或人工植树造林生长发育的森林、竹林、灌丛和草甸植被，湿地公园内共有 5 个植被型、23 个群系。

1. 暖性针叶林

湿地公园内暖性针叶林共有 4 个群系，即柏木林、落羽杉林、池杉林和中山杉林。

1）柏木林（Form. *Cupressus funebris*）

柏木林主要为人工栽植，在公园内的乌杨岛、山体顶部有零星小块林存在。土壤主要为紫色页岩风化而成的含钙较多的中性或微碱性土。物种组成有较多的喜钙植物，如灌木层有瓜木（*Alangium platanifolium*）、黄荆（*Vite negundo*）等。草本层除白茅（*Imperata cylin drica*）、栗褐薹草（*Carex brunnea*）外，还有较多的蜈蚣草（*Pteris vittata*）、井口边草（*Pteris cretica*）、狗脊（*Woodwardia japonica*）、中日金星蕨（*Parathelypteris nipponica*）等。偶有藤本植物，如忍冬（*Lonicera japonica*）、菝葜（*Smilax china*）等。

2）落羽杉林 （Form. *Taxodium distichum*）

落羽杉是杉科、落羽杉属植物，是人工栽种在消落带的植物，为落叶大乔木，树高可达 25～50m。在幼龄至中龄阶段（50 年生以下），树干圆满通直，树干尖削度大，干基通常膨大，常有膝状呼吸根。落羽杉有圆锥形或伞状卵形树冠，是强阳性树种，适应性强，能耐低温、干旱、涝渍和土壤瘠薄，耐水湿，抗污染，且病虫害少，生长快。树形优美，羽毛状的叶丛极为秀丽，入秋后树叶变为古铜色，是良好的秋色观叶树种。落羽杉林为人工栽培，主要分布在汉丰湖北岸乌杨坝一带（图 3-2）。

3）池杉林（Form. *Taxodium distichum* var. *imbricatum*）

池杉是杉科、落羽杉属植物，是人工栽种在消落带的植物，为落叶乔木，高可达 25m。池杉的主干挺直，树冠尖塔形。树干基部膨大，枝条向上形成狭窄的树冠，尖塔形；叶钻形在枝上螺旋伸展；树干基部膨大，通常有膝状呼吸根。池杉喜深厚疏松湿润的酸性土壤，耐湿性很强，长期在水中也能正常生长。池杉的萌芽性很强，长势旺。池杉林主要分布在汉丰湖北岸乌杨坝，其次在汉丰湖北岸头道河河口、东河河口一带也有小片分布（图 3-3）。

图 3-2　高水位时期的落羽杉林（汉丰湖北岸乌杨坝）

图 3-3　高水位时期的池杉林（汉丰湖北岸乌杨坝）

4）中山杉林（Form. *Taxodium* ‘*Zhongshansha*’）

中山杉是杉科、落羽杉属植物。中山杉属乔木，胸径可达 2m；树冠以圆锥形和伞状卵形为主，枝叶非常茂密，树干挺拔、通直，主干明显，中上部易出现分叉现象，通常会形成扫帚状；树干基部膨大，通常有膝状呼吸根。中山杉是绿化良种乔木，在园林绿化和滩涂造林等许多领域中发挥了重要作用。因其树冠优美、绿色期长、耐水耐盐等生态特性，已被广泛种植于滩涂湿地、城市绿地等环境。中山杉林主要分布在汉丰湖北岸乌杨坝西部、汉丰湖南岸芙蓉坝（图 3-4）。

图 3-4 低水位出露期的中山杉林（汉丰湖北岸迎仙村）

2. 落叶阔叶林

湿地公园内落叶阔叶林共有 3 个群系，即枫杨林、加拿大杨林和乌桕林。

1）枫杨林（Form. *Pterocarya stenoplera*）

枫杨是一种耐水湿的优良河库岸护岸树种，湿地公园内的库塘、河岸多有零星栽植，土壤为冲积土。群落高 6～8m，乔木层伴有复羽叶栾树（*Koelreuteria bipinnata*）、川楝（*Melia toosendan*）。少许灌木难以成层，如花椒（*Zanthoxylum bungeanum*）、黄泡（*Rubus pectinellus*）、地瓜藤（*Caulis Fici*）等。草本层种类较多，高大草本有芭茅（*Miscanthus floridulus*）、芦竹（*Arundo donax*），小型草本有渐尖毛蕨（*Cyclosorus acuminatu*）、干旱毛蕨（*Cyclosorus aridus*）、问荆（*Equisetum arvense*）、蜈蚣草（*Pteris vittata*）、扇叶铁线蕨（*Adiantum flabellulatum*）、海金沙（*Lygodium japonicum*）、金星蕨（*Parathelypteris gladuligrea*）、金发草（*Pogonatherum paniceum*）、过路黄（*Lysimachia christiae*）、水蓼（*Polygonum hydropiper*）、酢浆草（*Oxalis corniculata*）、棒头草（*Polypogon fugax*）等。

2）加拿大杨林（Form. *Populus canadensis*）

湿地公园内分布的杨树为杨柳科、杨属植物，为本地杨树品种，主要分布于汉丰湖北岸乌杨坝一带。杨树林盖度较大、郁闭度较高，林下草本植物生长情况一般，有部分乌桕实生苗分布，主要伴生种以狗牙根（*Cynodon dactylon*）、苍耳（*Xanthium sibiricum*）、大狼杷草（*Bidens frondosa*）、石荠苎（*Mosla scabra*）等为主。杨树林主要分布在汉丰湖北岸乌杨坝（图3-5）。

图3-5　高水位时期的加拿大杨林（汉丰湖北岸乌杨坝）

3）乌桕林（Form. *Triadica sebifera*）

乌桕是大戟科乌桕属植物，乔木，高5~10m，各部均无毛；枝带灰褐色，具细纵棱，有皮孔。叶互生，纸质，叶片阔卵形。乌桕木材呈白色，坚硬，纹理细致。乌桕为消落带生态修复人工栽植，能够良好地适应周期性水淹胁迫，主要分布于汉丰湖北岸乌杨坝一带（图3-6）。调查发现，乌杨坝区域的乌桕自然萌生苗较多，大部分为实生苗。

图3-6　不同水位时期的乌桕林（汉丰湖北岸乌杨坝）

3. 竹林

汉丰湖国家湿地公园的竹林大多呈零星小块斑点状分布，多为原有农家房屋周围栽培，因三峡水库蓄水，居民搬迁，房屋拆除，留下了竹林，盖度大，林下荫蔽，少有其他植物伴生，只是林缘有不少禾本科草本植物。区内竹林有 4 个群系。

1）慈竹林（Form. *Neosinocalamus affinis*）

慈竹为禾本科、竹亚科、慈竹属丛生竹。主干高 5～10m，顶端细长，弧形，弯曲下垂如钓丝状，粗 3～6cm。

2）斑竹林（Form. *Phyllostachys bambusoides*）

斑竹是禾本科、刚竹属乔木或灌木状竹类植物。竿高可达 20m，粗达 15cm，幼竿无毛，无白粉或不易被察觉的白粉，偶可在节下方有稍明显的白粉环。适生土层为深厚疏松、肥沃、湿润、保水性能良好的沙质土壤。

3）硬头黄竹林（Form.*Bambua rigida*）

硬头黄竹是禾本科、簕竹属植物，竿高 5～12m，直径为 2～6cm，尾梢略弯拱，下部劲直；节间长 30～45cm，无毛，幼时薄被白色蜡粉，竿壁厚 1～1.5cm。硬头黄竹适生于溪河沿岸和低山坡地，沟槽山地及房前屋后，田边地角，坡度在 30°以下的地区。

4）麻竹林（Form. *Dendrocalamus latiflorus*）

麻竹为禾本科、竹亚科、牡竹属丛生竹，竿高 20～25m，直径为 15～30cm，梢端长下垂或弧形弯曲；节间长 45～60cm，幼时被白粉；每丛小竹枝条密集。麻竹生长要求土壤疏松、深厚、肥沃、湿润和排水良好。林内荫蔽，林下空旷，其他植物较少。

4. 落叶阔叶灌丛

汉丰湖国家湿地公园内无大面积灌丛分布，消落带植被以一年生或多年生草本为主。根据调查，湿地公园内的落叶阔叶灌丛主要分布在汉丰湖北岸的部分岸段。落叶阔叶灌丛共有 2 个群系，分别为桑–构–小果蔷薇灌丛和秋华柳群落。

1）桑–构–小果蔷薇灌丛（Form. *Morus macrours. Broussonetia papyrifera Rosa cymosa*）

该类灌丛由桑树、构树和小果蔷薇组成，主要分布在马尾松林、柏木林林缘、林间空地，以及部分撂荒地的田埂。群落高3～5m，盖度达90%。除建群种外，植物组成中苎麻（*Boehmeria nivea*）、苍耳（*Xanthium sibiricum*）、白茅较多。苎麻可高达3m，木质化似灌木。此外，该类灌丛中还有一些矮小草本分布，如毛蕨（*Cyclosorus interruptus*）、卷柏（*Selaginella tamariscina*）、蜈蚣草、过路黄（*Lysimachia christiniae*）、火炭母（*Polygonum chinense*）、水蓼、小白酒草（*Erigeron canadensis*）、卷耳（*Cerastium arvense*）、问荆、野古草（*Arundinella anomala*）等。

2）秋华柳群落（Form. *Salix variegata*）

秋华柳是杨柳科、柳属植物，落叶灌木，通常高1m左右。幼枝呈粉紫色，有绒毛。叶通常为长圆状倒披针形或倒卵状长圆形，形状多变化。湿地公园内的秋华柳群落多为人工栽种，主要分布在汉丰湖北岸，从头道河到东河河口一带（图3-7）。

图3-7　汉丰湖消落带低水位出露期的秋华柳灌丛

5. 草甸

湿地公园内草甸占有的面积最大，除部分消落带有零星小块的其他植物群落分布外，大部分都为草甸覆盖。群系较多，有10个群系，但以狗牙根、大狼杷草、五节芒3个群系面积最大。

1）白茅群落（Form. *Imperata cylindrical*）

白茅又叫丝茅草，是禾本科、白茅属多年生草本植物，秆直立，高可达80cm，节无毛。白茅属根茎型禾草，营养繁殖，种子繁殖能力极强。它的适应性强，耐阴、耐瘠薄和干旱，喜湿润疏松土壤，在适宜的条件下，根状茎可长达2～3m，能穿透树根，断节再生能力强。它主要分布在海拔175m以上未被三峡水库蓄水淹没的荒地上。群落高达1m，密度大，盖度可达100%。群落物种单一，罕见其他植物，有些地区有伴生种存在，但也是以禾草种类为主。

2）狗牙根群落（Form. *Cynodon dactylon*）

狗牙根是禾本科、狗牙根属低矮草本植物，秆细而坚韧，下部匍匐地面蔓延甚长，节上常生不定根，高可达50cm，秆壁厚，光滑无毛，有时两侧略压扁。它的根茎蔓延力很强，多生长于道旁河岸、荒地山坡，为良好的固堤保土植物。狗牙根群落在湿地公园内分布亦广、面积较大（图3-8）。它主要分布在消落带海拔160m以下受到冬季水淹的区域。狗牙根群落物种组成较少，少有其他植物伴生，或与牛鞭草（*Hearthria compressa*）混生。群落密度较大，盖度最高可达100%。

图3-8　汉丰湖消落带狗牙根群落

3）五节芒群落（Form. *Miscanthus floridulus*）

五节芒为禾本科、芒属大型草本植物，是丛生型禾草。它具有发达根状茎，秆高大似竹，高 2～4m，无毛，节下具白粉，叶鞘无毛，鞘节具微毛，长于或上部者稍短于其节；叶舌长 1～2mm，顶端具纤毛；叶片披针状线形，长 25～60cm，宽 1.5～3.0cm。五节芒分布在湿地公园海拔 172m 以上的田坎、阶地（图 3-9），缓坡地带亦有分布；为大型草本，丛生型禾草，多为自然生，有时混生在白茅群落中。群落中伴有其他大型草本，如芒（*Miscanthus sinensis*）、荻（*Triarrhena sacchariflora*）、甜根子草（*Saccharum spontaneum*）、斑茅（*S. arundiraceum*）。群落高可达 3m，植丛四周有小草本，多为禾草植物。

图 3-9　汉丰湖消落带五节芒群落

4）苍耳群落（Form. *Xanthium sibircum*）

苍耳是菊科、一年生草本植物，高可达 90cm。它的根呈纺锤状，茎下部呈圆柱形。总苞具钩状的硬刺，常贴附于家畜和人体上，故易于散布。苍耳常生长于丘陵、低山、荒野路边、田边，广泛分布在汉丰湖国家湿地公园消落带内，特别是在消落带内坡度平缓、排水良好的区域呈明显带状分布。群落高度为 150～175cm，总盖度为 85%～90%。苍耳最高可达 240cm。苍耳群落是在湿地公园内分布较广、面积较大的群落（图 3-10）。

图 3-10　汉丰湖消落带苍耳群落

5）狗尾草群落（Form. *Setaria viridis*）

狗尾草分布区域与苍耳群落类似。它分布在消落带海拔 150m 以上（图 3-11），蓄水前为旱地的区域。群落高度为 80～130cm，总盖度为 50%～80%。伴生种主要有鬼针草（*Bidens pilosa*）、小蓬草（*Erigeron canadensis*）、矛叶荩草（*Arthraxon lanceolatus*）、马唐（*Digitaria sanguinalis*）。

图 3-11　汉丰湖消落带狗尾草群落

6）酸模叶蓼群落（Form. *Polygonum lapathifolium*）

酸模叶蓼是蓼科、蓼属一年生草本植物。它的高可达 90cm，茎直立，无毛，节部膨大。它广泛分布于湿地公园内的消落带土壤湿润区域。群落高度为 80～110cm，总盖度为 65%～90%。伴生种主要有稗（*Echinochloa crusgalli*）、香附子（*Cyperus rotundus*）、狗牙根、苋（ *Amaranthus tricolor* ）。

7）双穗雀稗群落（Form. *Paspalum paspaloides*）

双穗雀稗是禾本科、雀稗属多年生草本植物。它的匍匐茎横走、粗壮，长可达1m，向上直立部分高20～40cm，节生柔毛。它常生于田边路旁。在汉丰湖国家湿地公园内主要分布在消落带地势低洼积水的区域。群落高度为40～50cm，总盖度为70%～90%；主要分布在湿地公园内地势低洼积水的区域，伴生种主要有萤蔺（*Scirpus juncoides*）、酸模叶蓼（*Polygonum lapathifolium*）、空心莲子草（*Alternanthera philoxeroides*）、狗牙根。偶见种为矛叶荩草、积雪草（*Centella asiatica*）、青葙（*Celosia argentea*）、牛筋草（*Eleusine indica*）、青蒿（*Artemisia caruifolia*）、苍耳。

8）小蓬草群落（Form. *Conyza canadensis*）

小蓬草为菊科、飞蓬属的一年生草本。它的根呈纺锤状，具纤维状根。茎直立，高50～100cm或更高，圆柱状，多少具棱，有条纹，被疏长硬毛，上部多分枝。叶密集，基部叶花期常枯萎，下部叶倒披针形。小蓬草群落主要分布在东河、南河河岸和乌杨坝土壤干燥的区域。群落高度为100～140cm，总盖度为70%～90%。伴生种主要有马唐、狗尾草、细风轮菜（*Clinopodium gracile*）。

9）大狼杷草群落（Form. *Bidens frondosa*）

大狼杷草是菊科、鬼针草属的一年生草本植物。茎直立，分枝，高20～120cm，被疏毛或无毛，常带紫色。它广泛分布于汉丰湖环湖消落带范围内（图3-12），群落面积较大。

图3-12　汉丰湖消落带大狼杷草群落

10）砖子苗群落（Form. *Cyperus cyperoides*）

砖子苗是莎草科、莎草属草本植物。它的秆通常较粗壮；长侧枝聚伞花序近于复出；辐射枝较长，最长达14cm，每辐射枝具1～5个穗状花序，部分穗状花序基部具小苞片，顶生穗状花序一般长于侧生穗状花序。它主要分布于临近湖体、海拔较低的消落带区域，如汉丰湖北岸乌杨坝及水位降低后出露的水东坝区域（图3-13）及东河河口等地。

图3-13　汉丰湖消落带砖子苗群落

（三）水生植被

水生植被是汉丰湖国家湿地公园的重要植被类型，是湿地生态系统生物多样性的重要组成部分（中国湿地植被编辑委员会，1999）。按《中国水生杂草》提出的水生植被及其群落类型进行划分（刁正俗，1990），湿地公园内共有3个植被型、13个群系。

1. 挺水植物群落

挺水植物是指根着生土壤，茎和叶挺伸出水面的植物。植物一般比较大，茎、叶较高或较长，种群成团块状集群分布。挺水植物群落是以挺水植物为优势种组成的群落，包括生长在湖岸水域和消落带过渡到陆生生长的湿生植物群落。

1）宽叶香蒲群落（Form. *Typha latifolia*）

宽叶香蒲属于香蒲科、香蒲属，是多年生水生或沼生草本。根状茎乳黄色，先端白色。地上茎粗壮，高1～2.5m，叶条形。分布在石龙船大桥下南河左岸稻田弃耕后的浅水水田内，面积约50m^2。为单优种群落，高2m，盖度达80%。群落边缘伴生园叶节节草（*Rotala rotundifolia*）、问荆（*Equisetumarvense*）、灯心草（*Juncus effusus*）等。

2）芦苇群落（Form. *Phragmites australis*）

芦苇是禾本科、芦苇属植物，多年生，根状茎十分发达。秆直立，直径1～4cm，具20多节，基部和上部的节间较短，最长节间位于下部第4～6节，节下被蜡粉。叶鞘下部短于上部，长于其节间；叶舌边缘密生一圈长约1mm的短纤毛，两侧缘毛长3～5mm，易脱落；叶片披针状线形。芦苇群落为人工栽培，主要分布在汉丰湖北岸的东河河口一带，呈丛状种植。

3）茭白群落（Form. *Zizania caduciflora*）

茭白是禾本科、菰属多年生浅水草本，又名菰、茭笋、高笋，常栽培于水田、小河浅水中，叶长茎短，被茭白黑粉菌（*Ustilago esculenta*）寄生后，刺激细胞增大变肥，即称食用茭笋或高笋。茭白群落分布在湿地公园的芙蓉坝、乌杨坝，主要生长在水塘中，群落面积不大，为200m^{2}左右。植株高达1.5m，盖度为80%，单种群落。

4）莲群落（Form. *Nelumbo nucifera*）

莲是莲科、莲属多年生挺水草本植物，根状茎横生，肥厚，节间膨大，内有多数纵行通气孔道，节部缢缩，上生黑色鳞叶，下生须状不定根。叶呈圆形，盾状，直径为25～90cm。花色丰富，主要有红色、粉红色、白色、绿色、黄色等，花型主要有单瓣、多瓣、重瓣和千瓣。它主要生长在湖泊、河滩等浅水地带。湿地公园内莲群落包括半野生和人工种植两部分。芙蓉坝一带的小片莲群落为半野生状态，自2006年156m蓄水以来，每年经历冬季水淹，至今仍然存活良好。人工种植的莲群落主要分布在汉丰湖石龙船大桥段、芙蓉坝的宝塔窝东侧及头道河河口的基塘内，其中汉丰湖南岸芙蓉坝自2012年种植后，经历十余年冬季深水淹没，至今仍存活良好（图3-14）。

5）黄花鸢尾群落（Form. *Iris wilsonii*）

黄花鸢尾是鸢尾科、鸢尾属多年生草本，其群落为人工种植，主要分布

图 3-14　汉丰湖芙蓉坝消落带基塘中的莲群落

在汉丰湖南岸石龙船大桥段及汉丰湖北岸。黄花鸢尾耐淹能力强。

6）喜旱莲子草群落（Form. *Alternanthera philoxeroides*）

喜旱莲子草是苋科、莲子草属多年生草本植物，又称空心莲子草、水花生、革命草，为水陆两栖植物，为有严重危害的入侵植物，原产于南美洲，20世纪50年代作为猪饲料引入栽培。它生长在湿地公园的河流小溪、水塘沿岸。可成单种群落也可混生在一起。湿地公园内王家湾、南河等区域常发现有喜旱莲子草。

7）粉美人蕉群落（Form. *Canna glauca*）

粉美人蕉是美人蕉科、美人蕉属球根草本植物。它的根茎延长，株高1.5～2.0m，茎呈绿色，叶片呈披针形。它具有茎叶茂盛、花色艳丽、花期长、耐水淹，也可在陆地生长的优点，在雨季丰水期和旱季枯水期都能安然无恙。粉美人蕉为人工栽培，主要集中分布在汉丰湖南岸芙蓉坝一带及南岸滨水空间的小微湿地中。

8）粉绿狐尾藻群落（Form. *Myriophyllum aquaticum*）

粉绿狐尾藻为小二仙草科、狐尾藻属植物，为多年生挺水草本植物，植株长度为 50～80cm；茎上部直立，下部具有沉水性；叶轮生，多为 5 叶轮生，叶片呈圆扇形，一回羽状。它零星分布在汉丰湖南岸石龙船段的基塘内。茎呈半蔓性，能匍匐湿地生长。上部为挺水叶，匍匐在水面上，下半部为水中茎，水中茎多分枝。

2. 浮水植物群落

浮水型植物的茎、叶漂浮水面，根在水中，生长繁殖极快，常成团、成块密集生长，形成单种群落。浮萍、满江红（*Azolla imbricata*）等漂浮植物群落常分布于池塘和库湾积水坑，因其个体微小，不适于大水面多风浪的环境。它常常形成多种浮萍的混生群落，在背风静水池繁殖极快，密集覆盖全水面。本类型在湿地公园内有 3 个群系。

1）凤眼蓝群落（Form. *Eichhornia crassipes*）

凤眼蓝为雨久花科、凤眼蓝属浮水草本，又名水葫芦、凤眼莲。须根发达，呈棕黑色。茎极短，匍匐枝呈淡绿色。叶在基部丛生，莲座状排列；叶片呈圆形，表面呈深绿色；叶柄长短不等，内有许多多边形柱状细胞组成的气室。它喜欢温暖湿润、阳光充足的环境，适应性很强，喜生于浅水中，在流速不大的水体中也能够生长，随水漂流。它繁殖迅速，开花后，花茎弯入水中生长，子房在水中发育膨大。凤眼蓝是危害严重的入侵植物，主要分布在水塘、小河地区，零星分布在湿地公园内的头道河河口等区域，为单种群落。

2）满江红群落（Form. *Azolla lmbricata*）

满江红是满江红科、满江红属蕨类植物，又称红浮萍，是优良的绿肥水生植物。植物体呈卵形或三角形，根状茎细长横走，侧枝腋生，假二歧分枝，向下生须根。叶小如芝麻，互生，无柄，覆瓦状排列成两行，叶片深裂分为背裂片和腹裂片两部分，背裂片呈长圆形或卵形，肉质，绿色，但在秋后常变为紫红色。满江红生长温辐宽、繁殖速度快、产量大、适应能力强，漂浮于水面，常见于稻田、内湖、池塘、水库。因其与固氮藻类共生，故能固定空气中的游离氮。湿地公园内多有发现，为单种群落。

3）浮萍群落（Form. *Lemna minor*）

浮萍是浮萍科、浮萍属飘浮植物。叶状体对称，表面绿色，背面浅黄色或绿白色或常为紫色，呈倒卵形或倒卵状椭圆形。它喜温气候和潮湿环境，生长于水田、池沼或其他静水水域，常与紫萍（*Spirodela polyrrhiza*）混生，形成密布水面的飘浮群落。浮萍生长繁育快，易存在于肥沃水田、水塘、储水沙凼（图 3-15）。群落中常有多种浮萍科植物，如紫萍（*Spirodela polyrhzia*）等。

图 3-15　汉丰湖浮萍群落

3. 沉水植物群落

沉水植物的植物体全部位于水层下面，是营固着生活的水生植物，根有时不发达或退化，植物体的各部分都可以吸收水分和养料，通气组织发达，有利于在水中缺氧情况下进行气体交换。这类植物的叶子大多为带状或丝状。本类型在汉丰湖国家湿地公园内主要有 2 个群系。

1）菹草群落（Form. *Potamogeton crispus*）

菹草为眼子菜科眼子菜属多年生沉水草本植物，又叫虾藻、虾草、麦黄草。它有近圆柱形的根茎，茎稍扁，多分枝，近基部常匍匐地面，于节处生出疏或稍密的须根。叶呈条形，无柄，长 3～8cm，宽 3～10mm。它生于池塘、湖泊、溪流中，在静水池塘或沟渠较多，水体多呈微酸至中性。汉丰湖国家湿地公园内的窟窿坝水塘、乌杨坝等区域有分布，为单种群落。

2）黑藻（Form. *Hydrilla verticillata*）

黑藻是水鳖科黑藻属植物，为多年生沉水草本。茎呈圆柱形，表面有纵向细棱纹，质较脆。休眠芽呈长卵圆形；苞叶多数，螺旋状紧密排列，为白色或淡黄绿色，狭披呈针形至披针形，茎常分枝，长达 2m。汉丰湖国家湿地公园内的窟窿坝水塘、乌杨坝等区域有分布，为单种群落。

第二节　鸟类多样性

一、调查方法

鸟类调查依据原林业部《全国陆生野生动物资源调查与监测技术规程（修订版）》的有关规定，主要采用样带法、样点法和访问调查等方法。样带法即沿预定线路步行调查，样带长4～6km，样带宽50m，2～3人并行。样点均匀地分布在样带上。利用望远镜、摄像机及相机等工具观察并记录外形特征，同时通过鸣叫声对其进行鉴定。访问调查主要是访问当地村民。调查时选择晴朗无风的天气，在鸟类活动的高峰段（7:00～10:00；16:00～18:00），使用8×42倍双筒望远镜及20～60倍单筒望远镜进行观察，记录鸟类的种类、数量、行为、生境特征、水位高程及主要干扰类型，鸟类识别主要参照《中国鸟类野外手册》（约翰·马敬能和卡伦·菲利普斯，2000），鸟类分类参照《中国鸟类分类与分布名录》（郑光美，2011）。

二、种类组成及区系

汉丰湖国家湿地公园共有193种鸟类（附表2），分属17目51科。雀形目鸟类种数最多，有87种，占鸟类种数的45.08%（表3-3）。鸻形目鸟类有29种，占鸟类种数的15.03%。雁形目鸟类有26种，占鸟类种数的13.47%。鹈形目有11种，占鸟类种数的5.7%。鹃形目有7种、鹤形目有6种、鹰形目有6种，分别占鸟类种数的3.63%、3.11%、3.11%。其余各目鸟类种数均少于5种。就科数而言，鸭科鸟类有26种，占13.47%；鹬科鸟类有15种，占7.77%；鹭科和丘鹬科鸟类均有11种，各占5.7%；鹡鸰科鸟类有10种，占5.18%；鸻科鸟类有8种，占4.15%；秧鸡科和鹰科鸟类均有6种，各占3.11%。就种数而言，汉丰湖国家湿地公园的鸟类以雀形目占优势，鸻形目、雁形目、鹈形目、鹃形目等次之。鸭科鸟类最多，其次是鹬科、鹭科鸟类等。

表3-3　汉丰湖国家湿地公园鸟类各类群种类数及占比

目	科	种	占总种数的比例/%
鸡形目	1	3	1.55

续表

目	科	种	占总种数的比例/%
雁形目	1	26	13.47
䴙䴘目	1	3	1.55
鹳形目	1	1	0.52
鹈形目	1	11	5.70
鲣鸟目	1	1	0.52
鹰形目	2	6	3.11
隼形目	1	2	1.04
鹤形目	1	6	3.11
鸻形目	7	29	15.03
鸽形目	1	3	1.55
鹃形目	1	7	3.63
雨燕目	1	1	0.52
佛法僧目	1	3	1.55
犀鸟目	1	1	0.55
䴕形目	1	3	1.55
雀形目	28	87	45.08

汉丰湖国家湿地公园的鸟类属古北界的有 71 种，占比为 36.79%；属东洋界的有 71 种，占比为 36.79%；属广布种的有 51 种，占比为 26.42%。

汉丰湖国家湿地公园共有水鸟 81 种，占鸟类总种类的 41.97%，分属 9 目 15 科。在 81 种水鸟中，鸻形目水鸟类最多，有 29 种，占水鸟总种数的 35.8%；雁形目有 26 种、鹈形目有 11 种、鹤形目有 6 种，分别占水鸟总种数的 32.1%、13.58%和 7.41%。就科而言，鸭科、鹭科鸟类最丰富，分别有 26 种和 11 种，占水鸟总种数的 32.1%和 13.58%。在 81 种水鸟中，有冬候鸟 38 种，主要为鸭科鸟类；旅鸟 15 种；留鸟和夏候鸟均为 14 种。此外，雀形目鸟类中还有 8 种傍水栖息鸟类，如白鹡鸰（*Motacilla alba*）、白顶溪鸲（*Chaimarrornis leucocephalus*）、红尾水鸲（*Rhyacornis fuliginosus*）等。

三、生态类群

根据栖息地类型和鸟类形态特征将汉丰湖国家湿地公园的鸟类分为六大生态类群——游禽、涉禽、猛禽、攀禽、鸣禽和陆禽（表 3-4）。

表 3-4　汉丰湖国家湿地公园鸟类生态类群

生态类群	生态习性	栖息环境	代表目
游禽	多为候鸟，喜群居，善游泳，潜水和在水中获取食物；食性杂，从浅滩到一定深度的水域潜水觅食都有，食物包括谷类、水生植物，以及昆虫、贝类、鱼类等	活动于各种不同类型的水域中，不同类型的游禽，觅食的水域范围也不同。游禽多数会在近水域的岸边营巢，水中的岛屿是它们筑巢的最佳选择之一	䴙䴘目、雁形目、鲣鸟目
涉禽	多为候鸟，不适合游泳，生活在沼泽与水边，好集群活动，多数繁殖产卵时筑巢于林中，较敏感。主要食物为昆虫、田螺、泥鳅、小鱼、泽蛙等	通常栖息于内陆湖泊、水塘、河口、芦苇沼泽、水稻田等湿地环境，一般在近水域地带草丛（如鹤类）或在高树上、岩缝中（如鹳类）用树枝及干草筑巢	鸻形目、鹈形目、鹤形目
猛禽	体型较大，性格凶猛，是肉食性鸟类。嘴和爪边缘十分锋利，擅长抓捕小型动物。鹰隼类视力敏锐，白天捕食多数选择在树上、峭壁等高处停留。鸮形目，夜视能力强，飞行无声	多栖息在森林、山地、耕地等生境，常筑巢于高树树枝间或岩洞缝隙中。猛禽多数喜好捕食鼠类、野兔等	鹰形目、隼形目
攀禽	擅攀缘树木。食性差异很大，夜鹰目、雨燕目鸟类主要捕食飞行中的昆虫；䴕形目、鹃形目鸟类主要取食栖身于树木中的昆虫幼虫；鹦形目鸟类、佛法僧目犀鸟科鸟类主要取食植物的果实和种子；佛法僧目翠鸟科的鸟类则以鱼类为食物	主要活动于有树木的山地、丘陵或者悬崖附近，一些物种如普通翠鸟活动于水域附近，这很大程度上取决于其食性	雨燕目、䴕形目、鹃形目、佛法僧目
鸣禽	主要为陆栖鸟类，多为留鸟，也有部分候鸟，善于鸣叫，巧于营巢。主要以昆虫、杂草、野生植物种子为食	生活环境类型多样，多见于郊野、平原、森林，同时也频繁出现在城市各种公共绿地。多数鸣禽喜营树栖	雀形目
陆禽	陆禽喙比较短，鸡形目鸟类有强健的喙，适合啄食地面的食物，脚较短却十分强健，适合挖掘地面的食物，多数鸡形目鸟类不善飞行；鸽形目则善于飞行，多数栖息在树上，有些具有迁徙性	陆禽多在地面筑巢，筑巢材料常为树叶、草、羽毛、石块等，主要以植物的叶子、果实及种子等作为食物	鸡形目、鸽形目

汉丰湖国家湿地公园共有游禽 30 种，代表鸟类有雁形目、鸭科鸟类中华秋沙鸭（*Mergus squamatus*）、白秋沙鸭（*Mergellus albellus*）、红胸秋沙鸭（*Mergus serrator*）、花脸鸭（*Anas formosa*）、鸳鸯（*Aix galericulata*）、红头潜鸭（*Aythya ferina*）等，䴙䴘目的小䴙䴘（*Tachybaptus ruficollis*）、黑颈䴙䴘（*Podiceps nigricollis*）、凤头䴙䴘（*Podiceps cristatus*），鲣鸟目的普通鸬鹚（*Phalacrocorax carbo*）。

汉丰湖国家湿地公园共有涉禽 54 种，代表鸟类有鸻形目的水雉（*Hydrophasianus chirurgus*）、彩鹬（*Rostratula benghalensis*）、黑翅长脚鹬（*Him-*

antopus himantopus）、黑腹滨鹬（*Calidris alpina*）、青脚滨鹬（*Calidris temminckii*）、矶鹬（*Actitis hypoleucos*）、青脚鹬（*Tringa nebularia*）、白腰草鹬（*Tringa ochropus*）、扇尾沙锥（*Gallinago gallinago*）等；鹤形目的骨顶鸡（*Fulica atra*）、黑水鸡（*Gallinula chloropus*）、白胸苦恶鸟（*Amaurornis phoenicurus*）、红胸田鸡（*Porzana fusca*）等；鹈形目的大麻鳽（*Botaurus stellaris*）、栗苇鳽（*Ixobrychus cinnamomeus*）、白鹭（*Egretta garzetta*）、中白鹭（*Egretta intermedia*）、大白鹭（*Ardea alba*）、草鹭（*Ardea purpurea*）、苍鹭（*Ardea cinerea*）等。

汉丰湖国家湿地公园共有猛禽8种，代表鸟类有鹰形目的鹗（*Pandion haliaetus*）、凤头蜂鹰（*Pernis ptilorhynchus*）、普通鵟（*Buteo japonicus*）、雀鹰（*Accipiter nisus*）、黑鸢（*Milvus migrans*）、白腹鹞（*Circus spilonotus*）；隼形目的燕隼（*Falco subbuteo*）、游隼（*Falco peregrinus*）。

汉丰湖国家湿地公园共有攀禽8种，代表鸟类有鹃形目的噪鹃（*Eudynamys scolopaceus*）、大杜鹃（*Cuculus canorus*）、四声杜鹃（*Cuculus micropterus*）等；佛法僧目的普通翠鸟（*Alcedo atthis*）、蓝翡翠（*Halcyon pileata*）；雨燕目的小白腰雨燕（*Apus nipalensis*）；䴕形目的蚁䴕（*Jynx torquilla*）和灰头绿啄木鸟（*Picumnus innominatus*）。

汉丰湖国家湿地公园共有鸣禽87种，均为雀形目鸟类，代表鸟类有红嘴相思鸟（*Leiothrix lutea*）、蓝喉歌鸲（*Luscinia svecica*）、黄胸鹀（*Emberiza aureola*）、蒙古短趾百灵（*Calandrella dukhunensis*）、赭红尾鸲（*Phoenicurus ochruros*）、棕背伯劳（*Lanius schach*）、白头鹎（*Pycnonotus sinensis*）、黑枕黄鹂（*Oriolus chinensis*）、寿带（*Terpsiphone incei*）、红头长尾山雀（*Aegithalos concinnus*）、远东山雀（*Parus minor*）、棕脸鹟莺（*Seicercus albogularis*）、棕颈钩嘴鹛（*Pomatorhinus ruficollis*）、褐柳莺（*Phylloscopus fuscatus*）、乌鸫（*Turdus merula*）、丝光椋鸟（*Spodiopsar sericeus*）、宝兴歌鸫（*Turdus mupinensis*）、山麻雀（*Passer rutilans*）、斑文鸟（*Lonchura punctulata*）、黄鹡鸰（*Motacilla tschutschensis*）、黄头鹡鸰（*Motacilla citreola*）、粉红胸鹨（*Anthus roseatus*）、水鹨（*Anthus spinoletta*）、金翅雀（*Chloris sinica*）等。

汉丰湖国家湿地公园共有陆禽 6 种，代表鸟类有鸡形目的雉鸡（*Phasianus colchicus*）、灰胸竹鸡（*Bambusicola thoracicus*）、鹌鹑（*Coturnix japonica*）；鸽形目的珠颈斑鸠（*Spilopelia chinensis*）、山斑鸠（*Streptopelia orientalis*）、火斑鸠（*Streptopelia tranquebarica*）。

四、群落季节动态

水是自然界重要的生态因子，其变化将会对生物个体、种群、群落及生态系统产生影响。自然界中湖泊、河流的水文变化会对其生态系统结构产生影响，改变生境类型，进而影响到其生物群落。三峡水库由于蓄清排浊的运行方式，夏季低水位（145m）运行，冬季高水位（175m）运行，两种水位下的生态环境差异显著。鸟类作为湿地生态系统中的初级或顶级消费者，群落结构在一定程度上是鸟类与环境及鸟类种间相互关系的综合反映。外界生态环境的改变，必将引起鸟类群落种类、丰度、多样性及空间分布格局发生变化。明水面、滩涂、植被是影响湿地鸟类群落多样性及空间分布格局的三个重要因子（葛振鸣，2007）。水位变动是汉丰湖生态系统演变的主要驱动因子，导致明水面、滩涂、植被等主要因子随水位高程涨落而发生动态变化，进而影响汉丰湖鸟类多样性及空间分布格局（刁元彬等，2018）。生境在鸟类生活史中发挥着极其重要的作用，鸟类的生存和繁衍与生境的类型密切相关。生境异质性越高，生境结构越复杂，越能够为不同生态位的鸟类提供栖息地，从而提高鸟类多样性。

在夏季汉丰湖低水位期，鸟类群落以燕雀科鸟类为优势类群，占鸟类群落比例为 23.6%（图 3-16），优势鸟种为金翅雀，主要是由于草本群落处于花期或果期，草籽和植物群落内的昆虫资源是一年中最丰富的时期，为鸟类提供了丰富的食物来源。其次为鹭科鸟类，占群落比例的 13.3%，物种丰富度和数量较冬季有明显上升，主要是因为水位下降，大面积河漫滩和沙洲出露，有洼地、沟渠、小型水塘、小型岛屿、砾石滩等多种微生境结构，为其提供了食物资源和栖息环境。这些微生境还为以斑嘴鸭（*Anas zonorhyncha*）为优势种的鸭科鸟类提供了觅食和繁殖生境，改变了其居留类型，由冬候鸟变为了留鸟。同时，该地还为鸻鹬类鸟类提供了适宜的觅食和繁殖场所，如矶鹬、林鹬（*Tringa glareola*）、青脚鹬、金眶鸻（*Charadrius dubius*）等。第三位是噪鹛科鸟类，占群落比例的9.5%，优势种为白颊噪鹛（*Garrulax sannio*），多在灌草丛中栖息觅食。另外，汉丰湖部分湖岸（如汉丰湖南岸芙蓉坝、汉丰湖北岸石龙船大桥至头道河河口）营造有面积不等、形态各异的基塘，塘内鱼类、螺类、水生昆虫等较丰富，挺水植物团块状种植，形成良好的庇护地，是红胸田鸡、黑水鸡等鸟类的繁殖场所。

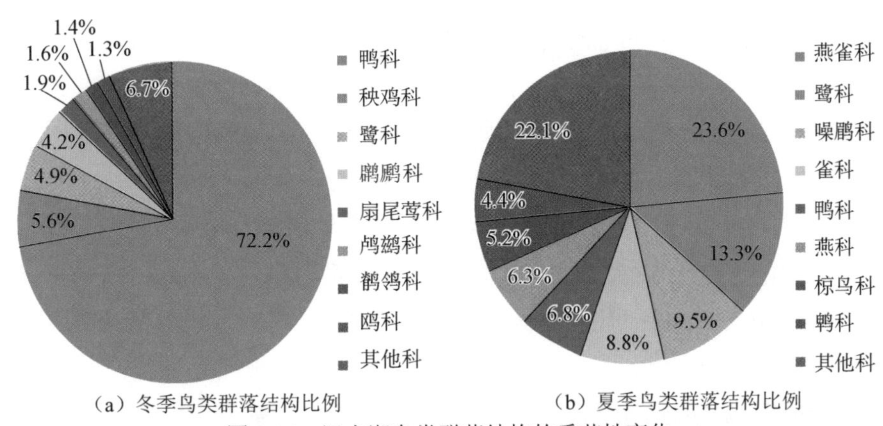

（a）冬季鸟类群落结构比例　　（b）夏季鸟类群落结构比例

图 3-16　汉丰湖鸟类群落结构的季节性变化

汉丰湖在12月上旬（处于冬季）的水位稳定在175m，水域宽阔，水面面积达14.48km²，滩涂和植被淹没，生境结构相对较单一。夏季和冬季鸟类群落结构差异明显。冬季鸭科鸟类占显著优势，占群落数量的72.2%，其优势鸟种主要为罗纹鸭（*Mareca falcata*）、绿头鸭（*Anas platyrhynchos*）和斑嘴鸭等。这些鸟类主要探入水中取食植物残体。其次为秧鸡科、鹭科和鸊鷉科鸟类，分别占群落数量的5.6%、4.9%和4.2%。秧鸡科鸟类以骨顶鸡为优势种，在此集群越冬，取食植物残体；鹭科鸟类以白鹭为优势种，其物种丰富度和个体数量较夏季明显下降。一方面，部分鹭鸟为夏候鸟；另一方面，冬季水位上升，适宜其栖息觅食的生境减少。鸊鷉科鸟类以小鸊鷉和凤头鸊鷉为优势种，在此集群越冬，潜入水中捕食鱼类。

综上所述，相比冬季，夏季低水位出露期的多种生境要素对夏侯鸟和留鸟的栖息和繁殖至关重要，其多样的微生境及其组合类型为该区域的鸟类提供了丰富的食物资源和栖息环境。因此，夏季的鸟类物种丰富度更高，且林鸟占比较高，如燕雀科、噪鹛科、雀科鸟类等均为林鸟。冬季则以鸭科、秧鸡科及鹭科等水鸟占优势，且鸭科鸟类数量显著多于其他鸟类，说明汉丰湖是鸭科鸟类良好的越冬场所。

五、重点保护鸟类

汉丰湖国家湿地公园鸟类资源丰富，有多种国家级珍稀保护鸟类（图3-17）。其中，国家一级保护动物有2种，即中华秋沙鸭和黄胸鹀；国家二级保护鸟类有15种，包括小天鹅、鸳鸯、花脸鸭、白秋沙鸭、鹗、凤头蜂鹰、黑鸢、雀鹰、普通鵟、白腹鹞、游隼、燕隼、水雉、红嘴相思鸟、蓝喉歌鸲。根据世界自然保护联盟（IUCN）保护动物名录（汪松等，1998），汉丰湖国家湿地公园有全球性极危（CR）鸟类1种，为黄胸鹀；濒危（EN）鸟类1种，为中华秋沙鸭；易危（VU）鸟类3种，分别为鸿雁（*Anser cygnoides*）、红头潜鸭和三趾鸥（*Rissa tridactyla*）；近危（NT）鸟类4种，分别为罗纹鸭、白眼潜鸭（*Aythya nyroca*）、黑尾塍鹬（*Limosa limosa*）及鹌鹑。湿地公园内部分重点保护鸟类描述如下。

（a）蓝喉歌鸲

（b）黄胸鹀

（c）普通鵟

（d）鹗

（e）白腹鹞　（f）黑鸢
（g）鸳鸯　（h）花脸鸭
（i）罗纹鸭　（j）白秋沙鸭
（k）鸿雁　（l）红嘴相思鸟

图 3-17　汉丰湖国家湿地公园部分重点保护鸟类

（1）中华秋沙鸭（*Mergus squamatus*）。冬候鸟，出没于林区内的湍急河流，有时在开阔湖泊。成对或以家庭为群。潜水捕食鱼类。主要栖息于阔叶林或针阔混交林的溪流、河谷、草甸、水塘及草地。在乌杨坝一带有分布。

（2）黄胸鹀（*Emberiza aureola*）。旅鸟，栖息于低山丘陵和开阔平原地带的灌丛、草甸、草地和林缘地带。繁殖期间常单独或成对活动，非繁殖期则喜成群，特别是迁徙期间和冬季，集成数百至数千只的大群。一般主食植物种子。在头道河河口一带、东河下游滴水村段有分布。

（3）小天鹅（*Cygnus columbianus*）。冬候鸟，为大型水禽。在繁殖期主要栖息于开阔的湖泊、水塘、沼泽、水流缓慢的河流。冬季主要栖息在多芦苇、蒲草和其他水生植物的大型水库、水塘与河湾等地方。在乌杨坝一带有分布。

（4）鸳鸯（*Aix galericulata*）。冬候鸟，栖息于山地森林河流、湖泊、水库、水塘、芦苇沼泽中。主要以叶、草籽、苔藓和昆虫为食。在乌杨坝、东河河口等均有分布。

（5）花脸鸭（*Sibirionetta formosa*）。冬候鸟，白天常成小群或与其他野鸭混群游泳或漂浮于开阔的水面休息，夜晚则成群飞往附近田野、沟渠或湖边浅水处寻食。主要以轮叶藻、柳叶藻、菱角、水草等各类水生植物的芽、嫩叶、果实和种子为食。在乌杨坝一带有分布。

（6）白秋沙鸭（*Mergellus albellus*）。冬候鸟，栖息于湖泊、河流和池塘等地带，善游泳和潜水。以鱼类、无脊椎动物和少量植物性食物为食。在乌杨坝一带有分布。

（7）鹗（*Pandion haliaetus*）。旅鸟，栖息于水库、湖泊中，常从水上悬枝深扎入水捕食猎物，或在水上缓慢盘旋或振羽停在空中然后扎入水中捕食鱼类。迁徙季节在汉丰湖有记录。

（8）凤头蜂鹰（*Pernis ptilorhynchus*）。旅鸟，栖息于不同海拔的阔叶林、针叶林和混交林中，尤以疏林和林缘地带为主，主要以黄蜂、胡蜂、蜜蜂和其他蜂类为食。迁徙季节在汉丰湖有记录。

（9）雀鹰（*Accipiter nisus*）。冬候鸟，栖息于针叶林、混交林和阔叶林等山地森林和林缘地带，冬季主要栖息于低山，尤其喜欢在林缘、河谷、采伐迹地和耕地附近的小块丛林地带于白天单独活动。以雀形目小鸟、鼠类、昆虫为食。在乌杨坝一带有分布。

（10）普通鵟（*Buteo japonicus*）。冬候鸟，主要栖息于山地森林和林缘地带，常在开阔平原、旷野、开垦耕作区、林缘草地和村庄上空盘旋翱翔。主要以鼠类为食。在乌杨坝一带有分布。

（11）白腹鹞（*Circus spilonotus*）。旅鸟，栖息于开阔地，尤其是多草沼泽地带或芦苇地，是典型的湿地猛禽，主要以雀形目小鸟、蛇类及小型动物为食。秋季在乌杨坝及水东坝有分布。

（12）燕隼（*Falco subbuteo*）。旅鸟，主要栖息于有稀疏树木生长的开阔平原、旷野、耕地、海岸和林缘地带。主要以麻雀、山雀等雀形目小鸟为食，偶尔捕捉昆虫。秋季迁徙季节在汉丰湖有记录。

（13）水雉（*Hydrophasianus chirurgus*）。夏候鸟，栖息于富有挺水植物和漂浮植物的淡水湖泊、池塘和沼泽地带。以昆虫、虾、软体动物、甲壳类等小型无脊椎动物和水生植物为食。在乌杨坝一带有分布。

（14）红嘴相思鸟（*Leiothrix lutea*）。留鸟，栖息于海拔为1200～2800m的山地常绿阔叶林、常绿落叶混交林、竹林和林缘疏林灌丛地带。主要以毛虫、甲虫、蚂蚁等昆虫为食，也吃植物果实、种子等植物性食物，偶尔也吃少量玉米等农作物。在石龙船大桥一带有分布。

（15）蓝喉歌鸲（*Luscinia svecica*）。旅鸟，栖息于灌丛或芦苇丛中。性情隐怯，常在地下作短距离奔驰，稍停，不时地扭动尾羽或将尾羽展开。主要以昆虫、蠕虫等为食，也吃植物种子等。在乌杨坝一带有分布。

（16）鸿雁（*Anser cygnoides*）。冬候鸟，主要栖息于开阔平原和平原草地上的湖泊、水塘、河流、沼泽及其附近地区。以各种草本植物的叶、芽，包括陆生植物和水生植物、芦苇、藻类等植物性食物为食，也吃少量甲壳类和软体动物等动物性食物。在乌杨坝一带有分布。

（17）红头潜鸭（*Aythya ferina*）。冬候鸟，多栖息于开阔的湖泊、水库中。杂食性，主要以水生植物和鱼虾贝类为食。有很好的潜水技能，在沿海或较大的湖泊越冬。在乌杨坝一带有分布。

（18）三趾鸥（*Rissa tridactyla*）。冬候鸟，主要以小鱼为食。有时也吃甲壳类和软体动物。主要在海面涡流中捕食，也可在飞翔中或是游泳中觅食。在芙蓉坝一带有分布，为开州区新纪录种。

（19）罗纹鸭（*Mareca falcata*）。冬候鸟，多栖息于河流、湖泊、水库、河口及其沼泽地带。主要以水生植物嫩叶、种子、草籽等为食，偶尔吃贝类、甲壳类和水生昆虫等。在乌杨坝一带有集群分布。

（20）白眼潜鸭（*Aythya nyroca*）。冬候鸟，栖居于沼泽及淡水湖泊。冬季也活动于河口及沿海潟湖。怯生谨慎，成对或成小群。杂食性，主要以水生植物和鱼虾贝壳类为食。冬季在乌杨坝一带有分布。

（21）黑尾塍鹬（*Limosa limosa*）。旅鸟，栖息在沿海泥滩、沼泽湿地及水域周围的湿草甸，主要以昆虫、软体动物为食。迁徙季罕见于内陆地区。秋季在水东坝一带有分布。

（22）鹌鹑（*Coturnix japonica*）。留鸟，栖居于矮草地及农田。主要以杂草种子、豆类、谷物、浆果、昆虫及幼虫等为食。在汉丰湖国家湿地公园灌草丛生境有分布。

第四章　消落带生态系统设计技术框架

三峡水库因“蓄清排浑”的水库运行方式，形成了海拔145～175m的季节性水位变动、冬季淹没长达5～6个月的水库消落带，水位季节性波动给消落带带来了极大的环境胁迫。2010年三峡水库完成175m试验性蓄水，形成了水位落差达30m的消落带，导致了一系列生态环境问题，包括原有分布在消落带的动植物难以适应大幅水位变动及冬季深水淹没的环境，水位变动导致库岸稳定性变差，消落带土地利用格局改变，来自消落带上部农耕区域的面源污染影响等（Yuan et al.，2013）。面对三峡水库消落带及由此带来的环境胁迫，该如何应对严酷的环境挑战？如何进行消落带生态系统修复，优化其生态系统服务功能（Mitsch et al.，2008）？面对前所未有的复杂问题和严酷的逆境考验，基于自然的解决方案（nature-based solutions，NbS）是解决消落带复杂问题的最佳选择。我们并没有局限在“什么样的植物能够耐受长时间冬季深水淹没”这样的简单思考上，而考虑在适应水位变化基础上的整体生态系统设计，将汉丰湖消落带作为一个整体生态系统，基于自然的解决方案，通过持续十余年的生态系统修复实践，重建稳定健康的消落带生态系统，提升和优化消落带生态系统服务功能（Mitsch et al.，2008）。本章在论述基于自然的消落带生态系统修复设计目标和策略的基础上，构建汉丰湖消落带生态系统整体设计思路和设计技术框架，可为具有季节性水位变化的大型湖库消落带生态系统修复提供依据。

第一节　设计目标与策略

一、设计目标

将汉丰湖消落带生态修复与综合治理放到三峡库区生态保护和长江生态大保护的背景中，结合长江生态大保护的要求，针对汉丰湖面临的一系列生态环境问题，以及开州区城市生态文明建设的要求，紧紧围绕生态系统服务功能的全面优化目标，本着对自然和人类都有益的设计理念，应对季节性水位变化和不断变化的环境，进行汉丰湖消落带生态系统整体设计和生态修复。通过对汉丰湖消落带生态系统的整体设计和修复，使城市和流域面源污染得到控制，水环境质量和水生生态系统得到有效恢复，消落带湿地生态系统结构完整性得到重建和维持，消落带生态系统服务功能得以提升和优化，建设一个人与自然协同共生、景观品质优美的消落带生态系统。设计重点在环汉丰湖消落带及滨水空间，重点针对消落带及滨水空间岸坡稳定、环境净化、生物多样性提升、景观美化、人居环境质量优化等主导生态服务功能，以及水位变化影响下的水文过程、河-库交替影响下的泥沙过程、水位变化影响下的理化过程、蓄水影响下的生物过程等生态过程，进行汉丰湖消落带生态系统结构、功能和过程的整体设计和生态修复。通过汉丰湖消落带生态系统整体设计和修复，建成大型水库消落带生态系统修复与景观优化协同共生的样板，优化开州城区人居环境质量，形成以汉丰湖为核心的“山水林田湖草城”共生和谐的生命共同体。

二、设计策略

基于自然的解决方案（罗明等，2020），在汉丰湖消落带的生态修复实践中，提出了如下六点策略。

（1）基于自然的解决方案（nature-based solutions，NbS）：基于三峡水库消落带的水位变化及汉丰湖水文、地貌等自然条件，使用自然系统来提供优化的生态服务，强调自然的自我设计（self design of nature）功能，遵循“自然为母，时间为父”的原则。

（2）适应性设计（adaptive design）：针对30m落差的水位变化，无论是植物种类选择、群落结构配置，还是生态系统修复技术，都必须适应大幅度季节性水位变化。

（3）韧性设计（resilience design）：强调韧性设计，采用韧性材料，实施韧性施工技术，构建消落带韧性生态结构，提高消落带生态系统对冬季深水淹没的韧性应对能力及快速自我恢复能力（Walker and Salt，2006）。

（4）动态设计（dynamic design）：在消落带生态系统修复的结构设计、功能设计和过程设计等方面，适应季节性水位变动的动态特点，体现动态节律。

（5）多功能设计（multifunctional design）：充分考虑消落带作为水陆界面的主导生态功能，如稳定水岸、拦截净化地表径流、提升生物多样性等，强调主导生态服务功能优先，多功能并重。

（6）协同共生设计（collaborative symbiosis design）：通过消落带环境要素与生物要素之间的协同设计，以及植物-动物的协同设计（袁嘉和杜春兰，2020），形成相对稳定的消落带协同共生系统，从而达到生物多样性提升的目标。

第二节　整体设计思路

开州城市与汉丰湖水乳交融，水是城市发展的重要影响因子，城市因水而生，也可能因水而衰。将汉丰湖的保护、景观优化与城市建设整合起来，建设一个富有特色的湿地之城，也是开州区城市生态文明建设的需求。因此，汉丰湖消落带的生态修复及景观优化，不能单纯从消落带本身孤立考虑，而应将湖周山地第一层山脊、面山汇水区域、城市、滨水空间、消落带、湖泊水体作为整体生态系统的有机组成要素（图 4-1），进行“山水林田湖草城”生命共同体设计（图 4-2）。

汉丰湖“山水林田湖草城”生命共同体设计中（图 4-2），“山”是指汉丰湖南岸的南山、北岸的大慈山、盛山和迎仙山，汉丰湖“四山”是生命共同体的生态源（物种源、水源、营养物质源）；“水”是汉丰湖生态系统设计中的核心，由汉丰湖上游源头东河、源自“四山”的溪河与汉丰湖一起构成向心状水系网络；“林、草”是生态系统中的生产者，湖周面山汇水区域的林、草既是生物多样性的摇篮，也是山与水、水与城之间有机联系的生态走廊；沿湖周山地等高线分布的梯田农地，发挥着拦截水土、稳定坡面的作用；“城”则是一个移民新城，城市中人的健康生存与山、水、林、田、湖、草各要素密切相关，协同共生。在整体生态系统设计中，最关键的要素是作为水陆界面的消落带及滨水空间。消落带及滨水空间是汉丰湖的水陆交错界面，将“山水林田草城”与湖有机衔接，是这个生命共同体的动态界面。

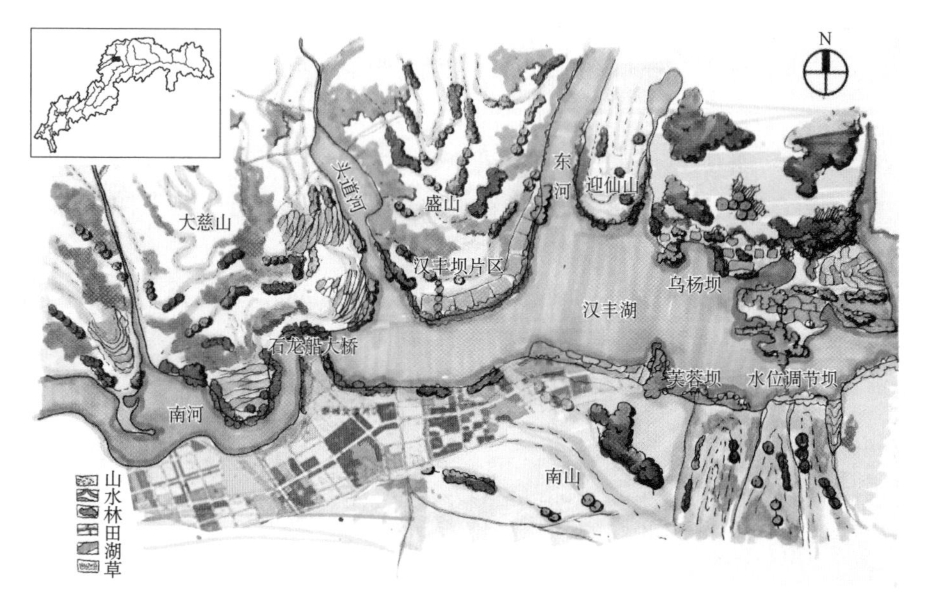

图 4-1　汉丰湖“山水林田湖草城”生命共同体组成要素示意图

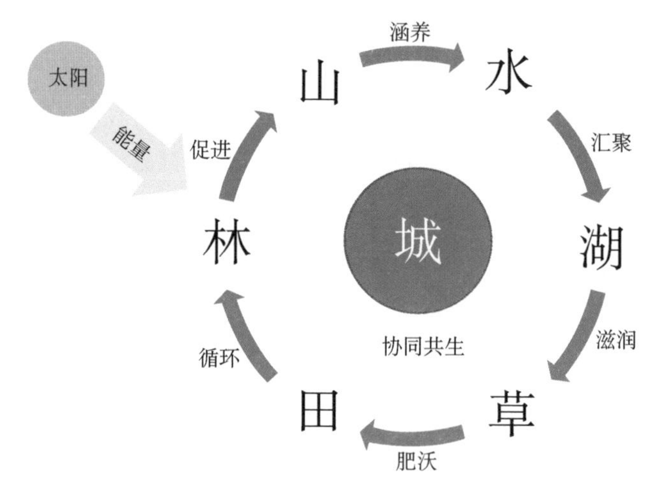

图 4-2　汉丰湖“山水林田湖草城”生命共同体各要素间关系示意图

自 2010 年开始，综合考虑山、水、林、田、湖、草各生态要素之间的关系（田野等，2019；于恩逸等，2019；周妍等，2021），城市人居环境质量优化，以及移民城市居民的生活质量及休闲游憩需求，在此基础上，对消落带和滨水空间这一动态界面进行设计和修复实践。按照这一界面的组成和环境特点，其设计和修复实践分别包括湖岸、湖湾、入湖支流河口的消落带，由此构成一个整体的环湖消落带生态系统。湖岸、湖湾、入湖支流河口消落带的设计各自具有自己的适应性特点，又构成一个完整的环湖生态和景观界面。

汉丰湖消落带生态系统修复整体设计思路如图4-3所示，针对消落带生态服务的多功能、多效益，提出消落带基塘工程技术、消落带林泽工程技术、消落带多带多功能缓冲系统技术和滨湖水敏性结构系统构建技术，并且从整体生态系统设计的角度，集成基塘工程、林泽工程、多带多功能缓冲系统、滨湖水敏性结构系统等一系列创新性技术，研发适应季节性水位变动和冬季深水淹没极端不利条件的消落带景观生态修复综合调控成套技术体系。

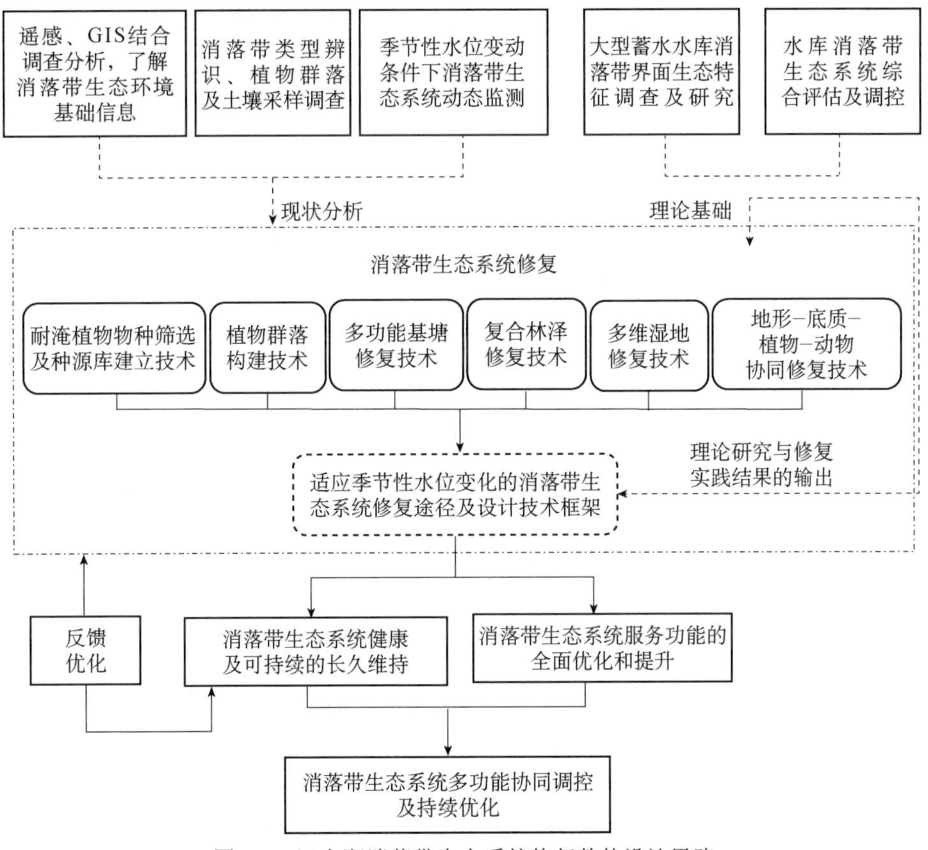

图4-3　汉丰湖消落带生态系统修复整体设计思路

第三节　设计技术框架

基于自然的解决方案，针对汉丰湖消落带生态系统要素、结构，充分考虑消落带主导生态服务功能，结合汉丰湖消落带生态过程，提出汉丰湖消落带生态系统修复设计技术框架（图 4-4）。

从图 4-4 可知，汉丰湖消落带生态系统修复设计中的要素设计、结构设计、功能设计和过程设计四者之间相互关联，要素的空间配置决定了结构设计的基本图式，结构设计是功能的基础，功能设计则与过程设计紧密相关。

要素设计中包括非生物环境要素和生物要素的设计。其中，针对水位变化的设计是必须考虑的首要内容。如何应对三峡水库蓄水后的水位变化、汉丰湖水位调节坝叠加后的多重水位变化影响，以及由水位变化带来的系列水文变化影响，无论是在消落带生态系统基底结构、植物种类，还是群落结构等方面，都必须加强适应性设计。在地形设计中，顺应高程的设计是重要内容，因为高程关联着水位变化及蓄水淹没时间长短。此外，基底底质组成、基底结构和地形起伏也是不可忽视的内容，针对三峡水库库岸及汉丰湖库岸性质，即基岩质库岸、土质库岸、沙质库岸、人工硬化库岸等类型，以及库岸坡度陡缓，采取针对性的设计措施。对各要素的设计不是孤立的，因为在特定空间中，各要素的组合形成了不同的生境类型，而这又是动植物栖息繁衍的基础条件。因此，基于多功能目标需求，应将高程、水位、地形、底质进行耦合设计，这样的耦合设计应对着后面的功能耦合设计。

在消落带生态系统修复的生物要素设计中，首要的是耐淹植物种类的筛选（郭泉水等，2010；樊大勇等，2015）。筛选时，应筛选那些耐冬季深水淹没的不同生活型的植物种类，包括草本植物、灌木和乔木。在汉丰湖的消落带生态系统修复中，原则上草本植物以自然恢复为主，通过地形和底质设计，让尽可能丰富的本土自生植物恢复生长。动物要素设计中包括底栖动物、鱼类、昆虫、两栖类、爬行类、鸟类和兽类，但在汉丰湖的消落带生态系统修复中我们重点关注了昆虫和鸟类，主要通过对植物群落的设计和生境类型的设计，满足各动物类群的生存和繁衍需求，借此提升动物多样性。因此，植

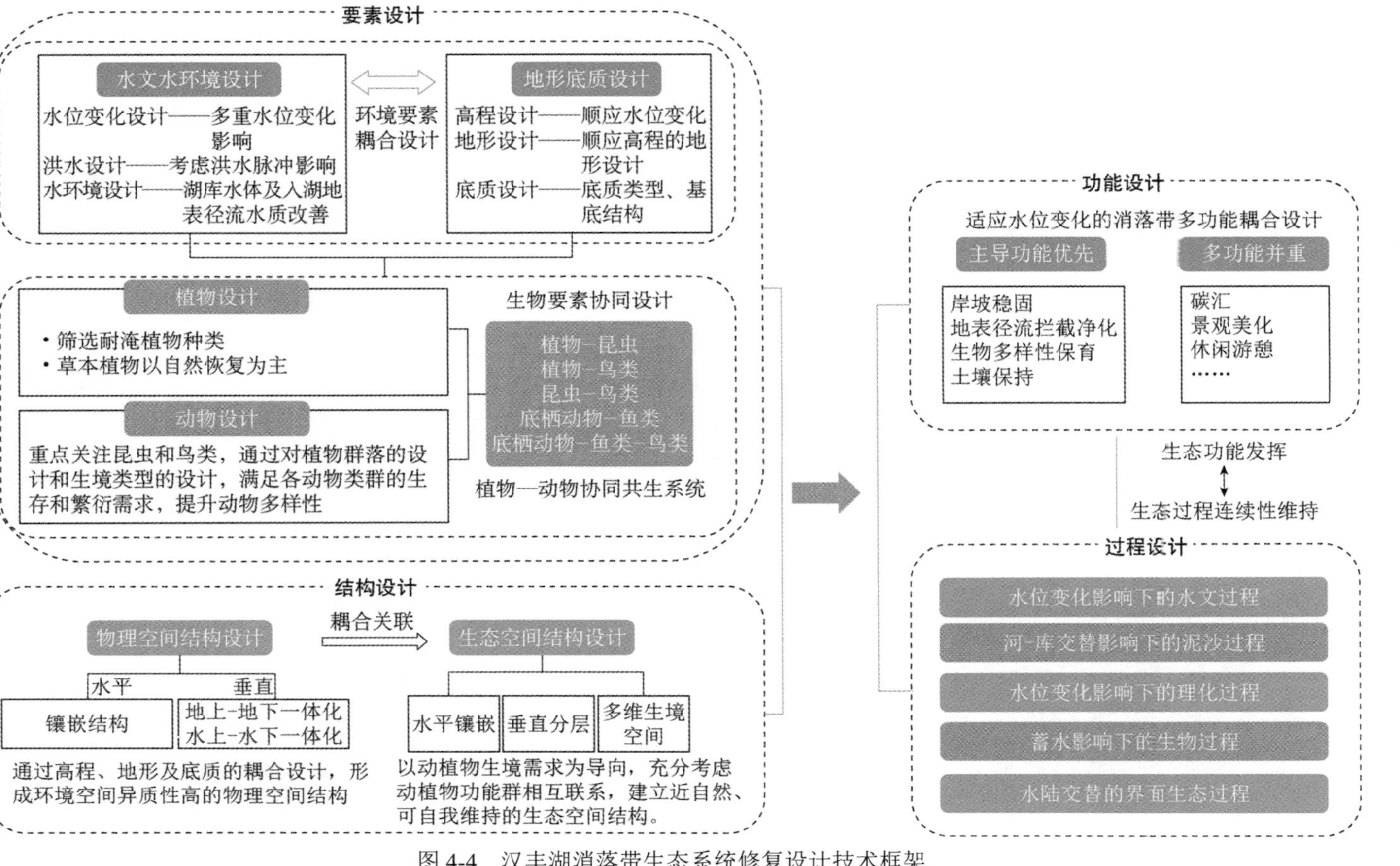

图 4-4　汉丰湖消落带生态系统修复设计技术框架

物和动物的协同设计是关键，我们应了解植物与动物的协同进化和协同共生关系（尧金燕等，2004；王德利，2004），包括植物与昆虫、植物与鸟类、昆虫与鸟类、底栖动物与鱼类、底栖动物-鱼类与鸟类的协同进化和协同共生，深入了解这些生物类群的协同共生机理。这是完成并实现消落带生态系统中各生物类群协同设计的重要基础。

消落带生态系统的结构设计包括物理空间结构设计和生态空间结构设计。前者是指通过高程、地形及底质的耦合设计，形成环境空间异质性高的物理空间结构，包括水平空间各环境要素的镶嵌结构，垂直空间中的地上-地下一体化、水上-水下一体化空间结构。后者主要指植物群落的空间配置，包括群落的水平镶嵌（即群落小斑块的镶嵌）、群落的垂直分层及由植物群落与物理空间要素形成的多维生境空间。结构是功能的基础，在结构设计中，应充分结合功能需求及基本的生态过程。生物群落是消落带提供与维持生态服务功能的关键要素，其分布格局与时空动态具有与消落带环境高度协同的显著特征，因此了解消落带生物群落的时空格局及变化特征对功能设计至关重要。

生态系统服务功能包括供给功能、调节功能、支持功能和文化功能（Costanza et al.，1997；谢高地等，2006；郭中伟和甘雅玲，2003）。消落带生态系统服务功能主要包括岸坡稳固、地表径流拦截净化、生物多样性保育、土壤保持、减源增汇、景观美化、休闲游憩、科普宣教等。其中，主导生态服务功能是岸坡稳固、地表径流拦截净化、生物多样性保育和土壤保持。汉丰湖消落带生态系统功能设计强调主导功能优先，多功能并重。要实现消落带生态系统功能设计的最优化目标，必须深入了解消落带多种生态服务功能的协同关系与耦合作用机理，在应用层面上提出适应水位变化的消落带多功能耦合设计技术，并基于多功能协同的调控机理提出消落带优化管理模式。基于消落带生态系统服务的主导功能优先、多功能并重原则，提出适应水位变化的消落带多功能耦合设计策略，研究基于生态服务功能整体优化的消落带多功能耦合设计路径及设计技术。研究如何通过消落带生态系统组成要素合理配置、生态系统时空结构优化、生物群落优化，以及环境要素与生物要素的协同设计，实现消落带地表径流污染净化、生物多样性保育、土壤保持、碳汇、景观美化等多功能耦合及整体功能优化，构建汉丰湖消落带多功能耦合设计策略与成套技术体系。

生态过程主要是研究土壤-生物-大气中的水循环和水平衡、养分循环、能流、微量气体产生、输送和转化、有机物及金属元素的分解、积累、传输等的微观过程（Holling，1992；傅伯杰等，2003）。对这些过程的研究涉及环境生物物理、植物生理、微气象和小气候等多学科。生态过程的研究是阐明生态系统的功能、结构、演化、生物多样性等的基础（Forman and Godron；1986；Turner，1989）。汉丰湖消落带生态过程设计需要重点关注蓄水影响下的生态过程，包括水位变化影响下的水文过程、河-库交替影响下的泥沙过程、季节性水位波动影响下的物理过程、蓄水影响下的生物过程、水陆交替的界面生态过程等。

第五章　消落带适生植物筛选及群落配置

三峡工程是世界特大型水利水电工程，其“蓄清排浑”的运行方式，出现冬季深水淹没、夏季出露的消落带，水位变幅达30m。在这种与天然枯洪季节相反的大幅度水位变动胁迫下，植物的生存和繁殖成为消落带生态修复的极大挑战。因此，适应水位变化和应对冬季深水淹没的植物筛选及群落构建是破解消落带生态治理难题的关键。到目前为止，国内的大多数研究是基于对植物耐淹生理适应机制的了解而开展的耐水淹植物筛选，注重所筛选植物的耐水淹及耐湿性。本书作者在三峡水库蓄水前后尤其是175m蓄水形成消落带以来，全面调查了三峡水库消落带的植物生存、分布状况，结合对国内外水库消落带植物的广泛考察及研究，综合植物的耐冬季深水淹没能力、环境净化功能、景观美化功能等指标，筛选并构建了适应水位变动和应对冬季深水淹没的植物资源库。群落配置方式充分考虑消落带护岸固岸、环境净化、景观美化、生物生境等多功能需求，参照自然植物群落结构，自主研发了基于自然解决方案的消落带近自然植物群落构建技术。本书解决了三峡水库消落带反季节水位变化极端不利条件下适生植物筛选及群落构建这一难题，所筛选培育的适生植物资源库及群落配置构建技术得到大面积的推广应用，生态效益和经济社会效益显著。

第一节　消落带适生植物筛选

一、植物筛选原则

植物是水库消落带生态系统的重要组成部分，在库岸污染物净化、水土保持等方面发挥着重要作用。三峡水库蓄水后，受水文情势变化影响，消落带植物种类组成、群落结构和分布格局发生了较大变化。三峡水库消落带形成后面临一系列生态环境挑战，对消落带进行生态修复是长江生态大保护的重中之重，而消落带适生植物的筛选是生态修复的关键。开展三峡水库消落带适生植物研究，筛选适应于季节性水位变动、耐冬季深水淹没的消落带适生植物，是三峡水库消落带生态恢复重建的基础工作的重要环节。三峡水库消落带水位呈季节性波动，消落带不同高程的淹水深度、时间及频率均不同，这种水位变化对植物群落的组成和分布格局等具有重要影响（王强等，2011）。研究表明，对区域水文特征的适应是消落带植物群落维持生长的关键（Garssen et al.，2015）。水文节律是河岸带植物群落演替的主要驱动因子，三峡库区“冬蓄夏泄”的水位调度方式不利于原河岸带植物的生存。三峡地区物种丰富，约有植物 3064 种（江明喜和蔡庆华，2000），但适应 30m 水位变动和冬季淹没的植物并不多。

消落带修复中植物种类的筛选，要确保该植物生长的环境条件与水位变化和冬季长时间深水淹没条件相似（樊大勇等，2015；王培和王超，2018）。消落带出露后植被恢复生长速度、出露期植物个体对地表的拓殖能力及出露期生长状况决定着植物对消落带生态位的占有能力，是消落带物种筛选的核心指标（李强等，2020）。

三峡水库消落带耐淹植物的筛选原则如下：

（1）优先选择三峡库区或所在区域的乡土植物，具有对当地土壤和气候条件的良好适应性。

（2）优先选择原生条件为天然河岸带或河漫滩的耐水湿植物物种。

（3）对消落带水位变化及冬季深水淹没的适应性强，消落带出露后能快速恢复生长。

（4）以多年生草本植物为主，根系较深且具有固土作用；兼顾耐水淹的乔木、灌木等木本植物。

（5）具有环境净化功能，且具有观赏价值。

（6）抗病虫害能力强。

（7）繁殖、栽培和管理容易。

优先选择乡土植物物种作为消落带候选植物并开展消落带植被恢复至关重要。乡土植物更易适应本地生长条件，能够与本地动物和微生物形成长期协同进化关系，且许多鸟类与昆虫对特定的本土植物存在依赖关系。

二、消落带耐淹植物种类

在对三峡库区河岸、库岸植被及植物资源进行广泛调查的基础上，结合对国内外水库消落带植物的广泛考察及研究，综合植物的耐冬季深水淹没能力、环境净化功能、景观美化功能等指标，开展适生植物资源的耐淹实验及种源栽种试验，在三峡库区重庆开州区澎溪河白夹溪、大浪坝等消落带区域建立了种苗筛选及繁育驯化基地，进行原位试种、室内模拟试验及其系列定量指标测试，包括对水位变化、冬季长时间没顶淹没的模拟试验，以及对低温、黑暗逆境的环境适应性、生理生态分析等（Wang et al.，2012，2014；Li et al.，2016；李波等，2015）。自2008年以来筛选出了一批既耐冬季水淹又耐夏季干旱的消落带适生植物物种（其中消落带适生草本植物30种、耐水淹灌木10余种、耐水淹乔木10余种），构建了三峡库区河（库）岸生态防护带适生植物资源库。所构建的消落带适生植物资源库是目前国内消落带适生植物种类最全、生活型最全、植物功能多样的植物资源库，乌桕（*Triadica sebifera*）、池杉（*Taxodium distichum* var. *imbricatum*）、落羽杉（*Taxodium distichum*）、水松（*Glyptostrobus pensilis*）、竹柳（*Salix maizhokung*）、加拿大杨（*Populus canadensis*）、秋华柳（*Salix variegata*）等植物属国际上首次运用于水库消落带（表5-1、图5-1），突破了水库消落带适生植物资源匮乏的瓶颈。所选植物兼具岸坡稳固、环境净化、生物生境和景观美化功能，迄今这些植物经历了十余年高水位蓄水淹没考验，存活状况良好。适应水位变动和应对冬季深水淹没的植物筛选技术和资源库的构建，在三峡水库消落带生态恢复及国内同类型水库消落带的生态恢复治理中具有重要意义。

表5-1　三峡水库消落带耐水淹适生植物种类

草本植物	灌木	乔木
狗牙根、甜根子草、香根草、野青茅、卡开芦、芦苇、芦竹、五节芒、红蓼、金荞麦、火炭母、酸模叶蓼、草木犀、小苜蓿、合萌、千屈菜、圆叶节节菜、柳叶菜、狼把草、莲、茭白、慈姑、菱角、水芹、水烛、宽叶香蒲、硬秆子草、薏苡、野艾蒿、牛筋草、扁穗牛鞭草、白茅、看麦娘、荩草、黑麦草、荻、野古草、雀稗、双穗雀稗、扁穗莎草、碎米莎草、香附子、水葱、砖子苗、藨草、萤蔺、木贼状荸荠、荸荠、菖蒲、石菖蒲、金钱蒲、芋、灯心草、黄菖蒲、粉美人蕉、问荆	秋华柳、南川柳、小梾木、桑、中华蚊母、小叶蚊母、中华枸杞、长叶水麻、醉鱼草、紫穗槐	池杉、落羽杉、中山杉、水松、乌桕、加拿大杨、竹柳、旱柳、垂柳、枫杨、水桦

（a）乌柏　（b）池杉

（c）落羽杉　（d）中山杉

（e）加拿大杨　（f）旱柳

（g）秋华柳　（h）桑

（i）莲　　（j）五节芒

（k）合萌　　（l）狗牙根

图 5-1　汉丰湖消落带主要耐淹植物种类

三、消落带适生植物的水淹耐受机理

对河湖自然消落带和水库消落带的研究表明，对植物耐淹适应性有重要影响的因子包括淹水季节、淹水持续时间、淹水深度、出露时期，以及生长季是否有频繁短期淹水胁迫等水位波动节律（樊大勇等，2015；Nilson et al.，1997）。物种的耐淹能力及机制与淹水时植物所处的季节是生长季节或非生长季节密切相关（Crawford，2003）。在生长季淹水条件下，具有较强耐淹性的植物一般通过采取“逃避”或“忍耐”两种策略，那些采取“逃避”策略的植物物种通过剧烈消耗其碳水化合物储备，增强茎的长度使得部分茎叶露出水面，从而忍耐长期浅淹；那些采取“忍耐”策略的植物物种，主要是降低新陈代谢速率，减少对碳水化合物的消耗，从而适应忍耐短期深淹。

研究表明，高水位蓄水之后，三峡水库消落带的植被以一年生草本植物为主，群落结构逐渐趋于简单化，物种多样性、植被盖度和地上部分生物量均与淹水时间呈负相关关系（王建超等 2011；徐建霞等，2015；付娟等，2015）。对于三峡水库的耐水淹适生植物，已有的淹水实验表明，中华蚊母（*Distylium chinense*）、疏花水柏枝（*Myricaria laxiflora*）、狗牙根（*Cynodon dactylon*）、野地瓜藤（*Caulis Fici Tikouae*）、菖蒲（*Acorus calamus*）、香附子（*Cyperus rotundus*）、牛鞭草、秋华柳等植物主要采取“忍耐”“逃避”或其他策略（如克隆整合），通过形态和生理变化适应水淹，且具有较强的耐淹能力（李强等，2012，2020；刘泽彬等，2014；秦洪文等，2014；马利民等，2009；裴顺祥等，2017；王海锋等，2008；罗芳丽等，2008）。

狗牙根作为三峡水库的原生植物物种，是耐淹性很强的物种。前期研究结果证明，狗牙根在高水位运行 1～2 年后，在不同水位高程，其根、茎、叶的生长适应策略和生物量分配存在差异（李强等，2011；洪明等，2011；张立冬等，2018）。狗牙根的地上茎是其营养繁殖器官，其上不定芽的形成是种群无性繁殖和持续更新的基础（马利民等，2009）。研究表明，狗牙根地上茎持续萌生不定芽是其耐受水淹的主要方式之一（Dong and Hans，1994）。李强等（2020）的研究表明，三峡水库十余年高水位运行，明显促进了狗牙根不定芽的形成和萌发，有利于在消落带出露后狗牙根种群的迅速萌发，因此狗牙根对高水位周期性蓄水淹没具有很强的适应能力。三峡水库高水位运行十余年来，季节性水淹显著促进了消落带狗牙根地下茎物质储存与分配、地上芽形成与萌发、匍匐茎茎节与茎长伸长、分株形成与叶片伸长，以及光合叶面积增量，进而使得狗牙根比消落带原有的其他物种（如双穗雀稗（*Paspalum paspaloides*）等）更适应季节性水位变化。

调查表明，三峡水库长江干支流的本地物种秋华柳在长时间水淹胁迫下仍能存活，且淹水出露后表现出较强的恢复生长能力（Li et al.，2008）。苏晓磊等（2010）的研究表明，长期冬季水淹使得秋华柳碳水化合物储备水平降低，开始恢复生长较晚，进入繁殖期需要的时间较长，因此始花期推迟。秋华柳通过开花物候改变，使繁殖分配比例下降，将更多的资源分配于生存，表现出秋华柳在不良环境条件下对资源的合理分配，是其对长期冬季水淹胁迫的适应。

众所周知，土壤淹水对林木根系的影响是最直接和最明显的，固根的反应被认为是树种对水淹适应的重要标志（唐罗忠等，2008；Levan and Riha，1986）。耐水性强的树种通过形成肥大皮孔、产生不定根、树干基部膨大、细胞间隙增大、形成气生根或膝根等扩大地上部分与地下部分的空气传导（图5-2），从而缓解因淹水缺氧所造成的胁迫影响。池杉是我们在三峡水库澎溪河及汉丰湖消落带广泛种植的一种耐淹适生乔木树种（李波等，2015）。唐罗忠等（2008）对高水位条件下池杉根系的生态适应机制和膝根的呼吸特性进行了研究。研究结果表明，池杉在高水位条件下形成细长的气生根，气生根依附于树干一侧或潜伏于树干外表皮内侧和纵裂的树皮缝隙中。林木地下和地上生物量均呈现出明显的高水位＜中水位＜低水位的趋势，但是地下/地上生物量值却呈相反趋势，表明池杉耐水性虽然很强，长期处于较高水位时生长会明显受抑，尤其是地上生物量生长受抑更显著。长期淹水导致地下根的容重降低，但是气生根和膝根的容重却明显大于地下根。膝根吸收的氧气除了供自身呼吸外，大部分提供给地下根使用。池杉之所以具有较强的耐水性，与其在缺氧环境中能形成气生根和膝根、树干基部膨大和根系容重降低等有利于改善根系通气条件的生态适应机制密切相关。

图 5-2　汉丰湖消落带中山杉的膝状根

在我们筛选的消落带耐淹植物中，秋华柳等灌木原生分布就是长期经受季节性水淹的河岸及河漫滩，因而对蓄水淹没具有较强的耐性和适应性。所筛选的耐淹乔木除了池杉、落羽杉、中山杉等针叶树种外，还有对冬季长时间深水淹没具有较强适应性的树种如乌桕、杨树、竹柳等植物，由于其落叶习性，在冬季水淹季节，这些植物处于休眠期，可通过休眠期度过不利环境条件的影响。

第二节　消落带植物群落配置

针对汉丰湖周边面源污染防治、景观美化、野生动物栖息生境及食物需求等生态服务功能优化提升等需求，基于自然的解决方案，研发构建了适应季节性水位变动的汉丰湖消落带植物群落构建技术。该技术充分考虑了消落带护岸固岸、环境净化、景观美化、生物生境等多功能需求（胡海波等，2022），参照自然植物群落结构，构建消落带近自然植物群落配置模式及构建技术（王培和王超，2018）。通过实地种植试验研究，掌握消落带植物群落水平和垂直空间结构优化配置方法，并根据实际地形、高程、坡度、土质类型条件及具体功能需求，研发三峡水库消落带不同底质、不同高程的植物群落配置模式。

一、按坡度进行的群落配置

（一）陡坡型消落带植物群落配置模式

陡坡型消落带的坡度为26°～35°，主要分布在汉丰湖冲刷强烈的水岸（如东河下游、河口段左岸）及汉丰湖南岸宝塔窝半岛头端等区域。由于该地坡度较陡，不宜栽种高大乔木，因此主要以稀疏灌木+草本植物混交群落、高草草本+矮草草本混交群落为主。汉丰湖陡坡型消落带植物群落配置模式如下。

（1）秋华柳–狗牙根–香附子群落+小梾木–红蓼群落。

（2）秋华柳–狗牙根–香附子群落+桑–草木犀–牛筋草群落。

（3）五节芒–野青茅–狗牙根群落。

（4）卡开芦–甜根子草–香附子群落。

（二）缓坡型消落带植物群落配置模式

缓坡型消落带的坡度为6°～25°，按消落带高程，由低到高进行群落配置，依次为草本群落、灌丛、木本林泽，构建一个沿高程延展的多带多功能缓冲系统。在高区位（高程 170～175m）构建乔木+灌木+草本植物混交群落，在中区位（高程 165～170m）构建灌木+草本植物混交群落，在低区位（高程 155～165m）构建草本植物群落。汉丰湖缓坡型消落带植物群落配置模式如下。

（1）高程 170～175m，乔木+灌木+草本植物混交群落：池杉-乌桕+秋华柳+狗牙根-牛筋草、池杉-落羽杉+秋华柳+狗牙根-草木犀、落羽杉-乌桕+秋华柳+狗牙根-扁穗牛鞭草、落羽杉-杨树+小梾木+狗牙根-扁穗牛鞭草、中山杉-桑+狗牙根-合萌。

（2）高程 165～170m，灌木+草本植物混交群落：秋华柳+狗牙根-双穗雀稗、秋华柳+狗牙根-草木犀、秋华柳+野青茅-扁穗牛鞭草、小梾木+狗牙根-红蓼、桑+香附子-合萌。

（3）高程 155～165m，草本植物群落：卡开芦-狗牙根-牛筋草、野青茅-狗牙根-草木犀、甜根子草-火炭母-红蓼、荻-狗牙根-狼把草。

（三）台地型（含平坡）消落带植物群落配置模式

台地型（含平坡）消落带的坡度为 0°～5°，按消落带高程，由低到高进行群落配置，团块状或带状种植高、低草丛混交及灌丛与林泽混交的植物群落。汉丰湖台地型（含平坡）消落带植物群落配置模式如下。

（1）高程 170～175m，乔木+灌木+草本植物混交群落。

（2）高程 155～170m，稀疏灌木+草本植物、高草草本+矮草草本混交群落。

二、按高程进行的群落配置

（一）高程 172～175m

以乔木-灌木-高草草本植物群落配置模式为主，耐水淹乔木包括池杉、乌桕、杨树、垂柳、枫杨；耐水淹灌木包括桑、长叶水麻、醉鱼草、小梾木；高草草本植物包括甜根子草、香根草、野青茅、卡开芦、芦苇、芦竹、五节芒等。

（二）高程 170～172m

以乔木-灌木-高草草本植物群落配置模式为主，耐水淹乔木包括池杉、落羽杉、中山杉、乌桕等；灌木包括秋华柳、小梾木、桑等；高草草本植物包括甜根子草、荻、香根草、野青茅、卡开芦、芦苇、芦竹、五节芒等；矮草草本植物包括狗牙根、野艾蒿、牛筋草、扁穗牛鞭草、雀稗、双穗雀稗、扁穗莎草、碎米莎草、香附子、红蓼。

（三）高程 155～170m

以高草+矮草草本植物群落配置为主，高草草本植物包括甜根子草、荻、香根草、野青茅、卡开芦、芦苇、芦竹、五节芒等；矮草草本植物包括狗牙根、野艾蒿、牛筋草、扁穗牛鞭草、雀稗、双穗雀稗、扁穗莎草、碎米莎草、香附子、红蓼。

三、按地形和群落结构进行的综合配置

针对蓄水后消落带植物群落类型及结构单一、功能低效的瓶颈，根据汉丰湖消落带地形、底质及群落结构，提出汉丰湖消落带近自然植物群落配置模式及构建技术如下。

（一）多层复合混交群落配置模式

根据高程、地形、水位变化、植物种类筛选及动物栖息需求，设计了多层复合混交群落配置模式，即从垂直方向上按照“耐水淹乔木层—耐水淹灌木层—高草草本层—矮草草本层”进行分层配置（图 5-3）。

（a）高水位淹没期

（b）低水位出露期

图 5-3　汉丰湖消落带多层复合混交群落模式

（二）复合林泽群落配置模式

在消落带高程 170～175m 的区域，构建“耐水淹针叶树种+阔叶树种混交林泽群落”及“耐水淹针叶树种+阔叶树种+灌木混交林泽群落”（图 5-4），可以选择的耐水淹针叶树种包括池杉、落羽杉、中山杉、水松等，耐水淹阔叶树种有乌桕、竹柳、杨树、枫杨等，耐水淹灌木包括桑、秋华柳、小梾木等。

（a）高水位淹没期

（b）低水位出露期

图 5-4　汉丰湖消落带复合林泽群落模式

（三）多层-多带复合混交群落配置模式

除了在垂直方向上进行乔、灌、草的复层混交配置外，还应与按消落带高程分带配置的植物群落相结合，形成多层-多带复合混交群落配置模式（图 5-5）。在高程 155～165m 的消落带，以高草+矮草的草本复层群落为主；在高程 165～170m 的消落带，以稀疏灌木+高草-矮草草本植物的多层混交群落为主；而在高程 170～175m 的消落带，则以乔木+灌木+草本植物混交的复层群落为主。

（a）高水位淹没期

（b）低水位出露期

图 5-5　汉丰湖消落带多层-多带复合混交群落模式

（四）林网+基塘群落配置模式

在基塘中种植耐水淹挺水植物和浮水植物，如莲（*Nelumbo nucifera*）、荸荠（*Eleocharis dulcis*）、慈姑（*Sagittaria trifolia*）、菱（*Trapa japonica*）等，在基塘上种植池杉、乌桕、桑树等耐水淹木本植物，形成沿基塘生长的网状林泽，以网状林泽围合基塘植物群落，形成林网+基塘群落配置模式（图 5-6）。

图 5-6　不同水位时期汉丰湖消落带林网+基塘群落模式

汉丰湖消落带经历了十余年水淹考验后，无论是植物群落物种组成、空间配置模式，还是实地栽种及后期管护，结果均表明消落带近自然植物群落结构稳定、功能高效，经受了大幅度水位变动和冬季深水淹没的严酷考验，有效地解决了库岸稳定、面源污染防控、土壤保持、生物多样性提升和景观美化问题。

第六章　汉丰湖消落带基塘生态系统设计

众所周知，塘是自然界常见的水文结构。作为一种湿地生态系统类型，塘一直受到景观设计者和生态工程师的关注。自然界中存在着许多大小、形状不同的塘，它们具有多种多样的生态服务功能。在传统农耕时代，塘与人们的生产、生活相关联。受自然塘的结构和功能启示，劳动人民创造了各种各样的塘系统，如陂塘、多塘系统、桑基鱼塘、风水塘等。这些塘系统发挥了储蓄水分、控制雨洪、净化污染、调节微气候、提供生物生境等多种生态服务功能。塘系统是自然界、乡村社会和流域应对水文调节、水环境保护、水资源合理利用的重要功能结构和景观单元。在全球变化及人类活动干扰下，我们身处于一个不断变化的环境之中（IPCC，2007），水资源短缺、水环境污染及水生态失调是对我们巨大的考验（王顺九，2006）。如何应对这种变化，我们必须从自然塘的生命智慧中汲取营养，充分挖掘传统农耕时代各种塘系统的生态智慧，创建能有效应对变化环境的多功能塘系统。受塘生态智慧的启示，我们在长江三峡水库消落带的生态修复中，进行了适应水位变化的多功能基塘的设计和实践（袁兴中等，2017；袁嘉等，2018）。

第一节　多功能基塘设计思路

一、塘生态系统及其生态智慧

（一）塘生态系统概念

塘是指面积在 $1m^2$ 和 $2hm^2$ 之间，且一年之中至少存在 4 个月的淡水水体

（Biggs et al.，1991）。塘是自然界小微湿地的常见类型。从组成要素上看，塘生态系统包括以水生植物、水生动物为主的水生生物群落和以水体、底质、无机盐为主的无机环境；从空间结构看，塘包括开敞水域、塘底和浅水区。做为生产者的浮游植物、水生维管植物（沉水植物、浮水植物、挺水植物），具有光合作用功能，其初级生产量维持着塘的食物网；浮游动物、水生无脊椎动物、鱼类、两栖类、水禽则位于塘的不同水层和空间位置，各自占据着塘生态系统中不同的生态位。水生生物群落内的不同类群之间、各生物类群与环境因子之间，长期协同进化，构成了稳定的塘生态系统。

（二）塘的生态功能

自然界这些大小、形状不同的塘，具有多种多样的生态服务功能。塘在水环境保护中具有重要功能，可作为汇聚集水区污染物质的汇（Wu，2006）。通常，入湖小流域区广泛分布着大量的自然塘系统，对非点源氮具有显著的截留和净化效应，可明显降低流域产生的氮营养物质向河流及湖泊的输入量，对改善水体富营养化程度具有重要作用（王沛芳等，2006）。塘在区域生物多样性保护网络中发挥着重要作用，Williams 等对位于格拉斯兰毗邻泰晤士河的平克希尔（Pinkhill）草地总计 3.2hm^2 的塘系统进行了长达 7 年的监测（Williams et al.，2008）。结果表明，这些由永久、半永久和季节性塘组成的塘系统具有丰富的水生植物、水生无脊椎动物和湿地鸟类多样性，其种类数约占英国湿地植物和无脊椎动物种类数的 20%，其中英国的珍稀无脊椎动物有 8 种，湿地鸟类有 54 种，并为 3 种涉禽提供了繁殖场所。塘是很多濒危水生生物的栖息地和庇护场所，在景观尺度上起到生物物种迁移“踏脚石”的作用（Werick et al.，1998）。以物种丰富度和稀有性衡量，池塘的生物多样性几乎可以与其他淡水生态系统（如湖泊、河流、溪流和沟渠）相比（Williams et al.，2004）。此外，塘也是涵养水源、调节小气候、缓解城市区域热岛效应的重要景观（Chang et al.，2007）。大多数塘通过溪沟、渠道与河流相连，大小不同的塘发挥着蓄水、滞洪、削峰的功能，在拦截洪水、减轻洪水影响方面起到重要作用。塘是景观中最普遍的自然生境，是联系人类和野生生物的重要纽带，也是历史和文化的重要组成部分。

（三）源自传统农耕时代塘的生态智慧启迪

在亿万年的地球进化历史中，作为地表水文结构单元和地表生态过程的关键节点，塘经历着自然变化的考验，与地表各要素共存于地球表层，其结构与功能充分反映了塘的自然智慧或生命智慧。长期适应于自然节律变化和自然事件的干扰（如洪水、干旱等），通过结构、功能的适应性自组织及自我设计，以及长期的自然演化，地球表层各种类型的塘形成了应对自然变化的巧妙机制，如塘生态系统的自我设计机制、协同进化机制、互利共生机制、自然韵律机制、梯度适应机制等，塘的自然智慧或生命智慧正潜藏于这些自然机制之中。

乡村众多的水塘构成了乡村的水环境系统。人们通常把乡村水塘系统形象地比喻为村庄的眼睛、乡村的灵魂，可见塘在乡村生态系统和乡村社会中具有非常重要的功能。生态学视野下的传统乡村社会，在村落内部静态的水文环境和外部动态的水脉系统中，水井、水塘、水口作为最活跃的环境因子，在调节乡村小气候、围聚村落空间、构建乡村自然-社会-文化复合生态系统中发挥着重要的作用。水井、水塘、水口的湮废与变迁，常会引发乡村社会水文环境的变化，进而影响乡村社会结构体系的稳定性（管彦波，2016）。水塘在中国传统乡村社会普遍存在，大致有两种成因：一是自然形成的水塘，如地下泉眼出露或雨季水流自然流向低洼地带而成；二是通过挖深、围堵成塘，引水汇聚而成。在中国几千年的农耕文明史的发展过程中，劳动人民创造了众多富有智慧的塘系统。中国传统农耕时代各种类型的塘系统，如陂塘（俞孔坚等，2016）、桑基鱼塘（钟功甫，1980；郭盛晖和司徒尚纪，2010）、风水塘等，无不蕴含着生态智慧。这些生态智慧是千百年来劳动人民对自然塘系统生态结构、功能、自然演变历程的长期观察，吸取自然塘的生命智慧，通过辨识、理解、归纳、分析、判断、提炼而形成的关于塘系统的综合知识体系和能力，这就是传统农耕时代塘的生态智慧。在中国，那些闪耀着生态智慧光芒的塘系统包括陂塘、桑基鱼塘、基围塘、风水塘、多塘系统、稻田-陂塘复合体等。

二、多功能基塘设计思路

（1）针对汉丰湖消落带生态环境问题尤其是面源污染问题，开展河岸库岸生态学研究及生态工程试验示范。汉丰湖消落带面临着巨大的环境挑战：周边农业面源及城市硬化地面所收集的地表径流夹带的面源污染物质汇入汉丰湖后，如何保障其水环境质量不受面源污染物质影响而发生恶化？如何在保障汉丰湖水质安全的前提下，充分发挥作为生态缓冲区消落带的综合生态服务功能，建设一个集污染净化、景观优化、生物生境等多功能的消落带复合生态体？充分利用消落带带来的生态机遇，应用湿地生态学和生态工程原理，将中国传统生态智慧与消落带湿地工程相结合，在三峡库区实施适应季节性水位变化的系列创新性消落带基塘生态工程，以及消落带基塘工程设计、耐水淹植物种源筛选、生态结构施工和植物栽种试验、后期管护，构建消落带基塘工程技术体系。

（2）借鉴塘生态智慧，吸取珠江三角洲桑基鱼塘等塘系统的合理成分（图 6-1），在三峡水库澎溪河、汉丰湖具有季节性水位变动的消落带，针对水位的季节性变化，进行消落带多功能基塘的设计。针对夏季出露、冬季深水淹没的环境特点，基于库岸稳定、污染净化、生物生境、景观美化、生物生产等多功能需求，从整体生态系统设计的角度出发，在水库消落带平缓区域、坡面上构建基塘系统，塘的大小、深浅和形状各不相同。

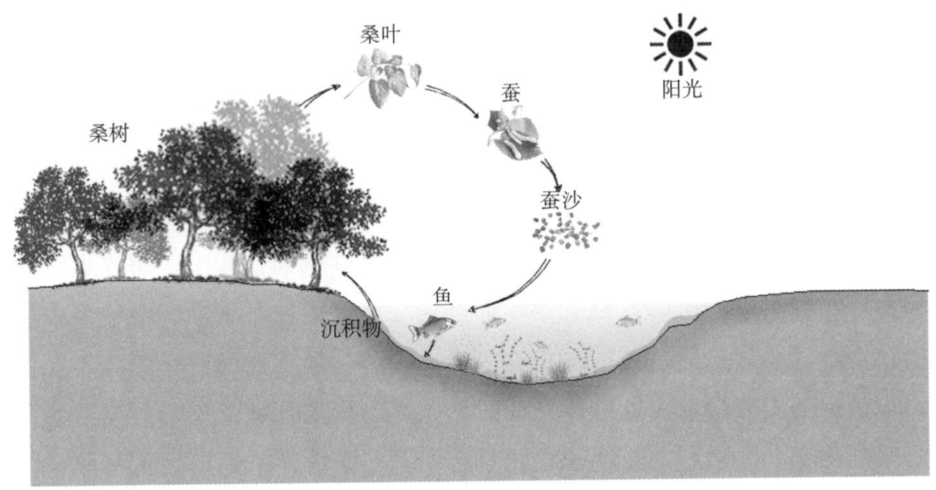

图 6-1　桑基鱼塘模式图

（3）充分利用消落带每年退水时保留下来的丰富的营养物质，以及拦截陆域高地地表径流所携带的营养物质，构建消落带多功能基塘系统。基塘系统中的湿地植物在生长季节正值消落带出露的水热同期季节，在消落带坡面上的基塘系统能够发挥环境净化、景观美化及碳汇功能。生长季节结束正值三峡水库开始蓄水，收割后能够进行经济利用，避免了冬季淹没在水下厌氧分解而产生的二次污染。第二年水位消落后，基塘内的植物能够自然萌发。多功能基塘系统可运用于三峡水库＜15°的平缓消落带（如湖北省秭归县的香溪河、重庆开州澎溪河、忠县东溪河等）。

三、多功能基塘设计基本原理

基塘工程技术体系借鉴“桑基鱼塘”传统农业技术文化遗产，在三峡水库消落带的平缓区域（坡度＜15°），根据自然地形和水文特征，构建大小、深浅、形状不同的水塘系统。基塘系统冬季淹于水下，三峡水库退水后塘内种植具有污染净化能力、经济价值、景观价值的水生植物，夏季能够有效拦截地表径流，进而发挥面源污染防控的作用。在人地矛盾剧烈的三峡库区，消落带基塘工程能够提供湿地产品的经济价值，实现消落带湿地的可持续利用。

基塘工程技术体系借鉴 “桑基鱼塘”传统农业技术文化遗产和中国乡村多塘系统生态智慧，设计并实施了具有创新性的河、库岸基塘系统，有效地发挥了面源污染净化、生物生境等生态服务功能。多功能基塘技术充分利用消落带夏季出露、冬季淹水的特点，通过微地形改造，营造一系列串联蓄水塘，并种植湿地植物，形成河/库岸带湿地系统，吸收消落带拦截的面源营养物并提供生物多样性支持等功能。同时，植物生长季节结束正值三峡水库开始蓄水，及时收割后不仅能产生经济价值，而且能够避免冬季淹没在水下厌氧分解的碳排放及二次污染。通过合理植物配置，第二年水位消落后，基塘内的植物能够自然萌发。基塘工程的管理采取近自然方法，不施用化肥、农药和杀虫剂，禁止过多的人工干扰，是消落带可持续利用的重要技术突破。

第二节　多功能基塘技术及模式

一、多功能基塘关键技术

借鉴中国传统农业文化遗产的生态智慧，吸取珠江三角洲桑基鱼塘的合理成分，在三峡水库汉丰湖具有季节性水位变动的消落带，设计并实施多功能基塘工程。在汉丰湖库岸消落带平缓区坡面上构建水塘系统，塘的大小、深浅、形状根据消落带自然地形和生态特点确定，塘内筛选种植适应于消落带水位变化（尤其是冬季深水淹没）的植物，主要是具有观赏价值、环境净化功能、经济价值的水生植物等，充分利用消落带每年退水时保留下来的丰富的营养物质，以及拦截陆域高地地表径流所携带的营养物质，构建消落带基塘系统。

二、多功能基塘技术工艺

根据汉丰湖流域面源污染治理的功能需求，在缓平的土质库岸消落带构建多功能基塘系统，利用消落带生态系统内部结构调整手段进行生态调控，包括基塘地形选择、基塘设计及开挖、基塘水文连通设计、基塘植物筛选及种植、基塘管理等，形成汉丰湖消落带多功能基塘系统模式（图 6-2），实现多功能耦合及优化。

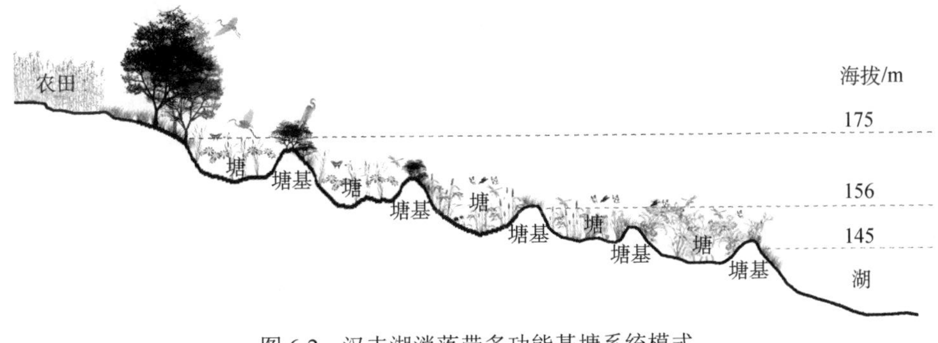

图 6-2　汉丰湖消落带多功能基塘系统模式

（一）地形选择

选择三峡水库坡度为0°～25°的消落带区域，通常为土质库岸，便于挖掘和营建塘系统。

（二）基塘设计及开挖

在汉丰湖消落带缓平的坡面上构建基塘系统，塘的大小、深浅、形状不同。根据消落带自然地形和环境特点，设计塘的深度从50cm至2m不等。挖泥成塘、堆泥成基，塘基宽度为80～120cm，塘基高出塘的水面30～40cm；塘底部以黏土防渗，上覆壤土。塘底进行微地形设计，其起伏的微地形可以增加塘的生境异质性。

（三）基塘水文连通设计

在塘与塘之间设置潜流式水流通道，以保证基塘系统内部各塘之间及塘与河湖之间的水文连通性。

（四）基塘植物筛选及种植

塘内种植适应于消落带水位变化的植物（尤其是耐冬季深水淹没），植物筛选的原则是能够耐受冬季深水淹没和季节性水位变化，均为多年生植物，具有环境净化功能、观赏价值和经济价值。基塘适生植物主要包括合萌（*Aeschynomene indica*）、千屈菜（*Lythrum salicaria*）、莲（*Nelumbo nucifera*）、茭白（*Zizania latifolia*）、慈姑（*Sagittaria trifolia*）、菱（*Trapa japonica*）、水芹（*Oenanthe javanica*）、水烛（*Typha angustifolia*）、宽叶香蒲（*Typha latifolia*）、薏苡（*Coix lacryma-jobi*）、水葱（*Scirpus validus*）、荸荠（*Eleocharis dulcis*）、菖蒲（*Acorus calamus*）、黄菖蒲（*Iris pseudacorus*）、芋（*Colocasia esculenta*）、灯心草（*Juncus effusus*）、粉美人蕉（*Canna glauca*）等。在汉丰湖消落带基塘适生植物中，从耐水淹适生性及经济价值综合考虑，莲、菱角等植物是最好的基塘植物。塘基上的植物则以自然恢复的自生植物为主。

（五）基塘管理

基塘内初期种植植物之后，原则上第二年不再种植，而是依靠每年植物的自然萌发。每年9月下旬生长季结束时，三峡水库开始蓄水，在蓄水淹没前进行收割。对基塘采取近自然管理，禁止过多的人为干扰。

三、多功能基塘模式

（一）入湖支流河口多功能基塘

入湖支流河口多功能基塘选择汉丰湖北岸的头道河河口，由两部分组成：①河口左岸紧邻头道河大桥的多塘湿地；②河口景观基塘+林泽复合系统。

1. 河口左岸紧邻头道河大桥的多塘湿地

2011年完成汉丰湖头道河河口左岸2hm^{2}湿地多塘系统设计和施工（图6-3），该区高程为176m，紧邻消落带区域，塘内的水体与高水位时汉丰湖相连通。湿地多塘的设计主要是针对附近排水无法进入管网的部分居民小区，利用多塘湿地充分发挥其污染净化功能，同时形成景观优美的小微湿地系统，为市民提供观赏和科普宣教的场所（图6-4）。

图6-3　汉丰湖头道河河口左岸多塘湿地平面图

图 6-4　汉丰湖头道河河口左岸多塘湿地

（1）湿地多塘区西北：稀疏丛植芦苇，形成岛状芦苇团，芦苇团之间为水面，水深控制在 50cm，丰富城市自然野趣。

（2）湿地多塘区东南：设计一个中心水塘，以潟湖为主题，中间设计两个小岛，在满足景观需求、环境净化需求的同时，作为水鸟栖息地，两个小岛均稀疏种植低矮灌丛，主要种植浆果类灌木，如火棘、小果蔷薇。岛屿高出水面 80～100cm。岛周稀疏点状种植菖蒲等挺水植物。

（3）湿地多塘区北部塘链系统：以小塘组成塘链系统，构成城市面源污染的净化系统，共 9 个塘。塘内种植的植物包括沉水植物、漂浮植物、挺水植物等生活型类型，如菹草（*Potamogeton crispus*）、小眼子菜（*Potamogeton pusillus*）、睡莲（*Nymphaea tetragona*）、荇菜（*Nymphoides peltata*）、莲、香蒲、黄花鸢尾、梭鱼草（*Pontederia cordata*）、千屈菜、灯心草、水葱、泽泻（*Alisma plantago-aquatica*）、芦苇（*Phragmites australis*）等。

（4）生态护坡：紧邻头道河河道一侧，顶部高程为 176m，底部高程为 173m，三峡水库高水位时期，护坡下部被淹没。护坡上的植物以自然恢复的草本植物为主，在 175～176m 的区域种植狗牙根、粉美人蕉等草本植物，在坡面上稀疏种植秋华柳灌丛。

2. 河口景观基塘+林泽复合系统

2015 年在头道河河口左右岸及向东西方向拓展的区域，在保留头道河河道、不进行原地形扰动的基础上，对消落带区域进行地形整饰，以海拔 173m

为基准面，形成相对平整的景观基塘区域。在该区域构建景观基塘系统（图6-5），塘的面积为50～100m^2，塘基宽度为80～120cm，塘基高出塘的水面30～40cm；塘底部以黏土防渗，上覆壤土。塘底进行微地形设计，其起伏的微地形能增加塘的生境异质性；进行水文设计，以保证基塘系统内部各塘之间及塘与头道河之间的水文连通性。

图6-5　汉丰湖头道河河口景观基塘

在各基塘中筛选种植具有观赏和经济价值、耐深水淹没的莲、荸荠、慈姑、茭白、千屈菜等挺水植物，以及睡莲、荇菜等浮水植物（图6-6）。在塘基上稀疏种植池杉（*Taxodium distichum* var. *imbricatum*）、落羽杉（*Taxodium distichum*）、乌桕（*Triadica sebifera*）、旱柳（*Salix matsudana*）、桑（*Morus alba*）、秋华柳（*Salix variegata*）等木本植物，形成网状林泽，以塘基上的网状林泽围合基塘系统。

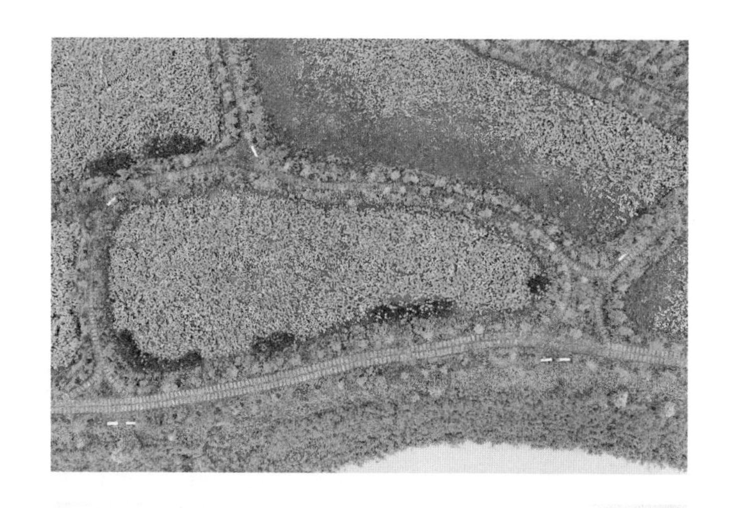

图 6-6　汉丰湖头道河河口景观基塘+林泽复合系统的塘内及塘基上植物生长情况

自 2015 年以来，经历了 7 年的冬季深水淹没和季节性水位变化的考验，生态效益和社会效益明显。基塘内植物存活状况良好，每年出露后植物自然萌发，景观基塘与网状林泽形成了优美的季节性动态景观（图 6-7）。所筛选种植的木本植物成活及生长状况良好，由耐水淹乔木、灌丛构成的林泽系统在夏季出露季节为消落带动物提供丰富的食物和良好的庇护条件；冬季挺伸出水面的乔木枝干及树冠为越冬水鸟提供了栖息场所，鸟类的活动也为消落带林泽区域发挥了植物繁殖体传播作用，丰富了消落带生物多样性，越冬水鸟增多，也成为两栖类和爬行类栖息的良好场所。林泽-基塘复合系统发挥了护岸、生态缓冲、水质净化、生物生境、景观美化和碳汇等多种生态服务功能。头道河河口景观基塘+林泽复合系统生态效益和社会效益明显（图 6-8），生物多样性得到明显提升。

图 6-7　景观基塘与网状林泽形成了汉丰湖优美的季节性动态景观

图 6-8　汉丰湖头道河河口已成为开州移民新城市民共享的良好绿意空间

（二）库岸多功能景观基塘

景观基塘系统是针对汉丰湖水位变动特点提出的城市滨湖消落带湿地资源生态友好型利用模式，在汉丰湖陆域集水区边缘和汉丰湖低水位高程之间建设基塘系统，并种植耐水淹湿地植物。这样不仅能起到美化景观的作用，而且具有净化城市面源污染、增加城市生物多样性等功能。

2011 年 8 月在汉丰湖石龙船大桥段南岸选择海拔为 172.0～175m 的库岸消落带，地势相对平坦，构建一系列大小、形状各异的湿地塘。通过回填黏土的方式防止河岸泥沙松散可能导致的基塘漏水，基塘内部水深控制在 50～60cm。城市雨水系统通过管道与基塘系统连接，夏季降雨形成的地表径流是基塘重要的补水方式。基塘内筛选种植莲、黄花鸢尾、芦苇等湿地植物。2012～2013 年在汉丰湖石龙船大桥段的北岸陆续实施了消落带景观基塘工程，每年冬季淹没水下，夏季出露，形成了季节性动态景观（图 6-9）。

（a）2013 年 7 月拍摄

（b）2013 年 11 月拍摄

图 6-9　不同水位时期汉丰湖石龙船大桥段消落带多功能景观基塘

自 2011 年以来，经历了十余年的冬季水淹和季节性水位变化的影响，汉丰湖石龙船大桥段的消落带景观基塘系统发挥了良好的生态效益和社会效益（图 6-10），多功能景观基塘的植物多样性、鸟类多样性明显高于对照的非基塘消落带区域，且该基塘工程区已经成为鸟类优良的栖息生境，实施基塘工程以来，鸟类种类数和种群数量明显增加。同时，该区域也成为普通秧鸡（*Rallus indicus*）、白胸苦恶鸟（*Amaurornis phoenicurus*）在春夏季的产卵繁殖场所。

图 6-10　经历了十余年冬季水淹和季节性水位变化的石龙船大桥段消落带景观基塘

随着时间的推移，自然的自我设计功能发挥着越来越重要的作用，不仅基塘中的自生耐淹植物增加，而且随水流携带的一些木本植物（如桑树）的繁殖体在塘基上定植萌发，形成冬季淹没水中的塘基上的稀树林泽。根据地形条件、水位变化和植物生长特点，自 2015 年开始，在塘基上稀疏种植了少量池杉、乌桕、杨树。目前植物生长良好（图 6-11），冬季出露水面的塘基稀树林泽之间成为越冬鸟类的栖息场所，该区域淹没水下的基塘可为这些越冬水鸟提供良好的食物条件。现在，该区域由于受人为干扰较小，正在经历再野化过程，夏季出露季节呈现出优良的群落结构层次和景观外貌（图 6-12）。

图 6-11　石龙船大桥段消落带景观基塘塘基上的耐淹树木生长良好

图 6-12　石龙船大桥段消落带正在经历再野化过程的景观基塘

（三）多功能复合基塘

选择汉丰湖南岸芙蓉坝，在海拔 160～175m 的消落带构建多功能基塘系统，在塘基上栽种耐水淹木本植物，形成网状林泽。在 175m 高程以上至人行步道之间营建环湖多塘（雨水花园、青蛙塘、蜻蜓塘、生物洼地），在两级步道之间设计栽种野花草甸，从而构建一体化的多功能复合基塘系统（图 6-13）。汉丰湖湖滨的开州城区是一个典型的水敏性城市，多功能复合基塘的设计首要目标就是城市面源污染的拦截和净化，因此这是一个基于水敏性规划原理的整体生态系统设计，由野花草甸开始，从消落带以上，自上而下，形成一个多带多功能的整体生态系统。2011 年建成后，它发挥了重要的城市面源污染净化功能，监测表明，多功能基塘系统对总氮（TN）和总磷（TP）有较高的削减率。调查表明，该带较高的生境异质性，使得昆虫和鸟类多样性丰富。此外，汉丰湖多功能复合基塘还发挥了固岸护岸、景观美化、休闲观赏等多重功能。

图 6-13　汉丰湖南岸芙蓉坝消落带多功能复合基塘

第三节　多功能基塘效益评估

一、水质净化效益评估

基塘作为一种人工湿地，能够对由消落带以上的城市区域产生的面源污染物质进行有效拦截和净化（Mitsch et al.，2005；Zhao et al.，2009；黄丽等，2007；王丽婧等，2009）。并且，基塘系统还可为消落带湿地动植物提供更加丰富的栖息环境。本书作者围绕汉丰湖消落带多功能基塘系统，开展了为期两年的监测研究。

（一）研究区样品采集与处理

根据汉丰湖多功能基塘工程分布、入水口、出水口及水流通道等，课题组选取汉丰湖南岸石龙船大桥段的一组 4 级串联塘为代表，设置入水口与出水口两个采样点。2014 年 6～9 月、2015 年 6～9 月（图 6-14），逐月依据降雨情况进行地表径流采集并分析。2014 年 6～9 月共采集 11 次降雨期间入水口、出水口水样。2015 年共采集 12 次降雨期间水样。入水口代表降雨期间冲刷城市硬化路面形成高负荷污染径流，出水口代表经过多级基塘净化后排入汉丰湖的径流。同时，在石龙船大桥南岸自然湖岸带采集坡顶和坡麓水样作为对照。

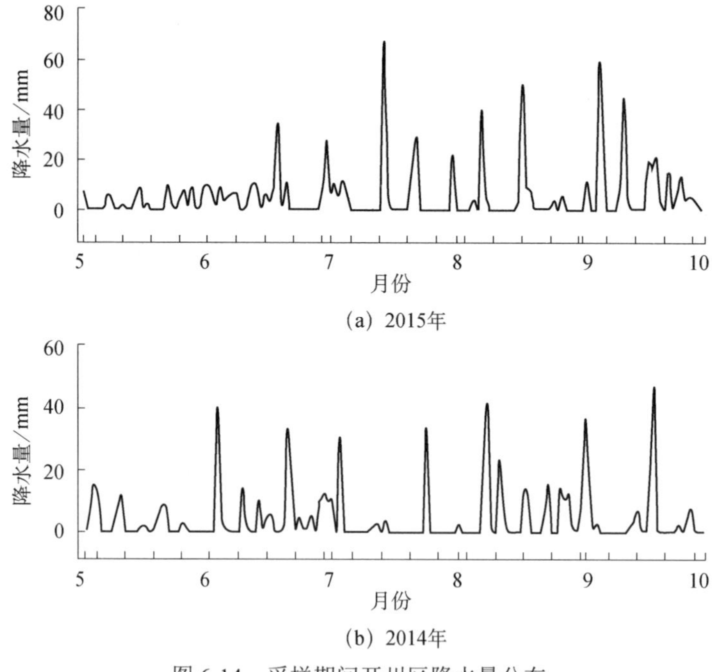

图 6-14　采样期间开州区降水量分布

采集水样带回实验室，参考《水和废水监测分析方法》分别对氨氮（NH_4^+）、硝态氮（NO_3^-–N）、总氮、总磷、溶解性总磷（DTP）及正磷酸盐（PO_4^{3+}）等水质指标进行测定。测试方法为：总磷和溶解性总磷采用硫酸钾消解–钼锑抗分光光度法；溶解态正磷酸盐（SRP）采用钼锑抗分光光度法；总氮采用过硫酸钾氧化–紫外分光光度法；硝态氮（NO_3^-–N）采用紫外分光光度法；氨态氮（NH_4^+–N）采用水杨酸–次氯酸盐光度法，具体测试参照国家标准。

各指标取重复的平均值，数据采用 Excel 2003 和 SPSS 13.0 进行统计分析。

污染负荷削减率计算公式：

$$削减率=\frac{C_{入}-C_{出}}{C_{入}}\times 100\%$$

式中，$C_{入}$ 为系统进水的污染物浓度；$C_{出}$ 为出水的污染物浓度。

（二）结果与分析

1. 多功能基塘系统对地表径流总氮浓度削减效果

如图 6-15 所示，2014 年 6～9 月及 2015 年 6～9 月共 23 次降雨期间多功能基塘工程对地表径流中总氮浓度的影响分析表明，多功能基塘入水口的总氮浓度为 4.41～15.13mg/L（平均值±标准差：8.87±3.40mg/L），入水口总氮浓度高于国家地表水劣 V 类水质标准，可能由于部分生活污水管网不健全，导致雨水管网排污浓度较高，这部分总氮直接入湖将给汉丰湖水环境造成极大威胁。高污染负荷地表径流进入多功能基塘工程，经过沉淀、拦截、过滤、植物吸收等作用，有明显的降低。多功能基塘出水总氮浓度为 2.21～10.31mg/L（平均值±标准差：4.97±2.35mg/L），显著低于入水口总氮浓度（$p<0.01$），可见多功能基塘系统不仅提供了景观优化功能，而且在汉丰湖与城市地表径流污染源之间构成了一道拦截屏障，有效削减了入湖总氮负荷。

通过计算总氮削减率，多功能基塘工程对地表径流总氮削减率为 13%～69%，平均削减率为 44%±16%，与传统护坡相比具有明显的优势（邓焕广等，2013）。对照区总氮的削减率为−17.7%（图 6-16），仅有 2 次降雨数据显示为正削减。由此可见，城市面源污染直接经过自然湖岸带进入汉丰湖并不能得到有效拦截和削减，同时由于消落带季节性淹水导致土壤养分更容易流失进入水体。因此，在城市建成区与湖库之间构建多功能基塘系统具有非常重要的意义。多功能基塘工程对于污染负荷较高的生活污水或城市面源污染具有显著的拦截和削减总氮的作用。

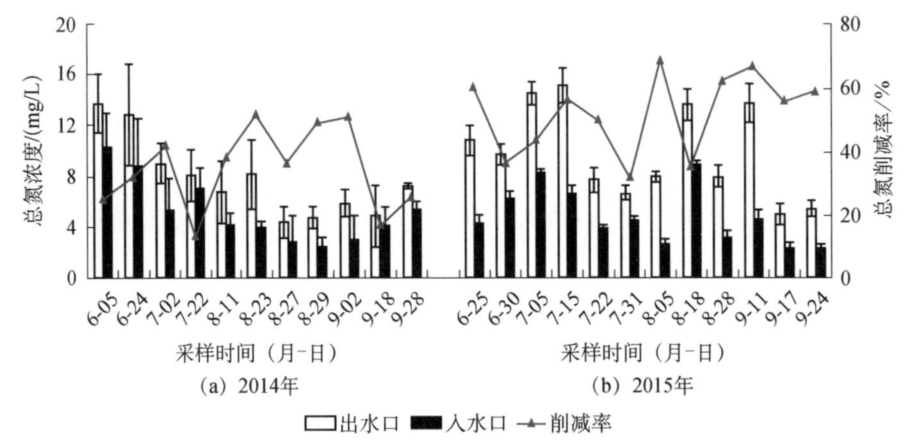

图 6-15　多功能基塘工程对地表径流中总氮浓度的削减效果

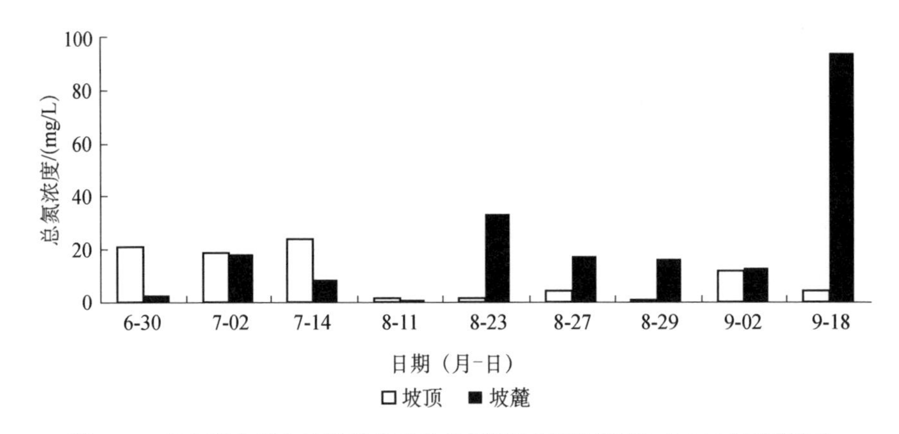

图 6-16　汉丰湖北岸自然消落带对地表径流总氮削减情况（2014 年对照区）

与 2014 年相比，2015 年的多功能基塘工程运行更加稳定。2014 年的总氮削减率为 34%，而 2015 年提升到 60%，在 2015 年入水口总氮浓度更高的情况下，多功能基塘工程仍然可保证出水总氮浓度低于 2014 年（表 6-1）。由此可见，经过淹水考验后，多功能基塘工程对总氮削减效果相对稳定，通过自然做功，使得基塘中的生物多样性不断提升，基塘生态系统的结构更加完整，植物根系微生物群更加丰富，因此具有更加有效的污染削减效果。

表 6-1　多功能基塘工程入水口与出水口总氮浓度的削减情况

采样次数	2014 年			2015 年		
	入水口/(mg/L)	出水口/(mg/L)	削减率/%	入水口/(mg/L)	出水口/(mg/L)	削减率/%
1	13.70±2.28	10.31±2.65	25	10.80±1.16	4.32±0.64	60
2	12.88±3.97	8.78±3.76	32	9.68±0.80	6.18±0.67	36
3	9.02±1.55	5.26±2.55	42	14.48±0.90	8.22±0.37	43
4	8.02±2.04	6.99±1.66	13	15.13±1.44	6.62±0.74	56
5	6.72±2.42	4.17±0.90	38	7.74±0.98	3.87±0.36	50
6	8.14±2.69	3.96±0.44	51	6.65±0.55	4.54±0.26	32
7	4.41±1.24	2.83±2.12	36	7.99±0.40	2.51±0.48	69
8	4.74±0.89	2.42±0.74	49	13.65±1.28	8.87±0.31	35
9	5.90±1.06	2.92±1.97	51	8.01±0.90	3.03±0.60	62
10	4.86±2.39	4.04±1.47	17	13.79±1.49	4.64±0.67	66
11	7.21±0.20	5.37±0.67	25	5.00±0.85	2.21±0.59	56
12	—	—	—	5.43±0.65	2.24±0.31	59
平均值	7.78±1.88	5.19±1.72	34	9.78±0.93	4.81±0.49	60

2. 多功能基塘系统对地表径流总磷浓度削减效果

如图 6-17 所示，2014 年 6～9 月及 2015 年 6～9 月共 23 次降雨期间多功能基塘工程对地表径流中总磷浓度及总磷削减的分析表明，多功能基塘入水口总磷浓度为 0.08～3.38mg/L（平均值±标准差：0.74±0.78mg/L），大部分降雨形成地表径流进入基塘时的总磷浓度为国家地表水劣Ⅴ类水质标准，磷的主要来源为地表冲刷路面和少量生活污水汇入。经过多功能基塘工程沉淀、拦截、过滤、植物吸收等作用，出水口总磷浓度有明显降低。多功能基塘出水口总磷浓度为 0.06～2.02mg/L（平均值±标准差：0.53±0.62mg/L），显著低于入水口总磷浓度（$p<0.01$）。由此可见，多功能基塘工程对地表径流入湖总磷具有显著的削减效果。

通过计算总磷削减率，多功能基塘工程对地表径流总磷削减率达到−14%～70%，平均削减率为 37%±20%，与邓焕广等（2013）设计的城市河流滤岸系统总磷削减率（42.6%）相近，低于阎丽凤等（2011）所设计的植被缓冲系统（74%）。可能原因是，基塘工程对总磷的削减需要缓慢的流速，而降雨过大形成快速的表流则会使削减效果降低。同时，基塘工程对总磷的削减主要通过植物拦截和沉淀，而塘内的营养物则通过微生物降解作用和植物吸收消纳，因此基塘工程对污染物的拦截和削减具有相对滞后性。但总体上，多功能基塘工程在汉丰湖周边发挥着重要的总磷削减作用。

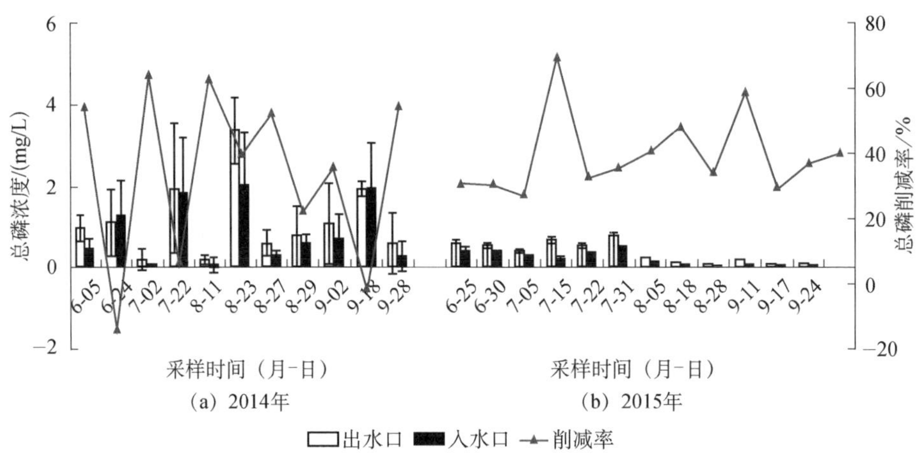

图 6-17　多功能基塘工程对地表径流中总磷浓度的削减效果

对照区总磷的削减率均为负值，无多功能基塘工程的区域地表径流进入汉丰湖带来较大的总磷负荷，自然湖岸带对地表径流总磷的削减效果较差，同时消落带土壤受季节性水淹影响，营养物质极易流失，导致较大的污染威胁（图 6-18）。

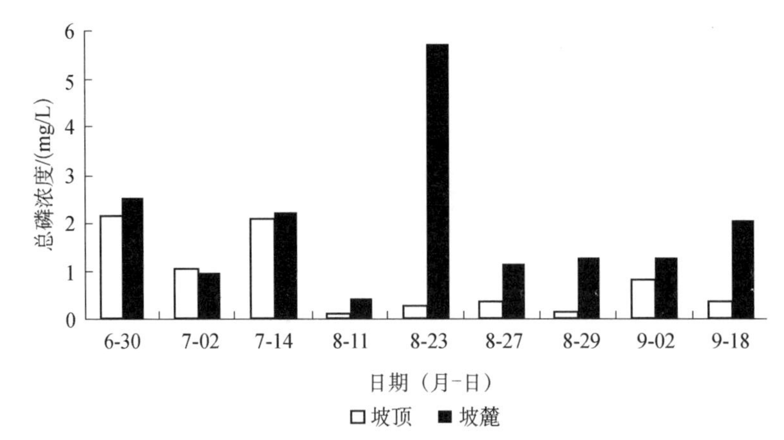

图 6-18　汉丰湖北岸自然消落带对地表径流总磷削减情况（2014 年对照区）

与总氮不同，2014 年与 2015 年相比，多功能基塘工程入水口的总磷浓度具有较大差异，2014 年入水口平均总磷浓度为 1.16mg/L±0.63mg/L，出水口浓度为 0.86mg/L±0.57mg/L，削减率达到 34%（表 6-2）。而 2015 年可能由于城市绿化带（特别是道路两侧的生物沟系统）发挥了拦截污染物的作用，同时城市管网不断完善，所以入水口总磷浓度较低，仅为 0.34mg/L±0.03mg/L，出水口总磷浓度为 0.20mg/L±0.02mg/L，削减率为 40%，略高于 2014 年。多功能基塘工程对总磷污染削减率随着入水口污染物浓度的提高而提高，但存在阈值，当入水口总磷浓度超过 1.0mg/L 时，总磷的削减率均较低（表 6-2）。总体上 2015 年系统的总磷削减效果比较稳定，但仍需要高浓度的输入进行验证最大污染负荷阈值，进而有利于对系统进行科学评估。

表 6-2　多功能基塘工程入水口与出水口总磷浓度的削减情况

采样次数	2014 年			2015 年		
	入水口 /(mg/L)	出水口 /(mg/L)	削减率 /%	入水口 /(mg/L)	出水口 /(mg/L)	削减率 /%
1	0.95±0.34	0.43±0.25	54	0.59±0.04	0.41±0.04	31
2	1.12±0.81	1.27±0.84	−14	0.53±0.05	0.37±0.04	30
3	0.19±0.26	0.07±0.03	64	0.40±0.04	0.29±0.02	27
4	1.95±1.58	1.81±1.35	7	0.69±0.08	0.21±0.04	70
5	0.17±0.12	0.06±0.19	63	0.53±0.06	0.35±0.03	33
6	3.38±0.81	2.02±1.28	40	0.81±0.04	0.52±0.04	36
7	0.60±0.32	0.29±0.12	53	0.23±0.02	0.13±0.02	41
8	0.78±0.74	0.60±0.22	23	0.12±0.02	0.06±0.01	48
9	1.09±1.00	0.70±0.60	36	0.09±0.01	0.06±0.01	34
10	1.93±0.17	1.96±1.08	−2	0.20±0.01	0.08±0	59
11	0.61±0.76	0.28±0.35	55	0.08±0.01	0.06±0.01	30
12	—	—	—	0.09±0.01	0.06±0.01	37
平均值	1.16±0.63	0.86±0.57	34	0.34±0.03	0.20±0.02	40

3. 多功能基塘系统对地表径流氨氮浓度削减效果

氨氮（NH_4^+）是指水中以游离氨（NH_3）和铵离子（NH_4^+）形式存在的氮，是水体中的营养素，可导致水体富营养化现象产生，是水体中的主要耗氧污染物，对鱼类及某些水生生物有害。2014 年 6～9 月及 2015 年 6～9 月监测期间多功能基塘工程对地表径流中氨氮浓度及氨氮削减率的分析如图 6-19 所示。由图可知，多功能基塘入水口氨氮浓度为 0.13～1.82mg/L（平均值±标准差：0.72mg/L±0.47mg/L），大部分降雨形成地表径流进入基塘时氨氮浓度为国家地表水Ⅳ～Ⅴ类水质标准，氨氮的主要来源为生活污水，入基塘主要为雨水地表径流，氨氮浓度相对较低。2014 年 6～9 月入水口与出水口氨氮浓度均表现为先增高后降低，最大值出现在 8 月下旬，可能是由于这期间为盛夏季节，生活污水排放量激增导致。而 2015 年的时间变异性与 2014 年明显不同，主要受到 2015 年 8～9 月密集的降雨导致稀释效应的影响。经过多功能基塘工程沉淀、拦截、过滤、植物吸收等作用，出水口氨氮浓度有明显的降低。多功能基塘出水口氨氮浓度为 0.10～1.16mg/L（平均值±标准差：0.38mg/L±0.24mg/L），基本达到国家地表水 Ⅱ 类水质标准，显著低于入水口氨氮含量（$p<0.01$），可见多功能基塘工程对地表径流入湖氨氮浓度具有显著的削减效果。

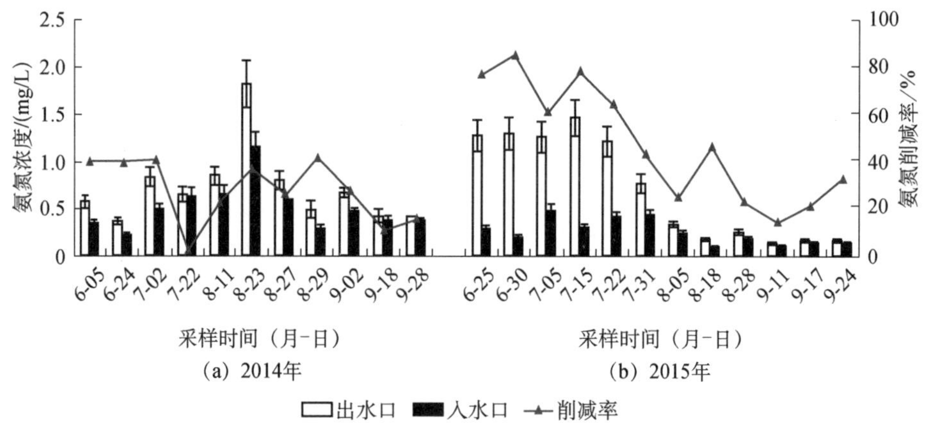

图 6-19　多功能基塘工程对地表径流中氨氮（NH_4^+）浓度的削减效果

多功能基塘工程对地表径流氨氮浓度削减率为 3%～85%，平均削减率为 38%±22%，低于邓焕广等（2013）设计的城市河流滤岸系统氨氮削减率（56%～65%），略高于阎丽凤等（2011）所设计的自然植被缓冲系统（31%）。总体多功能基塘工程氨氮的削减效果良好，在对遭受污染的河湖进行生态修复时，应考虑环境污染特点和地表特征，以充分发挥河/库岸界面及流域塘系统对污染物的削减优势。2014 年与 2015 年相比，多功能基塘工程入水口的氨氮浓度没有显著差异，分别为0.72mg/L±0.09mg/L 和 0.66mg/L±0.08mg/L（表 6-3）。二者出水口的浓度差异显著（$p<0.05$），均值分别为 0.51mg/L±0.05mg/L 和 0.25mg/L±0.03mg/L（表 6-3），而 2015 年经过一年稳定期的多功能基塘工程对氨氮的削减率约是 2014 年工程建设初期的 2 倍（表 6-3）。由此可见，随着多功能基塘工程趋于稳定，其氨氮的削减效果明显增加，主要原因可能是 2014 年工程建成后的初期基塘工程内植物种类单一（主要为荷花），随着原位种子库的作用，第二年多功能基塘中水生植物种类明显增加，沉水植物开始生长，因此具有更加显著的氨氮削减效果。

表 6-3　多功能基塘工程入水口与出水口氨氮（NH_4^+）浓度的削减情况

采样次数	2014 年			2015 年		
	入水口/(mg/L)	出水口/(mg/L)	削减率/%	入水口/(mg/L)	出水口/(mg/L)	削减率/%
1	0.56±0.07	0.34±0.04	40	1.28±0.17	0.29±0.03	77
2	0.37±0.04	0.22±0.02	40	1.29±0.17	0.20±0.02	85
3	0.84±0.11	0.5±0.06	41	1.27±0.17	0.49±0.06	61
4	0.66±0.08	0.64±0.08	3	1.46±0.19	0.31±0.04	79
5	0.85±0.11	0.66±0.08	23	1.22±0.16	0.43±0.05	65
6	1.82±0.24	1.16±0.15	36	0.77±0.10	0.43±0.05	44
7	0.80±0.09	0.59±0.01	27	0.33±0.02	0.25±0.02	25
8	0.49±0.09	0.29±0.05	42	0.18±0.01	0.10±0.01	46
9	0.66±0.05	0.48±0.03	28	0.26±0.03	0.20±0.01	23
10	0.43±0.07	0.38±0.05	11	0.13±0.02	0.11±0.01	15
11	0.44±0.01	0.37±0.02	16	0.18±0.01	0.14±0.01	21
12	—	—	—	0.15±0.01	0.10±0.01	33
平均值	0.72±0.09	0.51±0.05	28	0.66±0.08	0.25±0.03	48

多功能基塘工程对氨氮浓度的削减也存在入湖污染负荷阈值，当入水口氨氮浓度过高时，形成快速表流而没有充分的滞留时间，导致氨氮削减率可能较低。总体上，多功能基塘系统的氨氮削减效果比较稳定，但仍需要高浓度的输入以验证最大污染负荷阈值，并对系统进行科学评估。

4. 多功能基塘系统对地表径流硝态氮浓度削减效果

硝态氮（NO_3^-）是指硝酸盐中所含有的氮元素。水和土壤中的有机物分解生成铵盐，被氧化后变为硝态氮，硝态氮对水体水质的影响最显著。硝态氮是面源污染的主要污染物。2014 年 6～9 月及 2015 年 6～9 月监测期间多功能基塘工程对地表径流中硝态氮浓度及硝态氮削减率的分析如图 6-20 所示。总计 23 次降雨期间采集地表径流 NO_3^-浓度变动性较大，多功能基塘入水口 NO_3^-浓度变化范围为 2.13～10.96mg/L（平均值±标准差：5.16mg/L±2.21mg/L），均高于国家地表水Ⅴ类水质标准。硝态氮进入水体成为藻类等浮游生物生长的优势氮源，是水体富营养化的主要因素，因此高 NO_3^-负荷的地表径流进入汉丰湖成为重要的面源污染物和汉丰湖水环境安全的重要威胁。汉丰湖周的城市地表径流及少量生活污水汇合后进入多功能基塘系统，经过多级系统的拦截、消纳、沉淀、分解及少量的吸收，出水口的 NO_3^-浓度平均值为 3.12mg/L±1.84mg/L（0.28～6.98mg/L），浓度显著低于入水口浓度（$p<0.01$）。尤其是 2015 年 8～9 月多功能基塘中植物生长最旺盛，在入水口污染负荷仍较高的条件下，出水口的 NO_3^-浓度降低至 0.86mg/L，达到地表水环境的Ⅲ类水标准，效果较好。

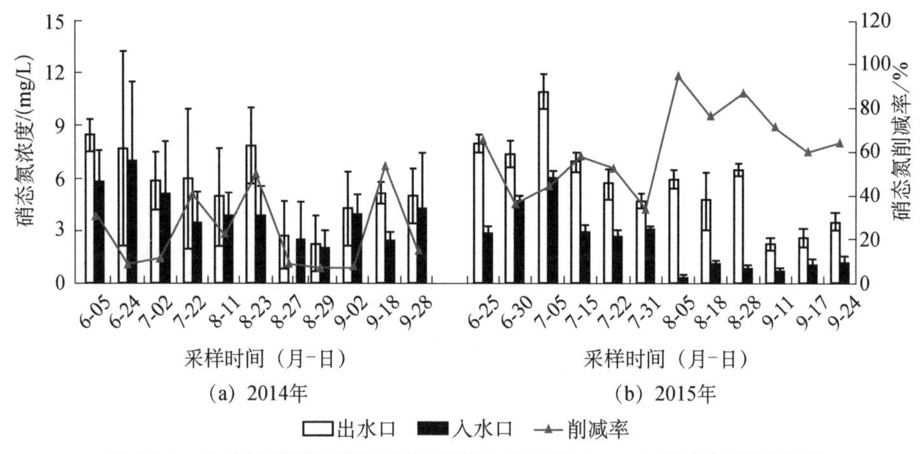

图 6-20　多功能基塘工程对地表径流中硝态氮（NO_3^-）浓度的削减效果

多功能基塘工程对地表径流 NO_3^-含量削减率达到 7%～95%，平均削减率为 44%±27%。与阎丽凤等（2011）的自然植被缓冲系统（13%～44%）相似。多功能基塘系统硝态氮削减率变异性较大，尤其是 2014 年 8 月与 9 月的削减率均低于 15%，但 7 月降水量较小的 3 次监测的削减率均超过 23%。由此可见，2014 年系统建成初期呈现出不稳定的特征。同时，2014 年随着入水口硝态氮浓度的增加，硝态氮削减率有所增加，但也存在明显的阈值。2015 年，多功能基塘系统经过一年的稳定期，整个监测期间出水口硝态氮浓度较低（2.23mg/L±0.3mg/L），硝态氮削减率显著高于 2014 年，平均硝态氮削减率为 62%，是 2014 年平均削减率的近 3 倍（表 6-4）。由此可见，随着多功能基塘工程趋于稳定，其硝态氮的削减效果也趋于稳定，尤其是 2015 年 8～9 月植物生长旺盛季节，硝态氮削减率均超过 60%，与氨氮表现出相似的规律，多功能基塘工程经过两年的运行，具有较好的污染削减效果。

表 6-4　多功能基塘工程入水口与出水口硝态氮（NO_3^-）浓度的削减情况

采样次数	2014 年			2015 年		
	入水口/(mg/L)	出水口/(mg/L)	削减率/%	入水口/(mg/L)	出水口/(mg/L)	削减率/%
1	8.44±0.90	5.86±1.73	31	8.01±0.51	2.77±0.45	65
2	7.67±5.52	6.98±4.50	9	7.38±0.72	4.70±0.28	36
3	5.83±1.6	5.16±2.97	12	10.96±0.99	6.07±0.41	45
4	5.96±4.00	3.51±1.74	41	6.92±0.57	2.89±0.48	58
5	4.96±2.79	3.82±1.33	23	5.64±0.86	2.69±0.27	52
6	7.84±2.15	3.90±1.62	50	4.68±0.42	3.10±0.16	34
7	2.74±1.93	2.50±2.18	9	5.95±0.50	0.28±0.23	95
8	2.13±1.76	1.98±1.01	7	4.71±1.63	1.10±0.28	77
9	4.26±2.13	3.93±1.17	8	6.47±0.39	0.87±0.19	87
10	5.16±0.64	2.41±0.60	53	2.24±0.36	0.63±0.25	72
11	4.98±1.55	4.23±3.16	15	2.60±0.50	1.04±0.39	60
12	—	—	—	3.46±0.47	1.23±0.32	64
平均值	5.45±2.27	4.02±2.27	23	5.55±0.68	2.23±0.30	62

由表 6-4 可见，在中度污染条件下（硝态氮＜5mg/L），多功能基塘系统对硝态氮的削减效果较好，而在高度污染条件下（硝态氮＞5mg/L），多功能基塘系统削减硝态氮的效果有限，因此多功能基塘工程的推广需要进一步优化，研发削减效果更优的复合型基塘工程系统。

5. 多功能基塘系统对地表径流正磷酸盐浓度削减效果

研究期间地表径流水体正磷酸盐（PO_4^{3-}）浓度及变化特征如图 6-21 所示。两年的监测中，多功能基塘工程受纳地表径流正磷酸盐浓度范围为 0.04～0.67mg/L，平均值为 0.29mg/L±0.19mg/L，大部分降雨径流正磷酸盐含量高于国家地表水环境质量Ⅴ类水的总磷标准浓度（0.2mg/L）。由此可见，城市面源污染对地表水体正磷酸盐的贡献不容忽视。2014 年与 2015 年多功能基塘入水口正磷酸盐浓度略有差异，分别为0.37mg/L±0.17mg/L和0.22mg/L±0.18mg/L。这主要是由于2015年8～9月密集的降雨导致正磷酸盐浓度较低。多功能基塘出水口正磷酸盐浓度范围为0.03～0.38mg/L，均值为0.17mg/L±0.10mg/L，显著低于入水口正磷酸盐浓度（$p<0.01$）。由此可见，多功能基塘工程对地表径流入湖正磷酸盐具有显著拦截和削减效果。

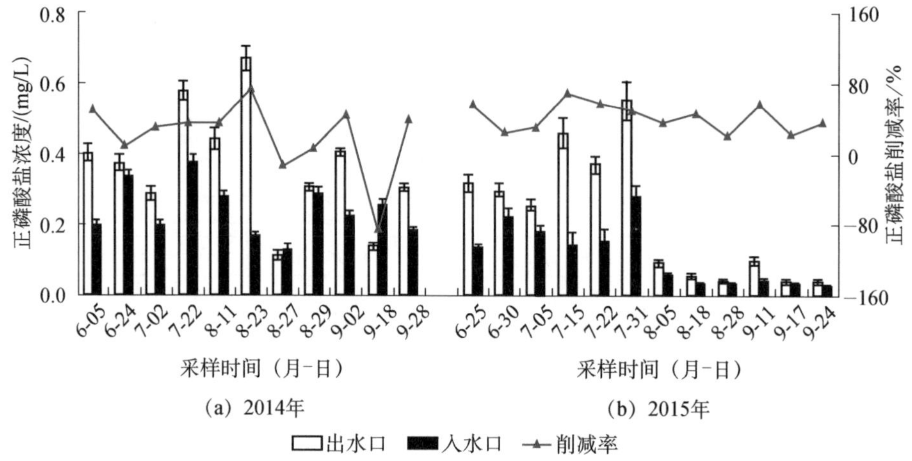

图6-21　多功能基塘工程对地表径流中正磷酸盐（PO_4^{3-}）浓度的削减效果

通过计算正磷酸盐削减率，多功能基塘工程对地表径流正磷酸盐削减率达到−12%～75%（除2014年9月18日，削减率为−86%），平均削减率为32%±33%，与邓焕广等（2013）设计的城市河流滤岸系统总磷削减率（42.6%）相近。

2014年多功能基塘工程对正磷酸盐的削减率表现出较大的波动性，尤其出现了两次负削减率的情况（−12%和−86%），整个系统处于初期运行，没有稳定的污染物削减率。2014年监测的多功能基塘工程对地表径流正磷酸盐削减率为21%±42%。经过一年的稳定运行，多功能基塘工程开始发挥其作用，整个2015年正磷酸盐的削减率均高于20%，平均达到43%，是2014年平均值的2倍。2015年可能由于城市绿化带及道路两侧的生物沟系统发挥了拦截污染物的作用，同时城市管网不断完善，所以入水口正磷酸盐浓度较低，仅为0.21mg/L±0.02mg/L，出水口总磷浓度为0.11mg/L±0.02mg/L。多功能基塘工程对正磷酸盐污染削减率随着入水口污染物浓度的提高而提高，但也存在阈值，当入水口正磷酸盐浓度超过0.5mg/L时，总磷的削减率均较低

（表 6-5）。总体上，2015 年系统的正磷酸盐削减效果比较稳定。

表 6-5　多功能基塘工程入水口与出水口正磷酸盐（PO_4^{3-}）浓度的削减情况

采样次数	2014 年			2015 年		
	入水口/(mg/L)	出水口/(mg/L)	削减率/%	入水口/(mg/L)	出水口/(mg/L)	削减率/%
1	0.40±0.03	0.20±0.02	51	0.32±0.02	0.14±0.01	57
2	0.38±0.02	0.34±0.02	10	0.30±0.02	0.22±0.03	25
3	0.29±0.02	0.20±0.01	31	0.26±0.02	0.18±0.02	29
4	0.58±0.03	0.38±0.02	35	0.46±0.04	0.14±0.04	70
5	0.44±0.03	0.28±0.02	37	0.37±0.02	0.16±0.03	58
6	0.67±0.04	0.17±0.01	75	0.55±0.06	0.28±0.03	49
7	0.11±0.01	0.13±0.02	−12	0.09±0.01	0.06±0	37
8	0.31±0.01	0.29±0.02	6	0.05±0.01	0.03±0	46
9	0.41±0.01	0.22±0.02	45	0.04±0.01	0.03±0	21
10	0.14±0.01	0.26±0.02	−86	0.10±0.01	0.04±0.01	58
11	0.31±0.01	0.19±0.01	39	0.04±0.01	0.03±0	24
12	—	—	—	0.04±0.01	0.03±0	36
平均值	0.37±0.02	0.24±0.02	21	0.21±0.02	0.11±0.02	43

6. 多功能基塘系统对地表径流溶解性总磷浓度削减效果

总磷指水中溶解物质的含磷和悬浮物中的含磷，通常在测定过程中通过微孔滤膜将悬浮物不溶性的物质过滤掉，测定总磷含量为溶解性总磷（DTP）。溶解性总磷测定能够反映水体污染物的形态特征，对解释污染物来源和去向具有重要意义。如图 6-22 所示，对 2014 年与 2015 年雨季多功能基塘工程对地表径流中溶解性总磷含量的削减效果监测表明，两年雨季城市地表径流中携带大量的溶解性总磷汇入城市受纳水体。入水口溶解性总磷浓度为 0.05～1.35mg/L（均值为 0.44mg/L±0.35mg/L），降雨径流溶解性总磷浓度占总磷含量的 65%，即颗粒态磷占地表径流水体总磷含量的 35%，出水口溶解性总磷浓度为 0.02～0.99mg/L（均值为 0.31mg/L±0.29mg/L），显著低于入水口浓度，多功能基塘工程对溶解性总磷具有一定的削减效果。同时，出水口溶解性总磷均值占总磷浓度平均值的 94%，而颗粒态磷仅占 6%。由此可见，在地表径流进入多功能基塘后，主要通过物理过滤、沉淀及植物拦截等作用削减大量的颗粒态磷。

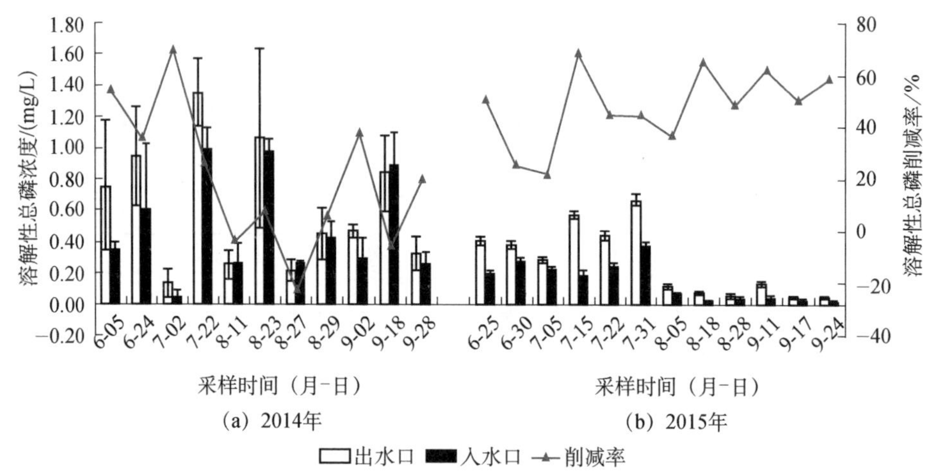

图 6-22　多功能基塘工程对地表径流中溶解性总磷浓度的削减效果

如图 6-22 所示，多功能基塘系统对地表径流溶解性总磷的削减率为 -23%～69%（平均 34%）。这进一步说明，多功能基塘系统主要通过物理过程有效拦截颗粒态磷而达到水环境保护的目的，同时对溶解性总磷的削减作用也不可忽略。目前关于生态防护带对溶解性总磷的削减效果的研究较少，但本书认为正磷酸盐研究对理解磷素的来源与去向具有重要意义。

与 2015 年相比，2014 年的入水口溶解性总磷浓度较高，分别为 0.62mg/L±0.21mg/L、0.26mg/L±0.02mg/L。由于入水口浓度差异显著，因此出水口溶解性总磷的浓度比较也呈现显著差异（0.49mg/L±0.13mg/L，0.14mg/L±0.02mg/L）（表 6-6）。由于入水口浓度波动性较大且系统处于非稳定阶段，因此 2014 年多功能基塘工程对地表径流溶解性总磷的削减率波动性较大，其中 3 次监测表现为负值，而 2015 年溶解性总磷削减率较稳定，均高于 20%（表 6-6）。溶解性总磷的浓度变化规律与正磷酸盐相似。

表 6-6　多功能基塘工程入水口与出水口溶解性总磷浓度的削减情况

采样次数	2014 年			2015 年		
	入水口/(mg/L)	出水口/(mg/L)	削减率/%	入水口/(mg/L)	出水口/(mg/L)	削减率/%
1	0.76±0.41	0.34±0.06	55	0.40±0.03	0.20±0.02	51
2	0.94±0.32	0.60±0.43	36	0.38±0.02	0.28±0.02	26
3	0.13±0.09	0.04±0.05	69	0.29±0.02	0.22±0.02	22
4	1.35±0.22	0.99±0.14	26	0.58±0.03	0.18±0.04	69

续表

采样次数	2014 年			2015 年		
	入水口/(mg/L)	出水口/(mg/L)	削减率/%	入水口/(mg/L)	出水口/(mg/L)	削减率/%
5	0.25±0.09	0.26±0.13	−4	0.44±0.03	0.24±0.02	45
6	1.06±0.57	0.98±0.08	8	0.67±0.04	0.37±0.03	45
7	0.22±0.07	0.26±0.01	−23	0.11±0.01	0.07±0.01	37
8	0.45±0.17	0.43±0.11	6	0.07±0.01	0.02±0.01	65
9	0.47±0.04	0.29±0.13	38	0.06±0.01	0.03±0.01	49
10	0.84±0.24	0.89±0.21	−6	0.14±0.01	0.05±0.01	62
11	0.32±0.11	0.26±0.08	21	0.05±0.01	0.02±0.01	51
12	—	—	—	0.05±0.01	0.02±0	59
平均值	0.62±0.21	0.49±0.13	21	0.26±0.02	0.14±0.02	48

消落带多功能基塘系统吸滞、阻滤水中污染物主要是通过物理沉降、过滤、吸附、微生物及植物吸收同化等作用。地表径流流速、基塘系统的稳定性、植物密度、植物根系生长状况、根系微生物膜状况等对多功能基塘系统处理面源径流污染效果具有重要影响。初步设计多功能基塘系统经过两年的连续监测，其对地表径流和少量生活污水污染负荷具有较好的削减效果。多功能基塘工程对地表径流总氮、总磷的削减率分别达到 13%～69%（平均值 44%±16%）、−14%～70%，（平均值 37%±20%）。总体来看，多功能基塘工程对氮的削减效果优于磷，工程建设初期削减效果不稳定，变异性较大。经过一年的稳定期后，多功能基塘工程系统对地表径流总磷、总氮的削减率表现稳定。多功能基塘工程系统对地表径流污染净化效果存在阈值，当污染负荷高于这一阈值，则削减效果可能降低，同时多功能基塘系统在高速汇入径流的条件下，可能因为较低的水滞留时间而导致氮磷削减率较低，但总体对氮磷的削减率较好。

二、生物多样性提升效益评估

本书重点针对基塘工程的植物多样性提升效益进行了监测评估。基塘区域共记录到维管植物 45 种，其中基塘工程区自生植物 29 种，分属 15 科 28 属；对照区共记录到高等维管植物 34 种，分属 17 科 30 属。

基塘工程区主要植物群落为无芒稗群落、鸭舌草群落、野荸荠群落和萤蔺群落，其中无芒稗群落分布范围最广；对照区主要植物群落为浮萍群落、金鱼藻+菹草群落、水葫芦群落、水虱草群落和狗牙根群落，其中浮萍群落、金鱼藻+菹草群落和水葫芦群落主要分布在对照区的水塘中，水虱草群落主要分布在稻田间的田埂上，狗牙根群落则主要分布在休耕农田中。

基塘工程区植物种类名录见表 6-7。

表 6-7　基塘工程区植物种类名录

科	属	种	拉丁名
唇形科	紫苏属	紫苏	*Perilla frutescens*
大戟科	铁苋菜属	海蚌含珠	*Acalypha australis*
豆科	合萌属	合萌	*Aeschynomene indica*
豆科	鸡眼草属	鸡眼草	*Kummerowia striata*
浮萍科	浮萍属	浮萍	*Lemna minor*
禾本科	狗牙根属	狗牙根	*Cynodon dactylon*
禾本科	马唐属	马唐	*Digitaria sanguinalis*
禾本科	稗属	无芒稗	*Echinochloa crusgalli*
禾本科	雀稗属	双穗雀稗	*Paspalum distichum*
禾本科	狗尾草属	狗尾草	*Setaria viridis*
禾本科	白茅属	白茅	*Imperata cylindrica*
金鱼藻科	金鱼藻属	金鱼藻	*Ceratophyllum demersum*
菊科	蒿属	苦蒿	*Artemisia codonocephala*
菊科	紫菀属	钻叶紫菀	*Aster subulatus*
菊科	鬼针草属	鬼针草	*Bidens biternata*
菊科	白酒草属	小白酒草	*Conyza canadensis*
菊科	鳢肠属	鳢肠	*Eclipta prostrata*
菊科	苍耳属	苍耳	*Xanthium sibiricum*
蓼科	蓼属	水蓼	*Polygonum hydropiper*
蓼科	蓼属	酸模叶蓼	*Polygonum lapathifolium*
蓼科	蓼属	杠板归	*Polygonum perfoliatum*
蓼科	蓼属	虎杖	*Polygonum cuspidatum*
柳叶菜科	丁香蓼属	丁香蓼	*Ludwigia prostrata*
马鞭草科	马鞭草属	马鞭草	*Verbena officinalis*
茄科	茄属	龙葵	*Solanum nigrum*
三白草科	三白草属	三白草	*Saururus chinensis*

续表

科	属	种	拉丁名
莎草科	飘拂草属	水虱草	*Fimbristylis miliacea*
莎草科	荸荠属	野荸荠	*Heleocharis plantagineiformis*
莎草科	莎草属	异型莎草	*Cyperus difformis*
莎草科	莎草属	香附子	*Cyperus rotundus*
莎草科	藨草属	萤蔺	*Scirpus juncoides*
商陆科	商陆属	商陆	*Phytolacca acinosa*
天南星科	菖蒲属	菖蒲	*Acorus calamus*
苋科	莲子草属	空心莲子草	*Alternanthera philoxeroides*
苋科	苋属	苋	*Amaranthus tricolor*
玄参科	婆婆纳属	水苦荬	*Veronica undulata*
玄参科	母草属	泥花草	*Lindernia antipoda*
玄参科	母草属	陌上菜	*Lindernia procumbens*
雨久花科	雨久花属	鸭舌草	*Monochoria vaginalis*
雨久花科	凤眼蓝属	凤眼莲	*Eichhornia crassipes*
鸭跖草科	鸭跖草属	鸭跖草	*Commelina communis*
眼子菜科	眼子菜属	菹草	*Potamogeton crispus*
眼子菜科	眼子菜属	浮叶眼子菜	*Potamogeton natans*
泽泻科	慈姑属	矮慈姑	*Sagittaria pygmaea*

此外，对鸟类和昆虫的调查表明，基塘工程区共观察到鸟类 16 种，其中优势种为白鹭（*Egretta garzetta*）、池鹭（*Ardeola bacchus*）和麻雀（*Passer montanus*）；常见种 11 种，包括中白鹭（*Egretta intermedia*）、青脚滨鹬（*Calidris temminckii*）、彩鹬（*Rostratula benghalensis*）、黑卷尾（*Dicrurus macrocercus*）、白头鹎（*Pycnonotus sinensis*）、白鹡鸰（*Motacilla alba*）等；少见种为董鸡（*Gallicrex cinerea*）和普通翠鸟（*Alcedo atthis*）。对照区共观察到鸟类 11 种。这表明，基塘工程区已经成为鸟类栖息的重要生境。

三、综合效益

基于能值理论模型对消落带基塘工程的能量流动及环境承载力进行评估的结果表明，与自然系统、传统农业耕作模式相比，消落带基塘工程模式具有更高的能量利用率和较低的社会资源投入，以及更稳定的能流过程和更低的环境依赖性。进一步的分析表明，消落带基塘工程模式可再生能源比例较高，社会资源能耗较低，利于资源节约和循环利用。此外，消落带基塘工程模式比传统农业耕作模式具有更低的环境承载力，二者的环境承载力分别是0.4和1.1，说明消落带基塘工程对环境的影响更小。主要原因在于相对于传统农业耕作模式，消落带基塘工程模式没有大量应用机械、化肥、农药、除草剂等不可再生资源。两者的可持续性指数分别为2.4和0.5，表明传统农业耕种模式可持续性低，消落带基塘工程模式可持续性指数高于玉米种植系统、稻鸭共生系统、蘑菇养殖系统、蔬菜种植系统、稻菜共生系统和珠江三角洲的水稻种植系统，是三峡水库消落带可持续利用的有益模式。

一方面，消落带基塘工程模式的实施，使消落带生态系统结构从原来简单的草本群落转变为冬季深水淹没和夏季湿地的形态，在汉丰湖周围已经形成了城市景观带，加之生物多样性的提升，使得整个消落带呈现出较好的生态景观效果，优化了开州城区人居环境。另一方面，更加稳定的消落带生态系统与更优美的景观形态，有助于提升城市旅游形象与品质，吸引更多游客，增加旅游收益，带动当地经济发展。

多功能基塘系统可运用于三峡水库坡度小于15°的平缓消落带（如湖北省秭归县的香溪河、重庆开州澎溪河、忠县东溪河、丰都县丰稳坝等），其总面积达204.59km^2，占三峡水库消落带总面积的66.79%，可以产生明显的生态效益、经济效益和社会效益。

第七章　汉丰湖消落带林泽生态系统设计

调查表明，无论是淡水沼泽林，还是很多河流的河岸林，不少木本植物都能耐受一定程度的水淹，如高纬度区域和高海拔区域的森林沼泽、灌丛沼泽（中国湿地植被编写委员会，1999），以及河流河漫滩及河心沙洲生长的树木、河岸林等（康佳鹏等，2021）。林与水紧密相关，在生态上有复杂的物质交换和物种关联。林与水组合形成整体生态系统，并经受着周期性的水位变动。根据三峡水库消落带的水位变动特点，我们在思考，那些在天然环境中耐受水淹的木本植物能否耐受冬季长时期的深水淹没？通过大量野外调查及多次栽种实验，课题组成功地筛选了消落带适生木本植物，包括一些针叶树种、阔叶树种和灌木。针对汉丰湖消落带的稳定库岸、提升生物多样性、景观美化等多功能需求，课题组提出了消落带林泽系统构建技术框架，以及消落带林-水一体化的设计思路，并进行了汉丰湖消落带林泽工程及林-水一体化生态修复实践。

第一节　林泽工程技术

一、林泽工程概念

林泽工程是在消落带筛选种植耐淹而且具有观赏价值和经济利用价值的乔木、灌木，栽种高程为165～175m，形成冬水夏陆逆境下的林木群落。每年9月下旬三峡水库开始蓄水后，水位逐渐上涨，10月上旬淹没后消落带

165～175m 高程区的树木被水淹没，到10月下旬蓄水到175m高程时，形成水上森林（图7-1）；直到次年3月，林木群落才出露。林泽工程是充分利用消落带的夏陆冬水逆境的机遇，种植耐水淹木本植物形成的消落带林木群落（Yuan et al.，2013；袁兴中等，2022），可以促进消落带生态系统功能恢复，发挥固岸护岸、提供生物生境、生态缓冲、景观美化和碳汇功能。

图7-1　三峡水库高水位期汉丰湖消落带林泽淹没水中形成水上森林

二、林泽树种及配置模式

（一）林泽树种

根据前期在三峡库区干支流河岸及国内一些大型水库消落带调查的结果，以及通过查阅文献，课题组了解了耐水淹木本植物物种、分布情况、生活习性和生态特征、耐水特性等，于2008年筛选了一批耐水淹木本植物。2009年，课题组在澎溪河消落带进行了栽种试验，根据试验结果筛选并构建了消落带耐水淹木本植物资源库，共计11种乔木、10种灌木（表7-1）。2011年开始，在汉丰湖进行了林泽系统设计和种植示范，重点在汉丰湖海拔165～175m的消落带，栽种耐水淹的乔木和灌木，形成冬水夏陆逆境下的林木群落——消落带林泽系统。

表 7-1　消落带林泽树种一览表

序号	中文名	拉丁名	生物学及生态习性	消落带栽种海拔/m
1	池杉	*Taxodium distichum* var. *imbricatum*	池杉是杉科、落羽杉属落叶高大乔木，高可达 25m。主干挺直，树冠尖塔形。树干基部膨大，枝条向上形成狭窄的树冠，尖塔形；叶钻形在枝上螺旋伸展；球果圆球形。树干基部膨大，通常有屈膝状的呼吸根。球果圆球形或长圆状球形，有短梗。原产于美国，中国引种栽培多年，1917 年引种到我国后（唐罗忠等，2008），在江苏、浙江、湖南、湖北和广东等南方地区的河流、湖泊和水库沿岸等低湿地及水稻种植区作为农田防护林进行栽培。池杉喜深厚疏松湿润的酸性土壤。耐湿性很强，长期在水中也能较正常生长。池杉是喜光树种，不耐荫。池杉萌芽性很强，长势旺，是三峡水库消落带植被恢复重建的优良适生树种（李波等，2015）	170～175
2	落羽杉	*Taxodium distichum*	落羽杉是杉科、落羽杉属落叶高大乔木，树高可达 25～50m。树干圆满通直，圆锥形或伞状卵形树冠。枝条水平开展，新生幼枝绿色，到冬季则变为棕色。叶条形，扁平，基部扭转在小枝上列成二列，羽状。常有屈膝状的呼吸根。雄球花卵圆形，有短梗，在小枝顶端排列成总状花序状或圆锥花序状。球果球形或卵圆形。适应性强，能耐低温、干旱、涝渍和土壤瘠薄，耐水湿，抗污染，抗风，生长快。树形优美，入秋后树叶变为古铜色，是良好的色叶树种。原产于北美洲，中国广州、杭州、上海、南京、武汉、福建均引种栽培。常栽种于平原地区及湖边、河岸、水网地区，是三峡水库消落带植被恢复重建的优良适生树种（李昌晓等，2010）	170～175
3	中山杉	*Taxodium 'Zhongshansha'*	中山杉是杉科、落羽杉属的杂交种，树冠以圆锥形和伞状卵形为主，枝叶茂密，树干挺拔、通直，主干明显，中上部易出现分叉现象，常形成扫帚状。树叶呈条形，叶较小，长度 0.6～1cm，呈螺旋状散生于小枝上。雌雄球花为孢子叶球，异花同株；球果圆形或卵圆形，有短梗，向下垂。中山杉遗传了落羽杉属耐淹、耐碱、树形优美的优良特性，具有生长快、抗逆性强、耐腐性好的特征（阮宇等，2022）。适生于江河及沿海滩涂地，是三峡水库消落带植被恢复重建的优良适生树种	165～175
4	水松	*Glyptostrobus pensilis*	水松是杉科、水松属乔木，高可达 25m，树干有扭纹；树皮纵裂成不规则的长条片；枝条稀疏，大枝近平展，鳞形叶较厚或背腹隆起，条形叶两侧扁平，先端尖，基部渐窄，淡绿色。球果倒卵圆形。生于湿生环境，树干基部膨大成柱槽状，且有伸出土面或水面的呼吸根。喜光树种，喜温暖湿润的气候及水湿环境，耐水湿，对土壤的适应性较强。该种为中国特有树种，分布于中国珠江三角洲和福建中部及闽江下游海拔 1000m 以下地区。可栽于河边、堤旁，作固堤护岸和防风之用，是三峡水库消落带植被恢复重建的优良适生树种	173～175

续表

序号	中文名	拉丁名	生物学及生态习性	消落带栽种海拔/m
5	乌桕	*Triadica sebifera*	乌桕是大戟科、乌桕属落叶乔木，优良色叶树种，在水淹等逆境条件下叶色变红或变黄。乌桕高可达15m，树皮暗灰色。叶互生，纸质，叶片菱形、菱状卵形或稀有菱状倒卵形。花单性，雌雄同株，聚集成顶生、长6～12cm的总状花序。蒴果梨状球形，成熟时黑色。喜光树种，深根性，侧根发达，抗风，生长快。萌芽能力强。对土壤的适应性较强，是抗盐性强的乔木树种之一，要求有较高的土壤湿度，耐水淹。生于旷野、塘边或疏林中。为中国特有的经济树种，是我国南方广泛分布的重要木本油料树种，已有1400多年栽培历史，是三峡水库消落带植被恢复重建的优良适生树种	170～175
6	加拿大杨	*Populus canadensis*	加拿大杨是杨柳科、杨属植物，落叶乔木，高30m。干直，树皮粗厚。雄花序长7～15cm。蒴果卵圆形。原产北美洲，是北美洲黑杨和欧洲黑杨的杂交种，于19世纪中叶引入中国，中国各地均有引种栽培。喜光和湿润的气候条件，在土壤肥沃、水分充足的立地条件下生长良好，有较强的耐旱能力，生长快、繁殖容易、适应性强，既可成片造林，又能“四旁栽植，是三峡水库消落带植被恢复重建的适生树种	170～175
7	竹柳	*Salix maizhokung*	竹柳是杨柳科、柳属乔木。树冠塔形，分枝均匀。树皮幼时绿色，光滑。叶披针形，单叶互生，叶片长达15～22cm，先端长渐尖，基部楔形，边缘有明显的细锯齿，叶片正面绿色，背面灰白色。 喜光，耐寒性强，能耐零下30°C的低温；喜水湿，在低湿河滩或弱盐碱地均能生长。根系发达，侧根和须根广布于各土层中，能起到良好的固土作用，是三峡水库消落带植被恢复重建的优良适生树种	165～175
8	旱柳	*Salix matsudana*	旱柳是杨柳科、柳属落叶乔木，高达18m，树冠广圆形，树皮暗灰黑色，枝直立或斜展，幼枝有毛。雄花序圆柱形。喜光，耐寒，湿地、旱地皆能生长，但以湿润而排水良好的土壤上生长最好；根系发达，抗风能力强，生长快，易繁殖，是三峡水库消落带植被恢复重建的适生树种	170～175
9	垂柳	*Salix babylonica*	垂柳是杨柳科、柳属乔木，高达12～18m，树冠开展而疏散。树皮灰黑色，不规则开裂；枝细，下垂，淡褐黄色、淡褐色或带紫色，无毛。叶狭披针形或线状披针形，长9～16cm。喜光，喜温暖湿润气候及潮湿深厚之酸性及中性土壤。较耐寒，特耐水湿，但亦能生于土层深厚之高燥地区。萌芽力强，根系发达，生长迅速，是三峡水库消落带植被恢复重建的优良适生树种	170～175
10	枫杨	*Pterocarya stenoptera*	枫杨是胡桃科、枫杨属高大乔木，高达30m。小枝灰色至暗褐色。叶多为偶数或稀奇数羽状复叶，长8～16cm。雄性葇荑花序长6～10cm。生长于海拔1500m以下的沿溪涧河滩、阴湿山坡地的林中。喜深厚肥沃湿润的土壤，以温度不太低，雨量比较多的暖温带和亚热带气候较适宜。耐湿性强，但不耐长期积水和水位太高之地，是三峡水库消落带上部植被恢复重建的适生树种	173～175

续表

序号	中文名	拉丁名	生物学及生态习性	消落带栽种海拔/m
11	水桦	*Betula nigra*	水桦属桦木科落叶乔木，树高 18～25m。幼树塔形，逐渐长成椭圆形，分枝较多；成年树树皮红褐色，裂成凹凸不平密而紧贴的鳞片；上部树干和枝条平滑。叶楔形，深绿色，有光泽，具不规则的重锯齿；花单性，雌雄同株，雄柔荑花序。生长迅速，适应性广。抗寒、抗污染、耐水淹、耐干旱、耐瘠薄，喜生于冲积土。被誉为稀贵的“两栖阔叶木本乔木”，是三峡水库消落带植被恢复重建的适生树种	173～175
12	秋华柳	*Salix variegata*	秋华柳是杨柳科、柳属灌木。通常高 1m 左右，幼枝粉紫色，有绒毛。叶为长圆状倒披针形或倒卵状长圆形，形状多变化，长 1.5cm，上面散生柔毛。花序长 1.5～2.5cm。蒴果狭卵形，长达 4mm。花期不定，常在秋季开花。常生长于山谷河边、河滩、湖边、山坡溪边等处，是三峡水库消落带植被恢复重建的优良适生灌木	155～175
13	南川柳	*Salix rosthornii*	南川柳是杨柳科、柳属灌木。叶片披针形，椭圆状披针形或长圆形。花与叶同时开放，疏花，蒴果卵形。分布于中国陕西南部、四川东南部、贵州、湖北、湖南、江西、安徽南部、浙江等省。极耐水淹，可片植于溪边、河岸带进行植被恢复，是三峡水库消落带植被恢复重建的优良适生灌木	170～175
14	小梾木	*Swida paucinervis*	小梾木是山茱萸科、梾木属落叶灌木。高可达 4m，树皮灰黑色，幼枝对生，绿色或带紫红色，老枝褐色，叶对生。伞房状聚伞花序顶生，被灰白色贴生短柔毛，总花梗圆柱形。核果圆球形，成熟时黑色。生于海拔 50～2500m 的河岸或溪边灌木丛中。根系发达，枝条与土地泥沙接触后可从枝节处生根，固土力强。耐瘠薄，耐水淹，是三峡水库消落带植被恢复重建的优良适生灌木	160～175
15	桑	*Morus alba*	桑是桑科、桑属落叶乔木或灌木，高可达 15m。叶卵形至广卵形。雌雄异株，葇荑花序。聚花果卵圆形或圆柱形，黑紫色或白色。喜光，幼时稍耐阴。喜温暖湿润气候，耐寒、耐干旱、耐水湿能力强。桑树具有极强的耐水淹特性，根系发达的多年生桑树在水淹 10m、淹水超过 200 天还能存活并发芽（张建军等，2012），是三峡水库消落带植被恢复重建的适生灌木	168～175
16	中华蚊母	*Distylium chinense*	中华蚊母是金缕梅科、蚊母树属多年生常绿灌木（Zhang et al.，2003），高约 1m；嫩枝粗壮。叶革质，矩圆形，长 2～4cm。雄花穗状花序长 1～1.5cm。蒴果卵圆形。喜生于河溪旁，喜阳耐阴。是三峡库区河岸带固土护岸和消落带耐水淹适生灌木，其生活史与三峡水库“冬蓄夏排”运行节律一致，通过种子休眠或降低萌发的方式来度过不良环境，以确保物种延续（李晓玲等，2016），是三峡水库消落带植被恢复重建的适生灌木	173～175
17	小叶蚊母	*Distylium buxifolium*	小叶蚊母是金缕梅科、蚊母属的常绿小灌木。叶革质，披针形或倒披针形，顶端圆或钝有小突起。叶柄极短。雌花或两性花的穗状花序腋生，长 1～3cm。分布于四川、重庆、湖北、湖南、福建、广东及广西等地。常生于山溪旁或河边。生于溪河岸边，喜光，耐荫，是三峡水库消落带植被恢复重建的适生灌木	173～175

续表

序号	中文名	拉丁名	生物学及生态习性	消落带栽种海拔/m
18	中华枸杞	*Lycium chinense*	中华枸杞是茄科、枸杞属灌木。高 0.5～1m；枝条细弱，弓状弯曲或俯垂，淡灰色，有纵条纹，小枝顶端锐尖成棘刺状。叶纸质，单叶互生或 2～4 枚簇生，卵形、卵状菱形、长椭圆形、卵状披针形，长 1.5～5cm。花在长枝上单生或双生于叶腋，在短枝上则同叶簇生。浆果红色，卵状。根系发达，抗旱能力强，在干旱荒漠地仍能生长，在三峡水库冬季淹水、夏季出露后仍能萌发生长	165～175
19	长叶水麻	*Debregeasia longifolia*	长叶水麻为荨麻科、水麻属灌木。高 1～3m。小枝圆筒形，密生白色或淡黄色的糙毛，单叶互生；叶柄长 1～4cm；叶片披针形至长椭圆状披针形，长 9～21cm，先端尖或尾状渐尖，基部圆形，边缘有细锯齿。花单性，雌雄异株，花序大多生叶痕腋部。果序直径 3～5mm，瘦果小。生于河谷、山坡沟边向阳处或林缘潮湿处在，在三峡水库冬季淹水、夏季出露后仍能萌发生长	173～175
20	醉鱼草	*Buddleja lindleyana*	醉鱼草是马钱科、醉鱼草属灌木，高可达 3m。茎皮褐色，叶对生，叶片膜质，卵形、侧脉上面扁平，穗状聚伞花序顶生，花紫色，芳香。蒴果长圆状或椭圆状。生于海拔 200～2700m 山地路旁、河边灌木丛中或林缘，在三峡水库冬季淹水、夏季出露后仍能萌发生长	173～175
21	紫穗槐	*Amorpha fruticosa*	紫穗槐是豆科、落叶灌木，高 1～4m。枝褐色、被柔毛；叶互生，基部有线形托叶，穗状花序密被短柔毛，花有短梗。荚果下垂，微弯曲。能固氮，是多年生优良绿肥，蜜源植物。耐瘠薄、耐水湿和轻度盐碱土，在三峡水库冬季淹水、夏季出露后仍能萌发生长	170～175

（二）林泽系统配置模式

根据三峡水库水位变动规律、高程、地形及土质条件等，以 165～175m 高程作为林泽工程的主要实施范围，在汉丰湖消落带筛选种植耐湿、耐淹的乔木、灌木，通过乔木、灌木合理配置，营建消落带复合林泽系统（图 7-2）。

1. 单种针叶树带状种植模式

在汉丰湖消落带 165～175m 高程区域，将中山杉（*Taxodium* 'zhongshansha'）、落羽杉（*Taxodium distichum*）等耐水淹针叶树种单一种植，形成沿等高线方向延伸的带状针叶林带。2011 年在东河河口右岸、2012 年在乌杨坝迎仙村段海拔 172m 种植了中山杉林带，每年冬季淹没水中，夏季出露陆地。经历了十余年的季节性水位变化和冬季淹没，至今存活状况良好。乌杨坝迎仙村段消落带中山杉林泽内膝状根发育良好，是对淹水条件的适应（图 7-3）。

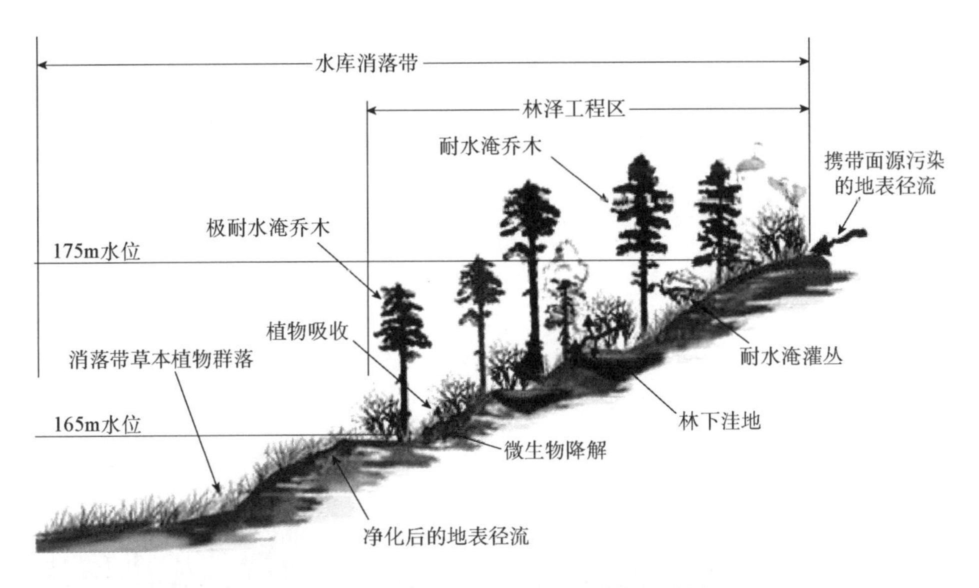

图 7-2　汉丰湖消落带复合林泽系统剖面图

图 7-3　汉丰湖消落带单种针叶树带状种植模式

2. 多种针叶树混交模式

在汉丰湖消落带 165～175m 高程区域，将池杉、落羽杉、中山杉进行多种类混交，形成沿等高线方向延伸的池杉-落羽杉-中山杉带状针叶树混交林带。2014 年在汉丰湖北岸乌杨坝、2016 年在汉丰湖南岸芙蓉坝等区域进行了多树种耐水淹针叶树带状或团块状混交种植，形成了消落带的多种针叶树混交林带（图 7-4）。

图 7-4 汉丰湖消落带多种针叶树混交模式

3. 多树种针阔叶混交模式

在汉丰湖消落带 165～175m 高程区域，将池杉、落羽杉、乌桕（*Triadica sebifera*）、加拿大杨（*Populus canadensis*）、旱柳（*Salix matsudana*）等多树种进行混交，形成沿等高线方向延伸的池杉+乌桕、池杉-落羽杉+乌桕、池杉-落羽杉+加拿大杨、池杉-落羽杉+旱柳等针阔叶混交林带。2014 年在汉丰湖北岸乌杨坝、2020 年在汉丰湖大邱坝等区域进行了多树种耐水淹针阔叶树带状或团块状混交种植，形成了消落带的多树种针阔叶混交林带（图 7-5）。

（a）高水位淹没

（b）低水位出露

图 7-5　汉丰湖消落带多树种针阔叶混交模式

4. 乔木–灌木混交模式

在汉丰湖消落带 165～175m 高程区域，将池杉、落羽杉、乌桕、加拿大杨、旱柳、秋华柳（*Salix variegata*）、小梾木（*Swida paucinervis*）、桑（*Morus alba*）等多种乔木和灌木进行混交，形成沿等高线方向延伸的池杉+秋华柳、池杉–落羽杉+秋华柳、池杉–乌桕+秋华柳、加拿大杨+桑、池杉–落羽杉+小梾木等乔木和灌木混交林带。2014 年在汉丰湖北岸乌杨坝进行了多种耐水淹乔木和灌木带状或团块状混交种植，形成了消落带的多种乔木-灌木混交林带（图 7-6）。

图 7-6　汉丰湖消落带乔木-灌木混交模式

5. 多种灌木混交模式

在汉丰湖消落带 160～170m 高程区域，将秋华柳、小梾木、桑等多种灌木进行混交，形成沿等高线方向延伸的秋华柳-小梾木、秋华柳-桑、小梾木-桑等多种灌木混交林带。2014 年在汉丰湖北岸乌杨坝进行了多种耐水淹灌木团块状混交种植，形成了消落带的多种灌木混交林带（图 7-7）。

图 7-7　汉丰湖消落带多种灌木混交模式

6. 耐水淹乔木–灌木–草本植物混交模式

该模式适用于坡度为15°～25°的河岸、库岸带，构建耐水淹乔木-灌木-草本植物带（图7-8）。乔木以乌桕、池杉等为主，灌木以秋华柳、小梾木为主，草本植物以自然恢复为主。

图7-8　汉丰湖消落带乔木-灌木-草本植物混交模式

第二节　消落带林–水一体化及其主要模式

一、消落带林–水一体化概念

基于“山水林田湖草”生命共同体理念，实施林-草-湿协同的消落带生态系统修复。在林泽工程设计与营建中，将消落带生态系统中最重要的基本生态要素——“林”“水”，以各种形式组合形成“林-水”共生体，即林-水一体化。根据自然界中乔木林或灌木林与水发生密切关系形成的各种生态组合形式，如森林沼泽、灌丛沼泽、河岸林、湖岸林、水上林泽等，将耐水淹木本植物进行耦合设计，由此形成水泽、草泽和林泽的有机组合。这是消落带林-水一体化的创新实践。通过林-水一体化设计，达到消落带林水和谐，既满足汉丰湖景观美化的目的，也可为鸟类、昆虫等各种生物提供栖息生境。

二、消落带林-水一体化主要模式

（一）水泽-草泽-林泽——东河河口中山杉-芦苇床模式

2011年在东河河口右岸设计并实施了中山杉林带状种植与芦苇（*Phragmites australis*）床镶嵌（图7-9），冬季蓄水淹没后，形成水泽-草泽-林泽的生态结构，带状中山杉林与芦苇床之间的明水面就是鸭科水鸟栖息、庇护的良好场所。

图7-9 汉丰湖东河河口消落带中山杉-芦苇床模式

芦苇床为越冬水鸟提供了良好栖息场所

（二）五彩林泽——乌杨坝多树种混交林-水一体化模式

在汉丰湖乌杨坝海拔 172m 的区域，从西边的迎仙村至东边的王家湾，带状种植耐水淹的池杉、落羽杉、中山杉、乌桕、加拿大杨、旱柳、秋华柳、桑等多树种混交的林泽，池杉、中山杉、乌桕、加拿大杨等树种秋冬季叶色转黄变红。在冬季三峡水库蓄水的高水位淹没期，在乌杨坝形成水上“五彩林泽”（图 7-10），不仅成为汉丰湖国家湿地公园独特的水上景观，而且为鸟类提供了良好的栖息生境。

图 7-10　汉丰湖乌杨坝消落带多树种混交林-水一体化模式

（三）林-草-湿协同——消落带多带缓冲系统模式

多带缓冲系统是集合林泽工程、基塘工程、生态护坡及自然消落带于一体，在汉丰湖消落带构建的一种综合型林-水一体化模式。根据汉丰湖水环境和消落带生态保护目标，基于消落带生态系统的功能需求，按照高程和地形特征，从 175m 以上的滨湖绿带开始到消落带下部，依次构建多带生态缓冲系统，充分发挥环境净化功能（水质净化）、生态缓冲功能、生态防护功能、护岸固堤功能、生境功能、生物多样性优化功能、景观美化功能和城市碳汇功能。

1. 滨湖绿带+消落带上部生态护坡带+消落带中部景观基塘带+消落带下部自然植被恢复带

滨湖绿化带是现在的滨湖公园绿带，以乔、灌、草形成了复层混交的立体植物群落，发挥着对道路、居住区的第一层隔离、净化、缓冲作用，在为市民提供优美景观的同时，也为鸟类和昆虫提供食物和良好生境。消落带上部生态护坡位于一级、二级马道之间的斜坡上，冬季 175m 蓄水时会被淹没，目前以适应水位变动的狗牙根（*Cynodon dactylon*）、牛筋草（*Eleusine indica*）等草本植物为主。消落带中部景观基塘带丰富了滨湖湿地景观多样性，为城市居民提供了休闲游憩、科普宣教的亲水平台，实现了水质净化、生境改善等综合生态服务功能。消落带下部自然植被恢复带处于高程较低的区域，以耐水淹的狗牙根、牛筋草、合萌（*Aeschynomene indica*）等草本植物为主（图 7-11）。

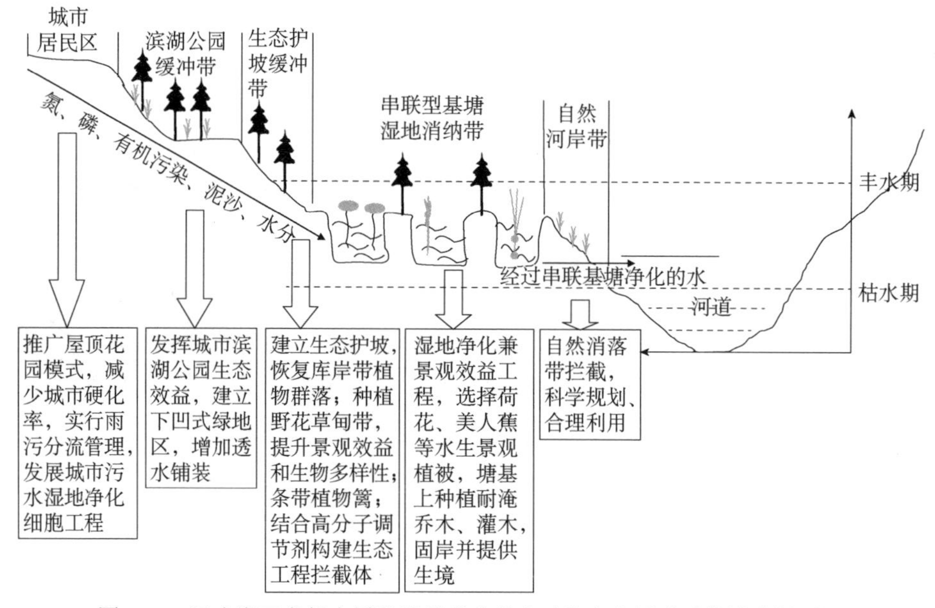

图 7-11　汉丰湖石龙船大桥段消落带多带多功能生态缓冲系统模式剖面图

2. 生态防护带+消落带上部生态固岸带–消落带中部复合林泽带–消落带下部自然植被恢复带

生态防护带是建设在 175～180m 水位线的以高大乔木为主、林下灌丛为辅的第一级防护带，该带是农业面源污染进入汉丰湖的第一道屏障，繁茂的防护带及发达的根系，可以有效地减少水体流失和地表径流污染负荷。生态固岸带是为了防止消落带季节性淹水导致湖岸带脆弱，在170～175m以大型透水铺装为材料，中心种植五节芒等高大耐水淹植被，形成一个近自然的具有较好固岸、生境、净化等功能的生态固岸带；在生态固岸带以下，以卵石、原位土壤为材料，堆积成170m海拔的平台，种植水杉、乌桕等乔木、灌丛，形成一个复合林泽带，冬季林泽淹没5m，乔木有1m左右露出水面，为越冬鸟类栖息提供良好的环境，夏季露出，形成森林生境。消落带下部自然植被恢复带处于高程较低的区域，以耐水淹的狗牙根、牛筋草、合萌等草本植物为主（图7-12）。

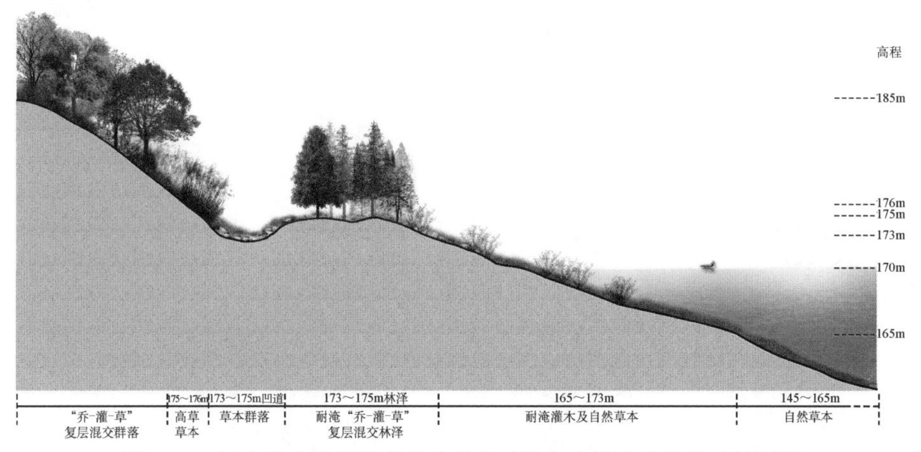

图7-12　汉丰湖乌杨坝消落带多带多功能生态缓冲系统模式剖面图

3. 多塘系统–多孔穴缓坡带–景观基塘带–植被恢复带

多塘系统带可以有效拦截周围径流汇水和城市污水，同时提供生物生境并提高生物多样性，多塘系统间设置人行步道，可以提供景观价值和休闲娱乐功能。卵石堆砌的多孔穴缓坡带，经过植物根系的大量生长及扩展，可以在有效增强固岸功能的同时提供丰富的根系空间和多孔穴生境，夏季退水期可为昆虫提供良好的生境和庇护场所，有效提高生物多样性（图7-13），较土质护岸在季节性淹水条件下更安全。

景观基塘系统冬季淹水，夏季露出。夏季塘中水生植物生长对净化水质、景观美化有重要意义，冬季淹水前收获植物地上部分，可避免淹水后植物腐烂对水体造成的污染，具有多重环境、生态、社会效益。

图 7-13　汉丰湖消落带林-草-湿协同多带缓冲系统模式

消落带植被恢复对于汉丰湖生态环境保护具有重要价值。自然植被恢复带作为水陆界面的最后一个屏障，不仅为冬季鱼类提供丰富的水下空间，而且为夏季河岸生物提供优良生境。

（四）林泽-多塘——东河下游滴水村林-水一体化模式

在东河下游右岸滴水村段，三峡水库蓄水前属于典型的河漫滩及河岸高地。2019 年以前，长期的挖沙采石对东河滴水村段河漫滩及河岸高地破坏非常严重（图 7-14），包括对河漫滩及河岸高地原生地貌的破坏和对植物群落及鸟类、昆虫等野生动物的破坏，生物多样性及景观品质严重衰退。

图 7-14　汉丰湖东河下游滴水村因挖沙采石对河漫滩造成的破坏

三峡水库蓄水后，每年冬季，滴水村段高程 175m 之下的部分都要被水淹没。面对被破坏的河漫滩环境及蓄水后的水位变化，该地于 2020 年实施了重点针对消落带的河漫滩生态修复。根据前期挖沙采石形成的众多采掘坑的情况，保留采掘坑并设计成湿地塘。通过对地形的整理和修复，形成滴水村的湿地多塘系统，湿地塘之间为平均宽度 3.5m 的塘基，在塘基上种植耐水淹的乔木，如池杉、落羽杉、加拿大杨、乌桕等。在该区域的前沿，结合地形条件，种植形成团状分布的片状林泽，林泽之间围合明水面。修复之后，形成了典型的林泽-多塘景观系统（图 7-15）。冬季水淹时，湿地多塘淹没水下，林泽出露水面，成为水鸟越冬和觅食的良好场所。夏季出露的时候，网状分布的林带围合着多塘湿地（图 7-16），湿地塘内自然生长了一些浮水植物和挺水植物，为林鸟、草丛鸟、部分水鸟及傍水性鸟类提供了栖息、觅食和庇护场所。

图 7-15　汉丰湖东河下游滴水村修复后的林泽-多塘景观

图 7-16　汉丰湖东河下游滴水村修复后夏季出露期网状林带围合多塘湿地

（五）林-水-塘——头道河河口段林-水一体化模式

2015 年在头道河河口的河道两岸的消落带实施了景观基塘工程，基塘内种植了莲（*Nelumbo nucifera*）、黄花鸢尾（*Iris wilsonii*）、水葱（*Scirpus validus*）、睡莲（*Nymphaea tetragona*）、荇菜（*Nymphoides peltata*）等水生植物。2016 年开始，该地在景观基塘的塘基上种植了池杉、落羽杉、乌桕、桑等耐水淹树木。冬季三峡水库蓄水淹没时，基塘淹没水下，塘基上的林泽出露水面，形成优美的河口林泽景观，为越冬鸟类提供了栖息场所。夏季三峡水库水位消落之后，基塘和林泽都出露在陆地上，基塘内荷花盛开，林泽树木茂盛生长，形成林-水-塘一体化的景观系统（图 7-17），不仅优化了支流入湖河口景观，而且在不同的季节呈现出不同的动态美感，为不同的动物提供了良好的栖息和觅食生境。

图 7-17　汉丰湖头道河河口段林-水-塘一体化模式

第三节　消落带林泽工程效益评估

一、生态效益分析

（一）植物耐水淹能力明显

所筛选的耐水淹植物，无论是乔木、灌木，还是草本植物，经过十余年的水淹考验，植物的生长形态、繁殖状况、物候变化等均表现出对季节性水位变化的良好适应。尤其是池杉、落羽杉、中山杉、乌桕、杨树、柳树等耐水淹乔木和秋华柳、小梾木等灌木，经历十余年的冬季深水淹没的影响，表现出优良的适生性（图 7-18），所选植物兼具环境净化功能和景观美化价值。

（二）生物多样性提升效果显著

研究区域消落带种植的耐水淹乔、灌木经历了多年季节性水位变动和冬季水淹，存活状况良好，群落结构稳定，生物多样性提升效果明显。在汉丰湖北岸的乌杨坝，消落带生态修复区域目前共有维管植物 114 种，分属 47 科 122 属；其中草本植物 92 种，分属 35 科 76 属；菊科和禾本科植物较丰富，分别占草本植物总数的 15.2%和 14.1%，是该区域的优势科。汉丰湖消落带生态修复区域的鸟类种类及种群数量增加明显，消落带地形-底质-植物-动物的协同修复产生了明显效果，基塘、林泽等生境结构单元及立体生境空间的形成，为涉禽、游禽、鸣禽等不同生态位的鸟类营造了栖息、觅食乃至繁殖的生境，提高了鸟类多样性，在汉丰湖观察到的鸟类超过 130 种（刁元彬等，2018），其中湿地鸟类超过 50%，发现中华秋沙鸭（*Mergus squamatus*）、小天鹅（*Cygnus columbianus*）、鸳鸯（*Aix galericulata*）等珍稀濒危水鸟。目前，汉丰湖乌杨坝、芙蓉坝、澎溪河大浪坝、白夹溪的消落带生态修复区域，因人为干扰的极大减少及排除干扰，正在经历一个再野化过程，生物多样性逐渐丰富和提升，消落带生态系统正在表现出更为良好的生态效益。

（三）碳中和效益呈现

无论是对基塘工程植物的季节性收割，还是消落带林泽所积累的碳，均使得消落带区域成为一个沿海拔分布的立体碳汇系统；通过减源、增汇措施的进一步实施，消落带生态系统修复必将成为水库碳中和的重要途径之一。

图 7-18　汉丰湖消落带林泽树木经历多年冬季淹没和季节性水位变化后适应性良好

二、环境效益分析

消落带生态修复的环境效益突出表现在对地表径流的面源污染净化方面。2015 年 6～9 月对汉丰湖石龙船大桥景观基塘系统、芙蓉坝“环湖小微湿地+林泽-基塘复合系统”进行了水质取样和分析。水质监测分析表明，两者对地表径流总氮的削减率分别达到 44%、54%，对总磷的削减率分别达到

37%、52%。由此可见，汉丰湖消落带生态修复所形成的生态结构有效地削减了入库污染负荷。

三、社会效益分析

汉丰湖消落带林泽工程的实施，除了注重耐水淹木本植物的筛选和林泽生态系统的构建外，更注重林泽系统生态服务功能的全面优化提升，将消落带林-水要素协同，实现林-水一体化与滨水空间景观建设和人居环境质量优化协同共生及生态与艺术的交相辉映。目前，汉丰湖消落带林泽景观品质优良，“水上五彩林”成为开州区生态旅游的一大特色，修复后的汉丰湖已经成为城乡居民共享的优良绿意空间。

第八章　汉丰湖库岸生态系统修复设计

河/库岸带是联系陆地和水生生态系统的重要界面。在这个界面层内，环境胁迫最易富集，河流调节也最活跃，故而它是河流与景观环境耦合的核心部位。河岸带是集水区陆域与河流水体的界面，在河流生态系统健康维持中发挥着重要的生态服务功能（袁兴中，2020）。过去的研究多关注河岸带对面源污染的防控（王琼等，2020）、河岸带植物群落结构及多样性（Sun et al.，2014；White et al.，2018）、河岸带植物群落恢复对自然洪水格局的响应（Simon et al.，2019）及河岸带景观风貌（张昶等，2018）等，但这些研究对河岸带作为水陆界面的生态特征及功能关注较少，尤其对筑坝蓄水影响下天然河岸成为河/库岸交替生态界面的变化、修复技术及调控机理的研究很少。本章结合汉丰湖河/库岸交替生态界面的变化，提出了河/库岸界面生态设计策略及基本技术框架，重点针对汉丰湖消落带探讨了河/库岸界面生态系统恢复的设计及实践。

第一节　研究区域概况

本书选择位于南河与东河汇合口下游澎溪河左岸的乌杨坝河岸区域（图8-1）进行研究。该区域长2km，平均宽度200m，冬季在三峡水库高水位时为人工湖库——汉丰湖，夏季低水位时为河，是河库交替区域，具有季节性水位变动。因此，乌杨坝也是典型的河/库岸界面。

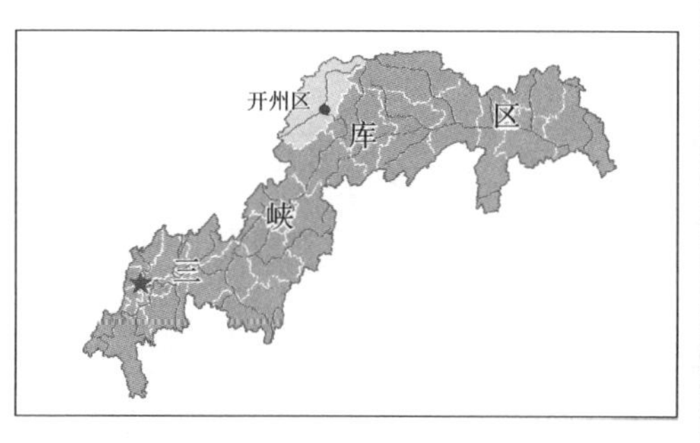

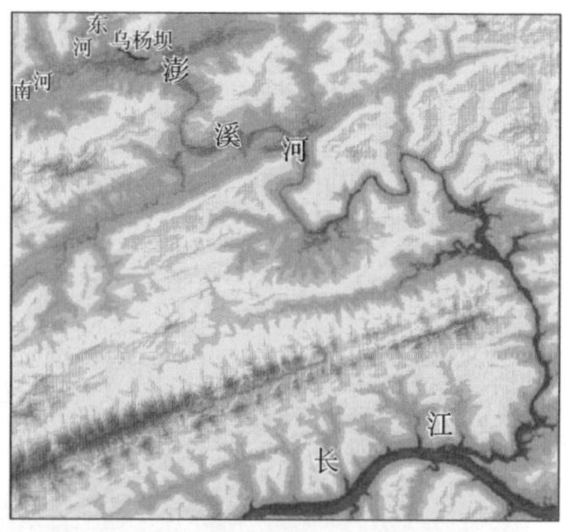

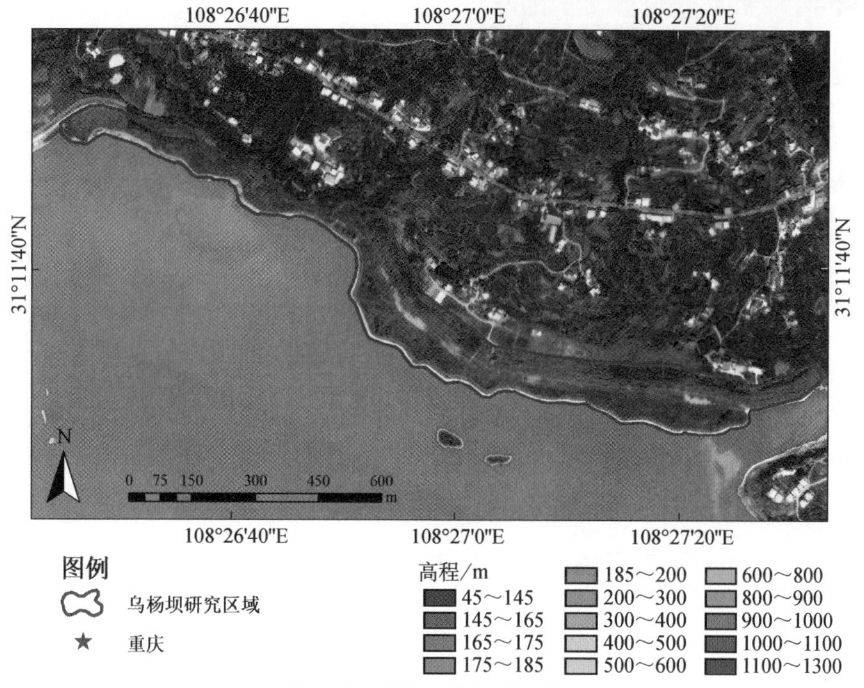

图例

乌杨坝研究区域

重庆

高程/m

45～145
145～165
165～175
175～185
185～200
200～300
300～400
400～500
500～600
600～800
800～900
900～1000
1000～1100
1100～1300

图 8-1　研究区域地理位置

三峡水库蓄水前，汉丰湖乌杨坝段河岸宽缓，河漫滩较发育，底质以细沙和卵石为主，但因长期无序挖沙采石，河岸带原生地貌、基底结构及植被遭受严重破坏（Ward，1998）。受三峡水库蓄水影响，原 145m 以下的河岸带被淹没，因水位波动形成新的河岸带，由于周期性水位涨落影响，植物种类单一、群落结构简单；因城市建设及防洪护岸需要，175～185m 高程是完全硬化的护坡（图 8-2）。

图 8-2　三峡水库蓄水前汉丰湖乌杨坝河岸状况

2012 年乌杨坝下游建设了水位调节坝，2017 年水位调节坝下闸蓄水前，每年夏季最低水位为 145m，该处为典型的河流性质的河岸带；2017 年夏季调节坝下闸蓄水后，每年冬季水位为 175m，夏季则维持 170.28m 水位，河/库岸性质较典型。2012 年，本书作者所在的研究团队基于界面生态设计策略和技术框架，完成了乌杨坝河/库岸带生态系统修复设计；2013 年，完成了地形和物理结构施工；2014 年，完成了植物栽种和群落配置。2014 年迄今，基于自然的解决方案，完成修复之后的汉丰湖乌杨坝河/库岸带生态系统，在没有人工管理措施的情况下，完全经由自然的自我设计和调控，经历着自然的变化。

第二节　库岸生态系统修复设计策略及技术框架

一、设计策略

针对受反季节水位调节影响的河/库岸带界面的生态特征及其变化，交替变化的河/库岸带界面物种组成变化、多样性降低、群落结构简单化，以及由此导致的水文及水环境、河/库岸生态功能的衰退状况，围绕受水位调节影响的河/库岸带界面适应变化环境、生物多样性提升及多功能需求目标，提出适用于河/库岸带界面生态设计的 NMSRMC 策略（图 8-3）。

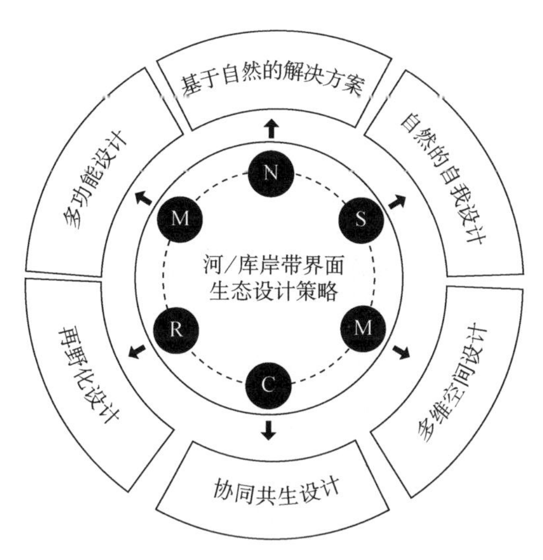

图 8-3 汉丰湖库岸带生态修复设计策略

（1）基于自然的解决方案（nature-based solutions）。采取行动保护、管理和恢复自然生态系统或经改造的生态系统，以应对环境变化的挑战。充分了解天然河岸界面生态特征、河/库岸带界面变化趋势，强调基于自然解决方案在河/库岸带界面生态修复与调控中的应用。

（2）多功能设计（multi-function design）。针对反季节水位调节影响下，河/库岸带界面生态功能衰退状况，强调界面过滤、拦截、屏障、生物生境等多功能设计。

（3）自然的自我设计（self design of nature）。重视以洪水过程、风力、生物传播等自然动力为主的河/库岸界面生态的自我设计能力。

（4）再野化设计（rewilding design）。通过生态系统修复，进行自然过程重塑。再野化不仅仅是河/库岸带形态上的自然野趣，更是河/库岸带食物网营养关系的全面建立，以及生态过程的恢复。

（5）多维空间设计（multi-dimensional space design）。受水位调节影响的河/库岸带界面是一个具有季节性变化的多维空间，遵循从上游到下游纵向空间维度、从深水区→浅水区→河/库岸带→过渡高地→高地横向空间上的生态梯度变化，重建多空间维度、多景观层次、多生态序列的河/库岸带景观。

（6）协同共生设计（collaborative design）。长期以来，天然河岸带作为流域中的协同进化系统，顺应自然演变规律，河岸带界面中的自然环境各要素间、自然要素与生物间形成了相对稳定的协同共生系统。河/库岸带界面生态设计应遵循协同共生这一基本原则，使界面内所有要素互利共生。

二、库岸带生态修复设计技术框架

河/库岸带作为流域系统内上下游纵向梯度、水-陆界面横向梯度的重要中转中心，既是水陆相互作用界面、水位变动交错界面，也是城乡与自然的作用界面。在一个建设了水坝、水文受到调节影响的河流上，如何发挥河/库岸带界面生态调控功能，从流域空间结构来看，这是一个跨越界面的生态设计；植根于河/库岸带界面生态功能本身，综合考虑从陆域高地经过河/库岸界面到河流水体、从流域上游沿着河岸生态走廊到流域下游，应用界面生态调控技术进行河/库岸带界面生态修复、管理，构建界面生态设计技术体系。基于对界面生态特征和功能重要性的认识，以及受水坝及人工调节影响的河/库岸交替的生态界面的变化及不利影响，着眼于受水位调节影响的河/库岸带界面生态结构恢复、生态功能优化提升，本书遵循界面生态设计策略，着眼于从要素—结构—功能—过程的逻辑思路，提出了河/库岸界面生态修复设计技术的基本框架（图 8-4），该框架的制定强调以河/库岸带生态界面变化所引发的生态问题为导向。在这一技术框架中，强调环境要素与生物要素之间的协同共生，以及植物与动物的协同设计；要素设计与界面结构设计紧密关联，从物理结构到生态空间结构，形成完整的界面生态结构；结构是功能的基础，通过结构设计，满足河/库岸带界面的多功能需求，维持正常的生态过程，从而达成河/库岸界面生态健康的维持。

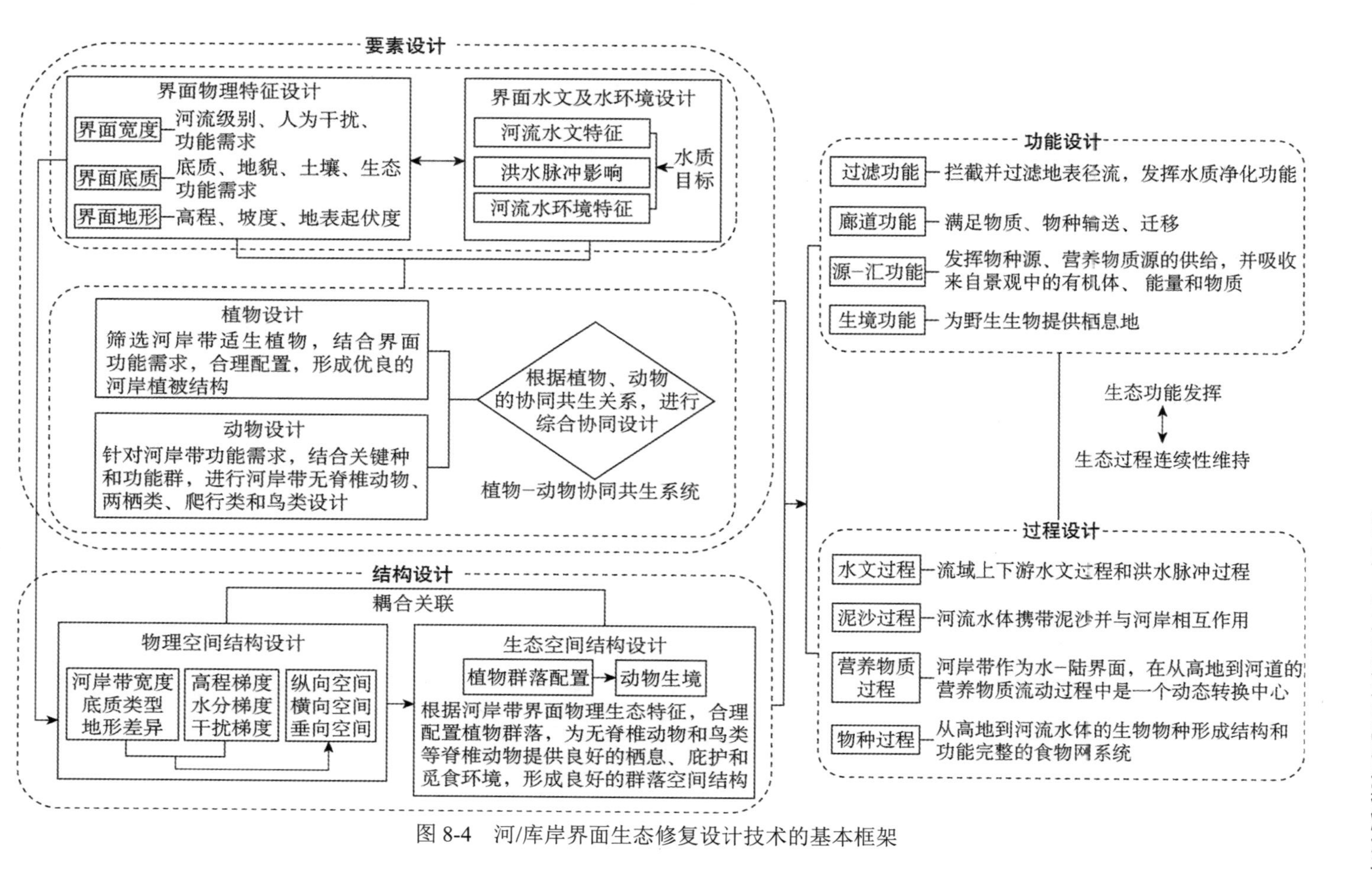

图 8-4　河/库岸界面生态修复设计技术的基本框架

第三节　库岸生态系统修复设计与实践

基于河/库岸界面生态特征及其环境变化，按照设计策略及设计技术框架，从地形、底质、水文及生物要素等方面进行综合设计。

一、综合要素设计

（一）界面地形设计——高程与微地貌单元结合的库岸界面复合地形格局

乌杨坝河/库岸带海拔 175m 是一个坡度转折点，175m 以下是季节性水位波动区，地形缓平，因长期挖沙采石使得采掘坑和砂石堆交混分布；175～185m 区域是坡度约为 40°的护坡。为优化乌杨坝河/库岸带界面生态结构，提升生物多样性、增强对地表径流的面源污染净化功能，在维持乌杨坝原有蜿蜒岸线的基础上，将高程、宽度与河/库岸带的微地貌变化相结合，进行河/库岸界面复合地形格局设计。145～165m 高程保留原微地貌形态，保留采掘坑，形成高水位时期水下丰富的地形结构；不进行植物种植，以自然恢复的草本植物为主。173m 高程处有一因人工挖掘破坏形成的较陡边坡，因边坡稳定需求及为扩展缓平岸带宽度，165～173m 高程带设计坡率 1∶3 的缓平岸带，同时保持岸坡表面的微地形起伏。173～175m 高程区域，根据季节性水位变化，结合水生无脊椎动物、鱼类、水鸟觅食和产卵生境需求，设计宽 5m 的线性凹道，以及洼地、浅塘等水文地貌结构，形成丰富的河/库岸界面。与高程相结合的水文地貌结构形成河/库岸带复合地形格局，适应不同水位时期的环境变化。在三峡水库蓄水期，乌杨坝 173～175m 高程区的线性凹道、洼地、浅塘等水文地貌结构淹没在水下成为鱼类和水生无脊椎动物越冬、栖息的良好场所，并为该区域的越冬水鸟提供食物。在水位消落期，线性凹道、洼地、浅塘等结构出露，成为小微湿地镶嵌分布在河/库岸植被带中，为涉禽、小型鱼类和水生无脊椎动物提供庇护和栖息场所。175～185m 高程区，通过破除硬质化护坡，设计护坡上起伏的微地貌结构，铺设种植土，以乔-灌-草相结合的多层群落结构，共同形成河/库岸界面复合地形格局（图 8-5）。

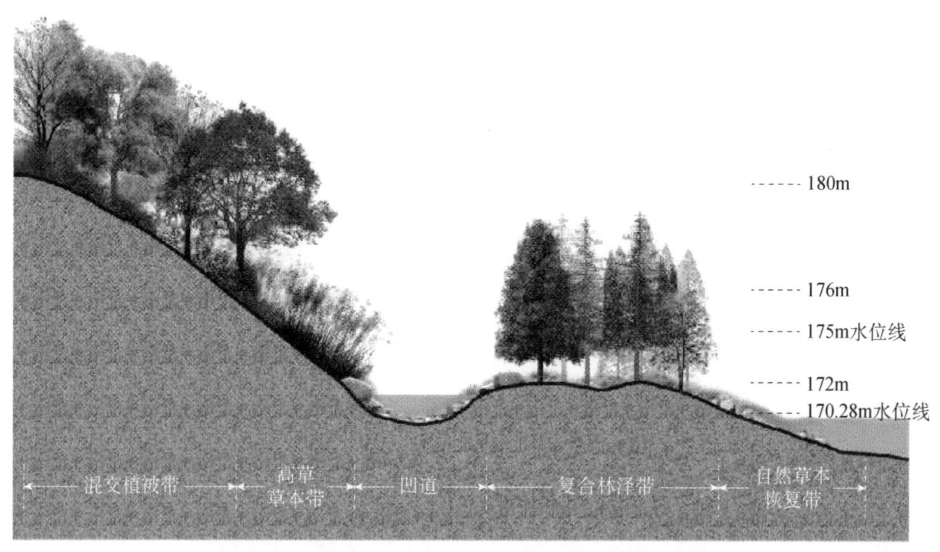

图 8-5　汉丰湖乌杨坝河/库岸界面复合地形格局设计

（二）界面底质设计——适应水位变化的库岸生命基底结构

界面底质设计应综合考虑河/库岸稳定性、植物生长的营养供给、动物活动基底、地表生境的异质性及对水位变动的适应性。本书对 145～165m 高程区保留原有砂石、黏土交混的底质，以利于植物的自然恢复和水生无脊椎动物生存。165～173m 高程缓平岸带的前缘，采用块石抛石护岸，形成多孔隙水岸，为鱼类及虾蟹类水生无脊椎动物提供栖居空间；该高程带的其余区域选取砂卵石（或碎石土）分层碾压回填，其上铺设壤土，为灌丛和草本植物的恢复提供条件。173～175m 高程带选取砂卵石分层碾压回填，再铺设壤土，为林泽带的种植提供生长基底；该高程区线性凹道两侧均用大块石抛石护岸，形成多孔隙水岸。175～185m 高程区破除硬质护坡后，结合护坡上微地貌结构设计，回填夯实后铺设壤土，为乔-灌-草复层混交植物群落提供着生基底。通过不同高程、不同类型底质设计，增加基底环境异质性，并与水位变化、生物群落有机结合，形成适应水位变化的河/库岸生命基底结构。

（三）界面水文设计——高程与水文节律-水位波动相结合的界面水文结构

作为典型的山地河流，汉丰湖的纵向水文格局与因蓄水而产生的季节性水位变化，使得乌杨坝河/库岸面临着极其复杂的水文环境。如何适应水位波动及复杂的水文变化，是乌杨坝界面生态设计的难点。本书将高程与水文节律及水位波动相结合，乌杨坝河/库岸界面生态设计在纵向方向上不阻挡水文流，无论是夏季的河流还是冬季的湖库。此外，通过凹道设计可以保证纵向方向上多流路水文形态存在。在横向方向上，从 145～185m 高程，沿海拔梯度，145～165m 高程带植物以自然恢复为主；165～173m 高程带稀疏种植耐水淹灌木、自然恢复草本植物；173～175m 种植混交林泽，林泽带内设计林窗、凹道、洼地、浅塘等水文地貌结构；175～176m 高程带，初期人工稀疏种植芭茅，后期依靠芭茅（*Miscanthus floridulus*）自然传播形成高大的芭茅高草草本群落；176～185m 设计乔-灌-草复层混交植物群落。这样的设计既顺应纵向方向上的水文变化，又适应季节性水位变动，形成高程与水文节律-水位波动相结合的河/库岸界面水文结构。

（四）界面生物要素设计——地形-底质-生物、植物-昆虫-鸟类协同设计

将物种筛选、配置、群落营建及多样化生境设计有机融为一体，根据高程、地形、水文变化、植物种类筛选及动物栖息需求，形成环境要素与生物群落的协同设计。针对具有季节性水位变化的河/库岸界面的建设需求，本书提出了地形-底质-生物协同设计模式和植物-昆虫-鸟类协同设计模式（图 8-6、

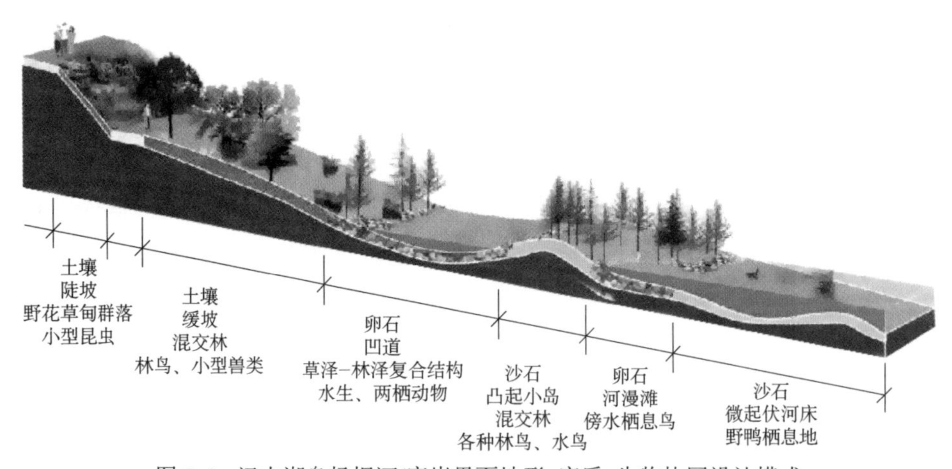

图 8-6　汉丰湖乌杨坝河/库岸界面地形-底质-生物协同设计模式

图 8-7）。物种设计重点针对植物（耐受季节性水淹的植物、陆生植物），通过适生植物物种筛选及种植，形成优良的植物群落结构；再通过不同高程的生境设计，吸引鸟类、鱼类和水生昆虫，从而丰富乌杨坝河/库岸界面的生物多样性。

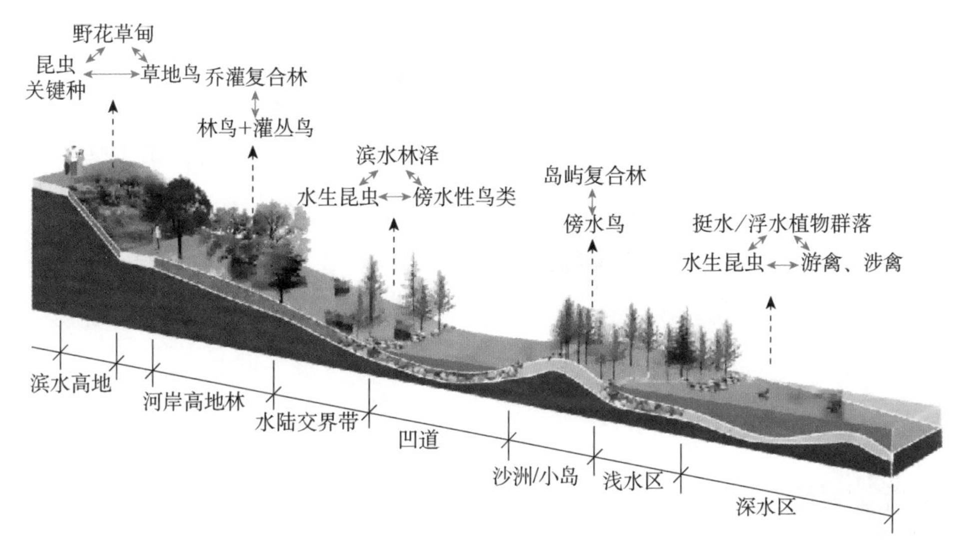

图 8-7　汉丰湖乌杨坝河/库岸界面植物-昆虫-鸟类协同设计模式

植物筛选是乌杨坝河/库岸生态修复的关键。乌杨坝河/库岸水位呈周期性变化，不同高程的淹水深度、时间及频率均不同，这对植物群落的组成和分布格局等具有重要影响。所有高程的草本植物均以自然恢复为主，165～173m 高程稀疏种植耐水淹的秋华柳（*Salix variegata*）等灌木，173～175m 高程种植耐水淹的乔木〔如池杉（*Taxodium distichum* var. *imbricatum*）、落羽杉（*Taxodium distichum*）、中山杉（*Taxodium 'zhongshansha'*）、乌桕（*Triadica sebifera*）、加拿大杨（*Populus Canadensis*）、垂柳（*Salix babylonica*）等〕，并稀疏种植秋华柳、小梾木（*Swida paucinervis*）等耐水淹灌木，草本植物自然恢复，由此形成乔-灌-草复层混交林泽带（图 8-8），冬季淹没水中，夏季出露。

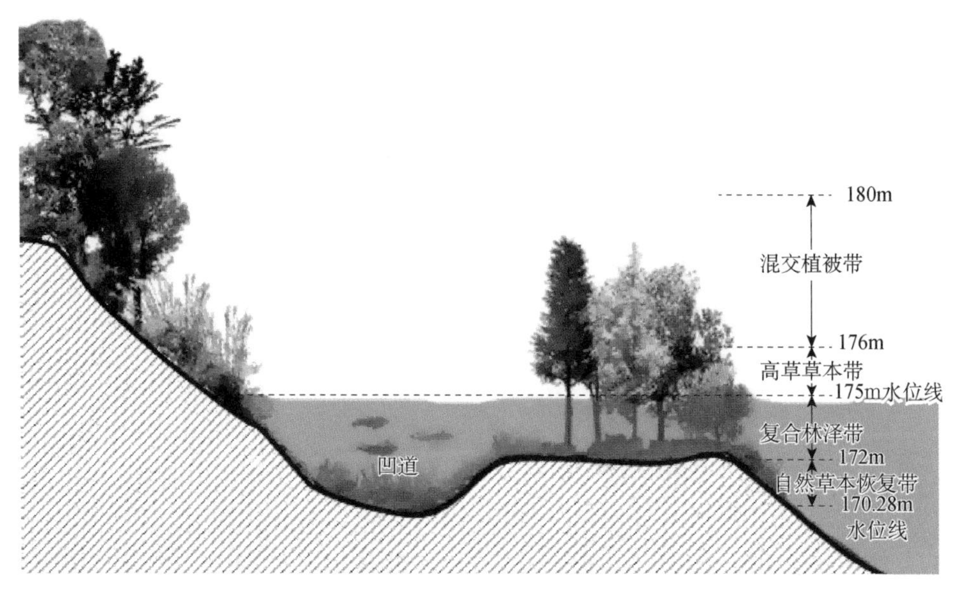

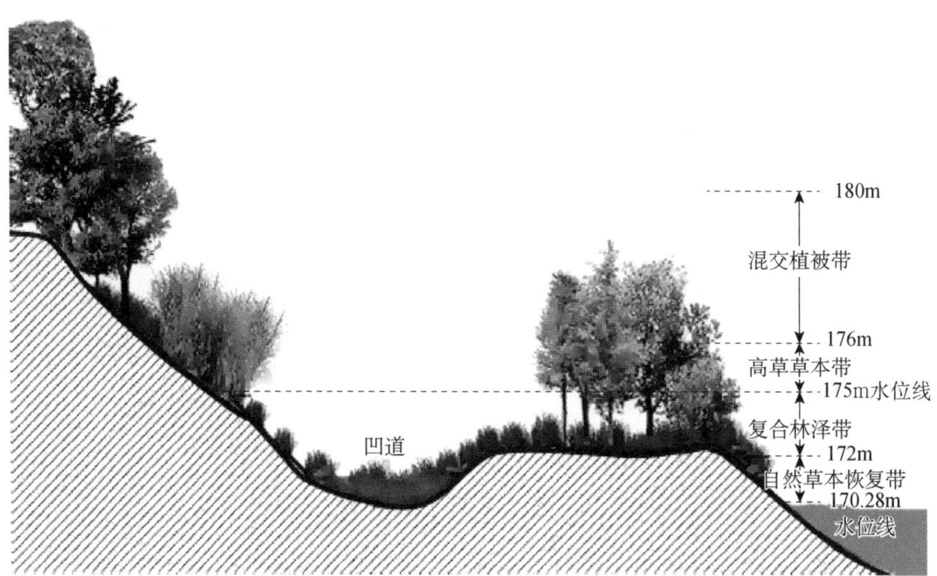

图 8-8　汉丰湖乌杨坝河/库岸界面不同水位时期的植物群落模式图

在河岸带界面生态系统中，植物不仅为鸟类提供栖息和庇护场所，而且为鸟类提供食物来源；鸟类则承担着为河岸植物传播繁殖体的任务。因此，植物与鸟类长期协同进化（袁兴中等，2020），形成稳定的河/库岸界面生命系统。在从水到陆的生境梯度上，与高程、水位、地形和植物群落相呼应，水鸟（包括深水区的游禽、浅水区的涉禽）、傍水性鸟类、河岸草地鸟和灌丛鸟、河岸林鸟与相应的植物形成复合格局。同样，在不同高程、水位、地形复合格局中，植物、昆虫、鸟类也形成协同共生关系，从而提高了河/库岸界面的生物多样性。

二、界面结构设计

通过植物群落的构建，形成适应水位变化的河/库岸界面生态系统空间结构。根据高程、地形、底质特征和水位变动，植物群落结构设计采取分带、分段和分层设计。

（一）分带设计

按照乌杨坝河/库岸高程分布，设计“草本植被带（173m 高程以下）+复合林泽带（173～175m）+滨水高草草本带（175～176m）+乔-灌-草复合混交植被带（176～185m）”多带多功能缓冲系统（图8-9），构建沿高程分布的复合混交植物群落。173m 高程以下草本植物采取自然恢复策略。173～175m 高程的复合林泽以乌桕、杨树、落羽杉、池杉、中山杉混交的乔木群落为主，形成高大复层结构，在林泽带内设计林窗、凹道、洼地、浅水塘等小微生境结构，增加环境空间异质性，为不同种类的无脊椎动物、鱼类、鸟类提供栖息生境。

（二）分段设计

研究区域长约 2km，从上游到下游不同断面河/库岸宽度存在差异，因此在不同断面采取分段设计，并根据不同断面地形、底质等的变化，对该断面植被带宽度等作出适应性调整。通过分段设计地形、底质及配置植物群落，形成植物群落的水平镶嵌结构。

（三）分层设计

为提升群落多样性及群落结构稳定性，采取多种类植物交错镶嵌配置，以及拟自然植物群落的垂直格局。在 173～175m 的复合林泽带和 176～185m 的生态护坡带构建“乔-灌-草”复层混交群落。高大乔木与灌木、草本植物合理搭配，满足不同层次植物生长所需的光热条件，同时也为在不同层次活动、觅食的昆虫、鸟类提供生态位。

图 8-9　汉丰湖乌杨坝河/库岸界面多带多功能缓冲系统

三、功能与过程设计

（一）功能设计

重点针对汉丰湖乌杨坝河/库岸的主导功能进行设计，主要包括以下四个方面。

1. 污染净化及雨洪控制

通过乌杨坝河/库岸界面多带多功能缓冲系统的设计和构建，形成一个净-蓄-控有机结合的污染净化及雨洪控制植被结构界面，发挥拦截、净化地表径流的作用，同时具有蓄、滞、缓、渗等雨洪控制功能。

2. 河/库岸稳定及水土保持

研究区域经受纵向水文流及横向水位变化的影响，在坡度大的区段容易产生水土流失。通过沿不同高程地形、底质及植物群落的复合设计，形成良好的“复合基底+植物群落”生态缓冲结构，发挥稳定河/库岸和保持水土的功能。

3. 生物多样性提升功能

综合考虑各生物物种类群，与高程、地形、底质、水文及水位变化相结合，从生物物种多样性、生境类型多样性等方面进行设计，创造河/库岸界面的多种环境要素的空间组合，形成高异质性的河/库岸界面生境空间，满足多样化生物物种的生存需求，达到生物多样性提升目的。

4. 景观美化优化功能

通过对河/库岸界面的立体结构设计、不同层次和季相色彩植物群落配置，以及不同季节鸟类的活动，形成优美和具有动态美感的河/库岸界面景观。

（二）过程设计

针对汉丰湖乌杨坝跨越界面的地表水文流、营养物质流和物种流进行过程设计。顺应水文过程，将乌杨坝河/库岸界面高程与水文节律及水位波动相结合，纵向方向上不阻挡水文流，并通过凹道设计保证纵向方向上多流路水文形态；横向方向上，通过沿高程梯度的植物群落设计，以及与植物群落相结合的林窗、凹道、洼地、浅塘等水文地貌结构设计，既顺应纵向方向上的水文变化，又适应季节性水位波动，形成高程与水文节律-水位波动相结合的界面水文过程格局。跨越界面的营养物质流一方面是河/库水体的有机物来源，但同时也是外源性污染输入，本书通过分带设计，即多带多功能缓冲系统构建，形成净-蓄-控有机结合的污染净化及雨洪控制植被结构界面。物种流是河/库岸界面连接陆域高地与河/库水体的重要生态过程，通过分段、分区、分层复合生境梯度设计，高程、水位、地形和植物群落耦合，在不同高程、水位、地形复合格局中，植物、昆虫、鸟类形成协同共生关系，从而实现生物多样性的有效提升。

第四节　库岸带修复生态效益评估

一、生物多样性提升效果显著

乌杨坝库岸带的耐水淹乔、灌木经历了多年季节性水位变动和冬季水淹，目前存活状况良好。调查表明，乌杨坝库岸带共有 114 种维管植物，其中有 92 种草本植物，相比没有采取修复措施的乌杨坝下游河/库岸带的 62 种植物，植物物种多样性增加明显。研究区域鸟类生物多样性提升明显，观察到 130 种鸟类，发现中华秋沙鸭（*Mergus squamatus*）等珍稀濒危水鸟。地形-底质-植物-动物的协同修复对生物多样性提升产生了明显效果，形成了从水到陆沿生境梯度的植物-鸟类复合格局。植物可为鸟类提供栖息环境及食物来源，鸟类则为植物传播其繁殖体。调查发现，在河/库带界面的横向梯度上，从水到陆，与沿高程呈带状分布的植被带相应，栖息着水鸟、傍水性鸟类、草地鸟、灌丛鸟及林鸟。

随着研究区域水位的季节性变化，冬季高水位时期鸟类分布以鸭科水鸟为主，主要有绿头鸭和罗纹鸭等；春季水位下降，形成大片浅水和漫滩生境，在此区域分布的鸟类以鹡鸰科、鹭科及鸻鹬类鸟类为主；在夏季低水位时期，草本植物生长旺盛，以植食性鸟类为主，如金翅雀（*Chloris sinica*）、麻雀（*Passer montanus*）等，也有一些食虫鸟类在此觅食，如黑卷尾、棕背伯劳等。乌杨坝河/库岸带生态修复完成后，由于生境质量及食物条件优良，繁殖鸟类日益增多；此外，在研究区域的鸟类中还发现 1 种国家一级保护野生动物（中华秋沙鸭）；7 种国家二级保护野生动物［鹗（*Pandion haliaetus*）、普通鵟（*Buteo japonicus*）、白秋沙鸭（*Mergellus albellus*）、花脸鸭（*Sibirionetta formosa*）、鸳鸯（*Aix galericulata*）、黑颈䴙䴘（*Podiceps nigricollis*）、蓝喉歌鸲（*Luscinia svecica*）］。

二、植物适应水位变化能力强

筛选的河/库岸适生植物，无论是乔木、灌木，还是草本植物，经过十余年的季节性水淹考验，植物的生长形态、繁殖状况、物候变化等均表现出对季节性水位变化的良好适应。尤其是池杉、落羽杉、中山杉、乌桕、杨树、柳树等耐水淹乔木和秋华柳等灌木，经历十余年的冬季深水淹没影响，表现出优良的适生性（图 8-10）。池杉每年生长情况良好，乌桕在林泽乔木群落下层形成明显的更新苗层。

图 8-10　汉丰湖乌杨坝河/库岸冬季高水位期的耐水淹乔木

三、生境类型多样性增加，生境营建效果明显

根据界面生态设计策略和技术框架，基于乌杨坝水位变化特点及界面生态恢复的功能需求，将高程与微地貌单元结合、高程与水文节律-水位波动相结合，通过对不同高程的地形-底质-生物的协同设计，生境类型多样性增加明显，这些不同类型的小生境，如凹道、林泽中的林窗、洼地、水塘等，不仅使得植物多样性增加，而且为各种栖息和食性类型的鸟类提供了良好场所。

四、环境净化效益突出

环境效益突出表现在对地表径流的面源污染净化方面。2015 年 6～9 月对汉丰湖库岸实施生态修复的区域进行了水质取样和分析，在降雨期间收集修复后的河/库岸带坡顶与坡麓径流水样，6～9 月共进行 4 次采样，每次采样设计三个重复采样点，采集径流水样，进行监测分析。水质监测分析表明，实施生态修复后的乌杨坝河/库岸系统对地表径流总氮、总磷的削减率分别达到 37%、30%，而在乌杨坝未实施生态修复的对照区区总氮、总磷平均削减率仅为 13%、3%，由此可见，河/库岸带界面生态系统修复有效削减了入河/库污染负荷。除了污染净化效益外，由于修复后乌杨坝河/库岸带复杂的生态系统结构、多样化的植被类型及植物种类，作为水陆之间的界面，也通过对地表径流的阻滞、吸纳、缓流等作用，发挥了较好的雨洪控制功能。

五、再野化过程使乌杨坝河/库岸界面韧性提高

基于自然的解决方案，进行了乌杨坝河/库岸界面生态系统恢复设计，

2014 年年初完成恢复后，在没有人工管理措施的情况下，完全经由自然的自我设计和调控，目前正在经历着一个明显的再野化过程（图 8-11）。由于基本上没有人为管理和干扰，这一再野化过程，使得乌杨坝河/库岸界面的自然生态过程基本不受人类妨碍和打扰，生物多样性逐渐丰富和提升，河/库岸界生态系统应对变化环境的韧性提高，正在发挥着更为良好的生态效益。

六、实现了生态修复与滨水空间和人居环境优化协同共生

汉丰湖乌杨坝库岸生态系统修复实践，将界面生态系统与滨水空间的景观美化优化协同，实现了界面生态修复与滨水空间景观建设和人居环境优化协同共生，成为开州区城乡居民共享的绿意空间和良好的休闲场所（图 8-12）。

图 8-11　汉丰湖乌杨坝河/库岸界面生态系统在经历再野化过程（2017 年 7 月拍摄）

作为水陆之间的生态界面，基于界面过滤、净化、生物多样性保育等生态服务功能的优化提升，河/库岸带界面生态设计应遵循从要素—结构—功能—过程的逻辑思路，强调要素设计与结构设计的有机融合，生态功能设计与生态过程设计的耦合关联。“要素—结构—功能—过程”的设计研究范式应该是针对变化环境的生态系统恢复设计的普适性范式，通过要素在时空

上的合理配置，形成完整的物理结构和生态空间结构，奠定界面生态功能的基础，满足河/库岸带界面的多功能需求；通过生态功能与过程的耦合设计，维持界面生态系统健康。

（a）2018 年 11 月

（b）2020 年 7 月

图 8-12　不同水位时期汉丰湖乌杨坝库岸景观

在河/库岸带生态系统恢复设计中，界面生态设计的基本原则告诉我们，应充分考虑界面生态空间的拓展，优化界面生态结构，而不仅仅是单纯的植物栽种及群落构建。针对河/库岸带污染拦截净化、生物多样性保育等主导生态服务功能，应将河/库岸带界面物理结构、生态结构进行综合设计与应用，并把界面生态功能与过程的设计耦合。解锁自然的力量，基于自然的解决方案，将是河/库岸带生态系统恢复设计的重要途径。我们处在一个不断变化的环境之中，如何应对变化的环境，加强流域生态系统整体保护，是河/库岸带生态系统恢复设计必须考虑的问题，而界面生态设计技术给这种适应性提供了可能。

三峡库区汉丰湖库岸带生态系统恢复设计与实践研究仅仅是界面生态设计的初步探索，其设计技术及模式可应用于受水位调节影响的河/库岸带生态系统恢复中。但相关研究还需改进优化和深入，如在建坝河流河/库岸复杂水文环境下的动植物生境营造及其有效性问题等。在今后的研究中，应进一步探索河/库岸带界面生态组成要素的相互作用机理、界面物理结构与生态结构的耦合机制，研发适应流域环境变化和可持续发展需求的河/库岸带界面生态设计的系统方法和关键技术，开展适应“山水林田湖草”生命共同体功能需求及流域多时空尺度环境变化的河/库岸带界面生态结构与功能协同的设计调控机理和方法体系研究。

第九章　汉丰湖消落带鸟类生境设计

反季节、高水位落差的独特水位调控机制，导致三峡水库生境结构发生巨大的变化，对库区生物多样性产生强烈影响（黄真理，2001）。三峡水库蓄水运行后，淹没原有河岸带，形成消落带，导致原有生活在淹没线下的物种受到胁迫，原有物种无法适应季节性水位变化和冬季深水淹没的消落带生境，生物多样性衰退（Jordi and Ren，2009；Yuan et al.，2013）。鸟类作为生态系统中的重要组成部分，是生态系统健康的指示类群。三峡水库消落带形成后的巨大水位变化及冬季淹没，对鸟类群落结构及行为产生显著影响（张家驹等，1991）。国内外专家高度关注三峡库区内物种对这种独特水位变化胁迫下的响应机制，同时也在积极探索季节性水位变化影响下三峡水库生物多样性的保护策略。季节性水位变化对鸟类生存造成胁迫，但冬季淹没形成的宽阔水面及不同季节和不同水位条件下形成的新生境，在一定程度上为通过生态修复手段保育生物多样性提供了机遇。一方面，三峡水库冬季高水位运行时期在长江干流及若干支流形成面积宽阔的水面，汉丰湖在冬季高水位时期水面超过 14km^2，给越冬水鸟提供了良好的栖息环境；另一方面，夏季低水位运行时期出露的大面积消落带，此时正值植物生长水热同期，消落带草本植物的自然恢复及通过生态修复形成的植物群落结构，以及消落带低洼区域形成的湿地环境，可为各种生态类型及食性类型的鸟类提供栖息、觅食、庇护乃至繁殖场所。如何利用消落带现有条件，通过生态修复，改善和优化消落带生态系统，为鸟类提供适宜生存的生境条件，是亟待解决的重要问题。

以位于三峡库区腹心区域的汉丰湖为研究区域，基于鸟类生态学、生态工程学、岛屿生物地理学及食物网理论等，通过生境结构的修复与改善，以及开展系列鸟类生境生态修复实践，建立适于鸟类及其他野生动物的栖息地，重建生物多样性丰富的消落带生态系统，为具有季节性水位变化的湖库消落带生物多样性保护提供科学参考。

第一节　研究背景及设计目标

一、研究背景

在汉丰湖国家湿地公园生物多样性保护中，针对鸟类生境的修复和重建是重要内容之一。自 2010 年以来，重庆大学生态修复研究团队与重庆汉丰湖国家湿地公园管理局合作，在三峡水库澎溪河及汉丰湖开展了消落带鸟类的长期监测和科学研究，针对汉丰湖面临的一系列生态环境问题，紧紧围绕生态系统服务功能的全面优化目标，本着对自然和人类都有益的设计理念，应对水位变化和不断变化的环境，进行汉丰湖消落带生态系统整体设计和生物多样性提升实践，重点针对夏季繁殖鸟和冬季越冬水鸟。针对汉丰湖水位变化特点，基于自然的解决方案，遵循自然的自我设计、功能优先、目标物种优先等原则，确定鸟类生境修复整体设计框架，从要素设计、结构设计、功能设计等方面，实施消落带鸟类生境设计与修复工程。

二、设计目标

为保护鸟类多样性及珍稀濒危特有物种，营造良好的生境条件是实现消落带生态系统健康和功能完整性的关键步骤。鸟类是消落带生态系统的重要功能类群，很多种类是生态系统中的关键种，对反映环境变化和调控群落结构起着重要作用。汉丰湖消落带鸟类生境修复的目标，是通过水位变化、地形、底质、植物群落与鸟类的协同设计，使得生境质量得到改善，生境类型多样性增加，从而有效保护鸟类群落，并使鸟类多样性得到提升。通过汉丰湖鸟类生境结构和功能的修复与改善，建立适于鸟类等野生动物的栖息地，使汉丰湖成为三峡库区鸟类栖息和越冬的重要区域，成为生命喧嚣的生态湖库。

第二节　鸟类生境修复设计技术框架

汉丰湖位于三峡水库长江左岸一级支流澎溪河上游，开州城区下游4.5km处修建的水位调节坝，将汉丰湖消落带水位变幅由30m降至4.72m，具有独特水位变动的“城市内湖”——汉丰湖由此形成。汉丰湖在三峡水库正常蓄水位时（175m水位）总面积为14.48km^2。开州城市与汉丰湖水乳交融，水既是城市发展的重要影响因子，又是鸟类生境尤其是水鸟生境设计的重要因素之一，因此在设计过程中，应对水文变化予以关注和重视。

2010年三峡水库完成175m蓄水前，那些处于浅淹没状态的沙洲岛屿有利于越冬水鸟栖息和觅食。2017年汉丰湖水位调节坝蓄水之前，位于汉丰湖北岸的乌杨坝区域在三峡水库夏季低水位时期沙洲及岛屿众多（图9-1），为

图9-1　不同水位条件下的汉丰湖北岸乌杨坝区域

照片拍摄于2012年

鸟类提供了较多可供栖息的生境条件。2010 年三峡水库完成 175m 蓄水后，冬季高水位淹没，沙洲岛屿等生境结构被深淹没在水下，深淹没使得觅食条件变差，同时缺乏夜栖地对越冬水鸟不利。2017 年汉丰湖水位调节坝运行，使得夏季水位维持在 170.28m，原来的很多浅滩被淹没于水下，同样对鸟类栖息不利。

汉丰湖消落带鸟类生境修复，是基于消落带鸟类群落本底调查，包括鸟类生境调查、通过样线法和样点法进行鸟类种类调查、水文分析等（图 9-2）。通过本底调查，从消落带食源条件、栖息生境、地形条件和水文条件等方面对目标鸟种进行分析，针对目标鸟种及鸟类群落提出生境修复及营建方案。

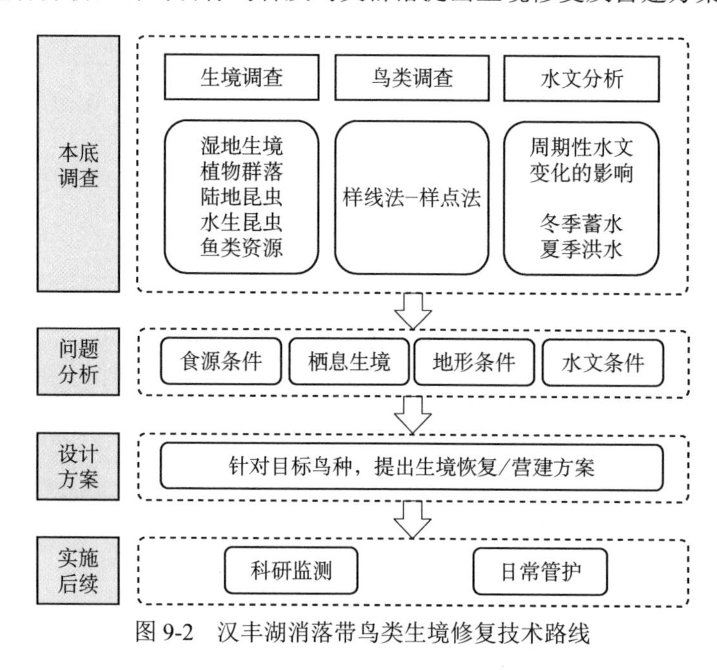

图 9-2　汉丰湖消落带鸟类生境修复技术路线

汉丰湖消落带鸟类生境修复技术框架主要包括：首先进行目标鸟种及其生境需求确定，涉及目标鸟种的类群、栖息及觅食生境、避敌生境及食源条件（图 9-3）。其次，从栖息生境、繁殖营巢、避敌场所及觅食活动等方面，进行多样化生境单元构建和多功能生境恢复设计，结合地形改造、底质改造、水位控制、植被优化及食源补充等方面，进行多要素耦合设计，最终营建良好的消落带鸟类生境。

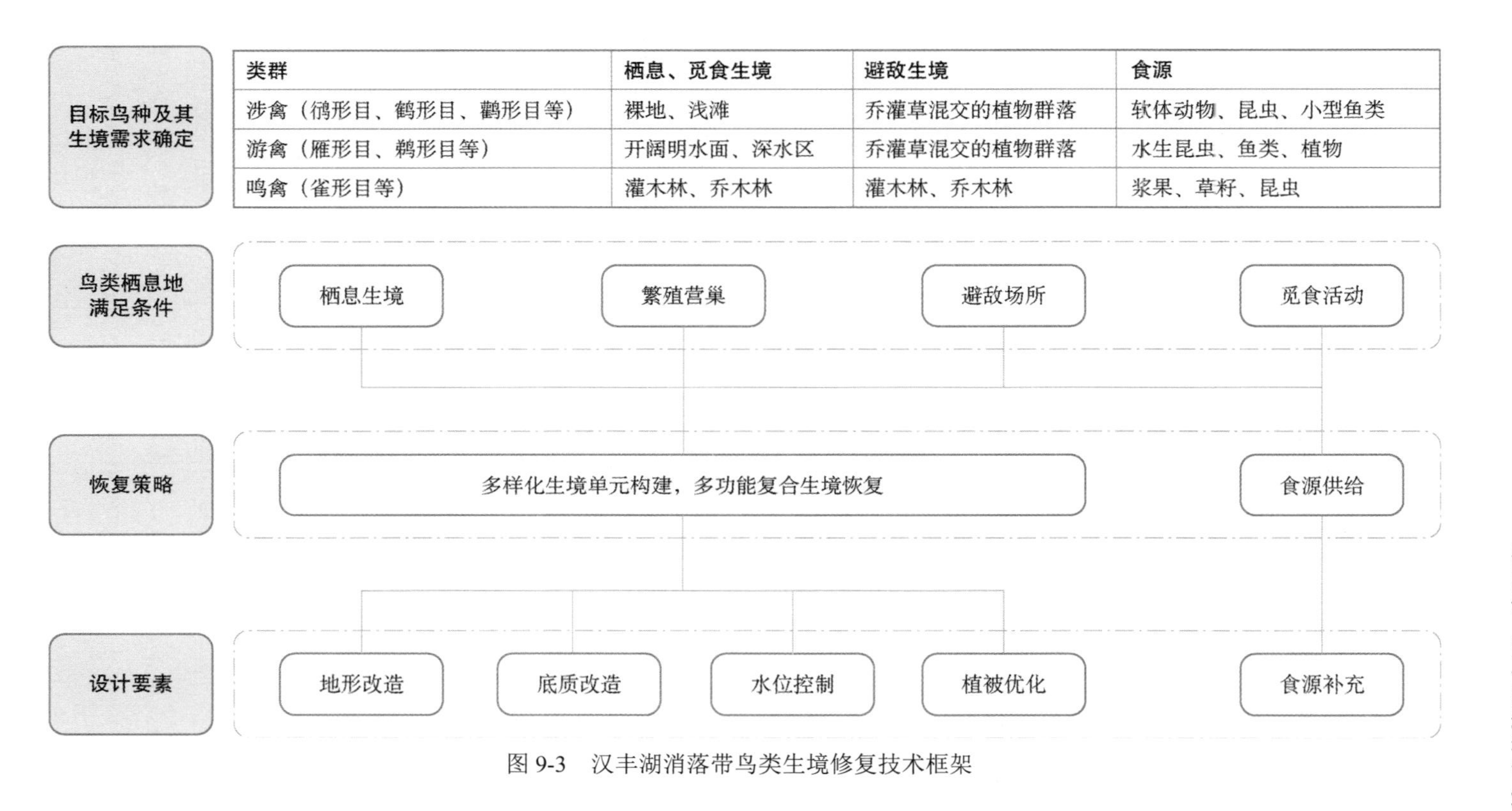

图 9-3　汉丰湖消落带鸟类生境修复技术框架

第三节 鸟类生境修复技术及实践

一、适应水位变化的消落带鸟类生境修复综合设计

选择汉丰湖北岸的乌杨坝区域，重点针对汉丰湖鸟类分布和越冬鸟类栖息的主要区域进行鸟类生境修复的综合实践。

（一）汉丰湖鸟类种类组成及群落结构特点

2015 年对汉丰湖进行了鸟类调查，调查点位主要包括汉丰湖南岸石龙船大桥至游泳馆、汉丰湖南岸芙蓉坝、汉丰湖北岸石龙船大桥至头道河河口、头道河河口、东河河口、乌杨坝（刁元彬等，2018）。由于乌杨坝生态修复及林泽工程是 2014 年春季完成的，此时东河下游滴水村段生态修复和石龙船大桥北岸至头道河河口的生态修复尚未进行，头道河河口的林泽-基塘复合系统于 2015 年才开始启动，汉丰湖南岸芙蓉坝仅实施了基塘工程，塘基林泽及多维湿地于 2015 年及之后才陆续实施，因此 2015 年的调查相当于鸟类生境综合修复前（或者生境综合修复的启动阶段）的本底。调查共记录鸟类 97 种，隶属 12 目 32 科。其中，雀形目鸟类最多，有 43 种，占鸟类种数的 44.33%；其次为雁形目和鸻形目，有 18 种和 13 种，分别占鸟类种数的 18.56%、13.40%。其他类群鸟类种数均低于 10 种。湿地鸟类有 49 种，主要包括雁鸭类（18 种）、鸻鹬类（13 种）、鹭类（7 种）、秧鸡类（5 种）。在居留类型上，留鸟有 41 种，占鸟类种数的 42.27%；冬候鸟有 30 种，占鸟类种数的 30.93%；夏候鸟和旅鸟种类较少，所占鸟类种数的比例分别为 14.43%和 11.34%；迷鸟 1 种，为斑头雁（*Anser indicus*）。国家二级野生保护动物 3 种，分别为普通鵟（*Buteo japonicus*）、鸳鸯（*Aix galericulata*）及小天鹅（*Cygnus columbianus*）。

优势种种类及其个体数量随季节变化明显，并表现出与水位变动一致的变化关系。在 8 月汉丰湖低水位期，优势种为白鹭（*Egretta garzetta*）和棕头鸦雀（*Sinosuthora webbiana*），其中白鹭［9-4（a）］在汉丰湖小规模集群。10 月到次年 2 月汉丰湖处于高水位期，秋季的优势种为斑嘴鸭（*Anas zonorhyncha*）［9-4（b）］和麻雀（*Passer montanus*）；冬季的优势种为

绿头鸭（*Anas platyrhynchos*）[9-4（c）]、罗纹鸭（*Mareca falcata*）和骨顶鸡（*Fulica atra*）[9-4（d）]。

（a）白鹭　（b）林泽中的斑嘴鸭

（c）绿头鸭　（d）骨顶鸡

图 9-4　汉丰湖乌杨坝消落带不同水位时期的鸟类

汉丰湖鸟类物种丰度和多度随季节变化明显。夏季鸟类物种丰度最高，为 34 种；其次为秋季 32 种；春季的物种丰度最低，仅 27 种。冬季汉丰湖蓄水到最高水位，水域面积为14.48km^2，鸭科鸟类是主要生态类群。夏季汉丰湖低水位期，水域面积大大缩小，约 4km^2，雀形目鸟类及鹭类是主要的生态类群。

（二）按鸟类生态类型进行的鸟类生境修复设计

按照鸟类的生态类型，可以划分为水鸟（包括深水区的游禽、浅水区的涉禽）、傍水性鸟类、草地鸟、灌丛鸟和林鸟。在汉丰湖消落带及以上的库岸高地的横向梯度上，从水到陆，与沿高程呈带状分布的植被带相对应，栖息着水鸟、傍水性鸟类、草地鸟、灌丛鸟及林鸟。因此，在汉丰湖消落带鸟类生境修复中，根据不同高程的地形、底质及植被带，设计不同生态类型鸟类的栖息生境和食物条件。此外，随着水位的季节性变化，消落带修复区域，冬季高水位时期以鸭科水鸟为主，主要有绿头鸭、罗纹鸭、斑背潜鸭（*Aythya marila*）等（图 9-5）；春季水位下降，形成大片浅水漫滩生境，在此区域分布的鸟类以鹡鸰科等傍水性鸟类和涉禽（如鹭科及鸻鹬类）为主（图 9-6）；春季在因地形下凹形成的水塘中，有斑嘴鸭、绿头鸭栖息觅食（图 9-7）。

图 9-5　汉丰湖乌杨坝消落带高水位期的斑背潜鸭

图 9-6　汉丰湖乌杨坝春季水位下降形成的浅水漫滩生境上的鹭类

图 9-7　汉丰湖乌杨坝春季因地形下凹形成的水塘中栖息觅食的斑嘴鸭、绿头鸭

（三）按鸟类食性类型进行的鸟类生境修复设计

按照鸟类的生态类型，可以划分为植食性鸟类、肉食性鸟类和杂食性鸟类，其中植食性鸟类又可分为食果鸟类（分干果、坚果和浆果）、食种子鸟类、食根茎鸟类、食嫩叶/芽鸟类；肉食性鸟类包括食鱼鸟类、食虫鸟类、食螺蚌等软体动物鸟类、其他肉食性鸟类（如取食啮齿类等）。杂食性鸟类既以植物为食，也取食动物。

汉丰湖乌杨坝消落带生态修复完成后，由于生境质量及食物条件优良，栖息和繁殖鸟类日益增多。夏季低水位时期，草本植物生长旺盛，以金翅雀（*Chloris sinica*）、麻雀（*Passer montanus*）等植食性鸟类为主，也有一些食虫鸟类在此觅食，如黑卷尾（*Dicrurus macrocercus*）、棕背伯劳（*Lanius schach*）等（图 9-8）。白颊噪鹛（*Pterorhinus sannio*）、白头鹎（*Pycnonotus sinensis*）、黑尾蜡嘴雀（*Eophona migratoria*）等取食桑葚，金翅雀、丝光椋鸟（*Sturnus sericeus*）取食大狼杷草（*Bidens frondosa*）及鬼针草（*Bidens pilosa*）的果实（图 9-9），白腰文鸟（*Lonchura striata*）、金翅雀会取食五节芒（*Miscanthus floridulus*）的草籽（图 9-10）；黑枕黄鹂（*Oriolus chinensis*）以龙葵（*Solanum nigrum*）果实为食；白头鹎取食乌桕（*Triadica sebifera*）的果实（图 9-11）。冬季高水位时期，越冬的鸭科鸟类以淹没水下的消落带草本植物的根茎为食。

图 9-8　汉丰湖消落带林泽中的棕背伯劳

图 9-9　在汉丰湖消落带草丛中的鬼针草上觅食的金翅雀

图 9-10　在汉丰湖消落带五节芒上觅食的白腰文鸟

图 9-11　在汉丰湖消落带乌桕树上觅食的白头鹎

（四）植物–鸟类协同设计

众所周知，植物不仅为鸟类提供栖息和庇护场所，而且为鸟类提供食物来源；鸟类则承担着为河岸植物传播繁殖体的任务。因此，植物与鸟类长期协同进化，形成稳定的河/库岸生态系统。将汉丰湖消落带植物物种筛选、配置、群落营建及鸟类生境设计有机融为一体，根据鸟类栖息和对食物的需求，形成植物与鸟类的协同设计。在汉丰湖乌杨坝消落带及其以上区域的横向梯度上，从水到陆，与沿高程呈带状分布的植被带相应，栖息着水鸟、傍水性鸟类、草地鸟、灌丛鸟及林鸟（表 9-1）。

表 9-1　汉丰湖乌杨坝消落带及以上区域从水到陆沿生境梯度的植物–鸟类复合格局

生境梯度带	植物–鸟类协同设计模式	各带主要植物	各带主要鸟类
173m 以下草本植物恢复带	草本植物–游禽	狗牙根、牛鞭草、红蓼、苍耳等	绿头鸭、赤膀鸭、绿翅鸭、赤颈鸭、针尾鸭、罗纹鸭、红头潜鸭、白秋沙鸭、金翅雀、麻雀、纯色山鹪莺、黑卷尾等
凹道（173～175m）（夏季为浅滩、冬季为明水面）	草本植物–涉禽、游禽	狗牙根、合萌、芦苇等	白鹭、池鹭、斑嘴鸭、绿头鸭、绿翅鸭、骨顶鸡、黑水鸡、棕头鸦雀、白颊噪鹛等
复合林泽带（173～175m）	乔木+灌木+草本植物–涉禽、猛禽	池杉、落羽杉、乌桕、杨树、中山杉、牛鞭草、狗牙根、野大豆等	白鹭、苍鹭、普通鵟、普通鸬鹚、乌鸫、白颊噪鹛、黑枕黄鹂、棕背伯劳等
临水高草草本带（175～176m）	高草草本植物–鸣禽	芭茅、草木犀等	山麻雀、麻雀、金翅雀、纯色山鹪莺、棕颈钩嘴鹛、棕头鸦雀、白颊噪鹛等
复合混交植被带（176～185m）	乔木+灌木+草本植物–鸣禽、猛禽	天竺桂、枫香树、栾树、乌桕、黄荆、马桑、构树、白茅、乌蔹莓等	棕背伯劳、北红尾鸲、红胁蓝尾鸲、红头长尾山雀、远东山雀、雀鹰、普通鵟、红嘴蓝鹊、噪鹃、灰胸竹鸡、雉鸡等

（五）地形–底质–高程–水位–植物–鸟类耦合设计

在从水到陆的生境梯度上，与高程、水位、地形和植物群落相呼应，水鸟（包括深水区的游禽、浅水区的涉禽）、傍水性鸟类、河岸草地鸟和灌丛鸟、河岸林鸟与相应的植物形成复合格局。同样，在不同高程、水位、地形复合格局中，植物、昆虫、鸟类也形成协同共生关系。根据上述协同共生关系，将汉丰湖消落带地形、高程、水位变化、植物群落与鸟类进行协同设计，在不同水位时期，形成地形、高程、水位、植物群落的不同组合，满足各种生态类型及食性类型的鸟类生存及繁殖需求。

在消落带通过以乌桕、加拿大杨（*Populus canadensis*）、落羽杉（*Taxodium distichum*）、池杉（*Taxodium distichum* var. *imbricatum*）、秋华柳（*Salix variegata*）混交的复层植物群落营建，林下草本植物自然生长，从而形成乔–灌–草多层混交植物群落，满足草丛鸟、灌丛鸟和林鸟的栖息需求。冬季高水位淹没林泽，林泽的不同树种和不同层次，以及林泽内的明水面为各种鸟类的停栖提供了良好条件（图 9-12）。不同的果实类型，如乌桕的蒴果、池杉的球果、桑（*Morus alba*）的浆果等，成为各种鸟类喜好的食物，黑尾蜡嘴雀、白头鹎是汉丰湖常年居留的鸟类，它们常以消落带乌桕、池杉的果实为食；消落带的桑葚是白颊噪鹛、黑尾蜡嘴雀的食物。一些鸟类主要以草籽为食，白腰文鸟、金翅雀会取食消落带五节芒的草籽，金翅雀、丝光椋鸟会取食大狼杷草的果实。

图 9-12　冬季高水位淹没的林泽为各种鸟类栖息提供了良好条件

在汉丰湖乌杨坝林泽带内设计凹道、洼地、浅水塘等小微生境结构（图 9-13），可以增加环境空间异质性，为不同种类的无脊椎动物、鱼类、鸟类提供栖息生境。乌杨坝海拔 175m 是一个坡度转折点，175m 以下的消落带是季节性水位波动区，175～185m 区域是坡度约为 40°的护坡。生境设计与营建中，对 145～165m 高程保留原微地貌形态，以自然恢复的草本植物为主。173m 高程区带为林泽种植带，林泽带以耐水淹针阔叶树种及灌木混交，形成垂直方向上的多层生态结构；在水平方向上，因地形和底质的差异及植物种类的配置，形成水平空间的小群落镶嵌。

图 9-13　汉丰湖乌杨坝林泽带内的凹道、洼地、浅水塘是鸟类的优良生境

此外，林泽区内设计了面积在 600～1000m^2 的若干林窗，冬季蓄水淹没时，由林木围合的林窗明水面就是鸭科鸟类的最佳栖息和庇护场所（图 9-14）；夏季出露季节，林泽带内的林窗光照条件较好，阳性草本植物发育较茂盛，为

图 9-14　冬季高水位期汉丰湖乌杨坝林泽带内明水面是水鸟的优良庇护生境

草丛鸟提供了良好生境及觅食条件。173～175m 高程区域设计了宽 5m 的线性凹道及洼地、浅塘等水文地貌结构。乌杨坝 173～175m 高程区的线性凹道、洼地、浅塘等结构在三峡水库冬季高水位期被淹没在水下成为鱼类和水生无脊椎动物良好的越冬、栖息场所，栖息在此的鱼类和水生无脊椎动物则成为越冬水鸟的良好食物。在三峡水库夏季低水位期，线性凹道、洼地、浅塘成为该区域的小微湿地，栖息在其中的小型鱼类、水生昆虫为各种涉禽（如鹭类和一些鸻鹬类）提供了良好食物。175～185m 高程区是以乔-灌-草相结合的复层混交植物群落。

在鸟类生境设计营建中，通过地形塑造，加上修复之后三峡水库蓄水而导致的季节性水位变化、天然降雨、洪水等自然因素的作用，汉丰湖乌杨坝消落带凹道内坑洼不平，形成大大小小的小池、浅凹湿地与草丘镶嵌组合的凹道底面景观图式。这样看似平常的景观图式中却潜藏着生机。凹道内小池、浅凹湿地等小微湿地的存在，为水鸟提供了栖息、觅食的良好场所，加上凹道内的草丘、两侧的高草草丛，以及傍水的林泽和坡面的混交林，成了昆虫和鸟类喧嚣的生命空间。调查表明，在春夏季消落带出露期，汉丰湖乌杨坝消落带凹道内有池鹭（*Ardeola bacchus*）、白鹭（*Egretta garzetta*）、灰头麦鸡（*Vanellus cinereus*）等涉禽栖息，在凹道的一些水相对较深的小池和湿地塘中有斑嘴鸭（*Anas zonorhyncha*）、绿头鸭（*Anas platyrhynchos*）觅食；斑嘴鸭、绿头鸭、灰头麦鸡和池鹭、白鹭在大一点的湿地塘中同处共居（图 9-15）。与凹道内斑块状聚集分布的植物群落一样，鸟类也形成了不同功能食性鸟类的聚集分布，生态位的分化使得在不大的凹道空间中实现了多物种共存，地形、水湿、食物及植物群落起到重要的调节作用。在生命凹道旁的林泽树木上有黑卷尾、黑尾蜡嘴雀、白颊噪鹛、暗灰鹃䴗（*Lalage melaschistos*）、丝光椋鸟、红嘴蓝鹊（*Urocissa erythrorhyncha*）等鸟类休憩、觅食，池杉果实是黑尾蜡嘴雀最喜好的食物。凹道两侧高草草丛中有金翅雀、纯色山鹪莺（*Prinia inornata*）等小型鸟类在活动，芭茅丛中及消落带草丛内分布有蓝喉歌鸲（*Luscinia svecica*）（国家二级保护动物）。鸟类与环境要素、鸟类与其他生物类群之间的协同共生是修复之后消落带生命秘境背后起调节作用的生态学机制；面对消落带季节性水位变化的逆境，动态适应和协同共生是自然的重要调节机制。

图 9-15　生态位的分化使得在汉丰湖乌杨坝不大的凹道空间中实现多物种共存

地形-底质-高程-水位-植物-鸟类的耦合设计，为鸟类繁殖创造了优良条件。在修复后的汉丰湖消落带，调查发现斑嘴鸭在鸟岛内部的草丛中产卵繁殖（图 9-16）。黑水鸡在头道河、芙蓉坝及石龙船大桥段的消落带基塘内植物群落较茂密的环境中产卵繁殖。夏季可观测到棕背伯劳、白头鹎、乌鸫（*Turdus merula*）、黑卷尾、夜鹭（*Nycticorax nycticorax*）、金翅雀、黑枕黄鹂、丝光椋鸟和黑尾蜡嘴雀等幼鸟在乌杨坝区域活动，这些鸟类不仅在176～185m 的混交林带筑巢，其中一些鸟类也在 172m 高程的复合林泽带内繁殖。棕头鸦雀、纯色山鹪莺、白颊噪鹛及矛纹草鹛（*Garrulax lanceolatus*）等中小型林鸟在五节芒群落中筑巢繁殖。

图 9-16　汉丰湖乌杨坝鸟岛上斑嘴鸭的巢穴及产的卵

二、汉丰湖鸟类生境岛设计

汉丰湖北岸的乌杨坝区域，在 175m 高水位蓄水之后，大量沙洲被淹没于水下，鸟类的夜栖地及庇护场所减少。根据鸟类的栖息和庇护需求，在乌杨坝进行了鸟类生境岛屿的设计和营建。在乌杨坝消落带设计鸟岛，这种孤立岛状地形是鸟类隔绝外界干扰的重要结构（图 9-17）。鸟类生境岛屿设计要素主要包括地形改造、底质改造、水文控制、植物恢复及食源供给，并根据地形、水文特征、植被类型、水鸟种类等确定生境岛的形状、大小、空间异质性和高程等（图 9-18）。

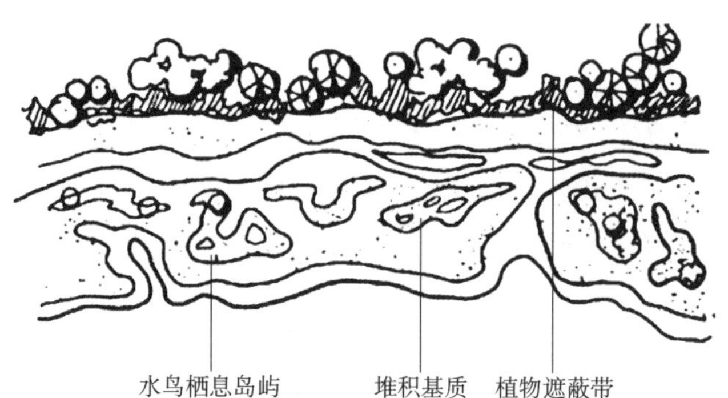

图 9-17　汉丰湖乌杨坝消落带鸟类生境岛营建示意图

图 9-18　汉丰湖乌杨坝消落带鸟类生境岛设计效果图

（一）地形改造

在乌杨坝消落带海拔 168m 的区域堆置高度约 7.5m 的两个鸟岛。岛上设计为平缓地形，一个岛的面积约为 1000m^2，另一个岛的面积约为 1500m^2。在岛屿基底部位以抛石稳固，以抵抗水位变动的不利影响。岛顶部的高程为 175.5m，三峡水库高水位蓄水时鸟岛高出水面约 50cm。岛的边缘较平缓，以利于鸟类从水中上岛休憩。岛内地形总体平缓，设计和营建洼地和水塘（图 9-19），为鸟类栖息和夜栖提供条件。

图 9-19　汉丰湖乌杨坝消落带鸟岛内部地形营建

（二）底质改造

很多鸟类需要吞咽少量沙子以帮助消化植物性食物，沙质土壤是鸻鹬类的重要生境需求之一。因此，在乌杨坝消落带鸟类生境修复与营建中，适当在局部区域斑块状铺设粗砂，可以形成有利于鸟类生存的镶嵌状底质斑块。在鸟类生境岛营建过程中，将部分底质铺设为沙质土壤，可以为鸻鹬类提供合适的生境条件。

（三）水位控制

针对不同鸟类栖息和觅食及庇护生境需求的不同，设计不同水位深浅的缓坡水域。以觅食生境为例，鸻鹬类的觅食生境水位为0～0.15m，鹤、鹳、鹭类的觅食生境水位为0.10～0.40m，雁鸭类的觅食生境水位为 0.1～1.2m。汉丰湖鸟类生境岛在营建过程中通过地形改造，营建缓坡边岸及构建岛屿内部的湿洼地和小型水塘，为不同类型鸟类提供不同生境需求的水位条件。尽管汉丰湖鸟类生境岛屿在冬季 175m 高水位运行时期，出露面积仅有 $2500m^2$，但由于边岸平缓，在出露岛屿周边存在大面积浅水环境，能够为鸟类提供良好的栖息和觅食环境（图 9-20）。调查表明，鸟类生境岛修复后，鸟岛及其周围水域以游禽为主，如小䴙䴘（*Podiceps ruficollis*）、黑水鸡（*Gallinula chloropus*）、斑嘴鸭、绿头鸭、罗纹鸭（*Mareca falcata*）、赤颈鸭（*Mareca penelope*）、普通鸬鹚（*Phalacrocorax carbo*）、鹗（*Pandion haliaetus*）等，游禽会在鸟岛周围水域活动，正午及夜晚会在岛周边岸及岛上休息；部分鹭鸟及猛禽会在鸟岛的树枝上停歇；鹗等猛禽会在鸟岛短暂停歇及进食。

（四）植被恢复

植被是鸟类重要的栖息地、庇护地、觅食场所和繁殖场所，针对不同鸟类栖息、觅食和繁殖习性，进行植物种类和不同群落结构的配置。植被恢复包括食源性植被恢复、生态隔离带植被恢复和干扰性植被控制。乌杨坝鸟类生境岛内的植被以自然恢复的草本植物为主，岛屿边岸稀疏种植桑、火棘（*Pyracantha fortuneana*）等灌木，为灌丛鸟提供栖息生境。岛内的草丛及分布于草丛中的浅洼地、浅水塘则成为水鸟夜栖的环境。

图 9-20　不同水位时期的汉丰湖乌杨坝消落带鸟岛

（五）鸟类食源供给

鸟类食源主要包括底栖动物、鱼虾、植物种子、球茎和果实等。游禽多以水中昆虫、鱼类及植物为食，涉禽喜在滩涂觅食软体动物、昆虫、小鱼等，鸣禽多以在水边灌丛中找寻的浆果、草籽、昆虫等为食。因此，营造鸟类栖息地时应尽量创造多种食源，以满足不同鸟类的食物需求。乌杨坝鸟类生境岛边岸稀疏种植了桑、火棘等灌木，为喜浆果类鸟类提供了食源。

第四节　鸟类生境修复效果评估

汉丰湖鸟类生境修复，遵循自然的自我设计、功能优先、目标物种优先原则，针对汉丰湖水位变化特点，从要素、结构、功能设计等方面，自2014年以来，开展了鸟类生境修复设计及实践。基于鸟类多样性及其空间分布格局与生境结构复杂性的相关关系等方面，对设计和实践示范进行的评估结果表明，汉丰湖鸟类生境修复对鸟类生物多样性保育发挥了重要作用。

2021年重点对汉丰湖乌杨坝消落带鸟类生境修复成效进行了调查。对乌杨坝消落带的调查共记录鸟类16目43科118种。其中，雀形目鸟类种数最多，有56种，占鸟类总种数的47.56%；其次为雁形目鸟类，有15种，占鸟类总种数的12.71%；鸻形目鸟类有12种，占鸟类总种数的10.17%；鹈形目有9种，占鸟类总种数的7.63%；其余各目鸟类种数均少于5种。就科数而言，鸭科鸟类有15种，占鸟类总种数的12.71%；鹭科鸟类与鹡鸰科鸟类均有9种，各占鸟类总种数的7.63%；鹟科鸟类8种，占鸟类总种数的6.78%；丘鹬科鸟类7种，占鸟类总种数的5.93%；其余各科鸟类均少于5种。较之于2015年的调查，乌杨坝鸟类种类数增加非常明显。

乌杨坝消落带鸟类生境修复区域有国家一级保护鸟类一种，即黄胸鹀（*Emberiza aureola*）；有国家二级保护鸟类9种，包括鸳鸯、花脸鸭（*Sibirionetta formosa*）、白秋沙鸭（*Mergellus albellus*）、鹗、黑鸢（*Milvus migrans*）、普通鵟（*Buteo japonicus*）、白腹鹞（*Circus spilonotus*）、游隼（*Falco peregrinus*）、蓝喉歌鸲（*Luscinia svecica*）。根据IUCN濒危物种红色物种名录，研究区域有易危鸟类1种，为红头潜鸭（*Aythya ferina*）；近危鸟类3种，分别为罗纹鸭、白眼潜鸭（*Aythya nyroca*）及黑尾塍鹬（*Limosa limosa*）。

乌杨坝消落带鸟类生境结构单元及立体生境空间的形成，为涉禽、游禽、鸣禽等不同生态位的鸟类营造了栖息、觅食及繁殖的生境。乌杨坝消落带及上部区域鸣禽最多，有56种，占鸟类总种数的47.46%；其次为游禽和涉禽，分别是24种和20种，各占鸟类总种数的20.34%和16.95%；攀禽、陆禽和猛禽的数量较少，共计12种，共占鸟类总种数的10.17%。鸣禽主要是雀形目鸟类，大多数为林鸟；涉禽主要为鹈形目鹭科、鸻形目的丘鹬科和鹤形目的秧鸡科鸟类；游禽主要为雁形目鸭科鸟类。涉禽和游禽是乌杨坝消落带主要的湿地鸟。调查表明，乌杨坝林鸟和水鸟种类最多，表明乌杨坝消落带鸟类生境修复为多种湿地鸟类提供了适宜的栖息生境。

从修复后鸟类的季节性变化来看，春季在乌杨坝共记录鸟类 59 种。常见鸟种为纯色山鹪莺、小鹀（*Emberiza pusilla*）、黄头鹡鸰（*Motacilla citreola*）、黑喉石䳭（*Saxicola torquata*）和家燕（*Hirundo rustica*）。春季鸣禽最多，有 31 种，以鹡鸰科、鹟科鸟类为主，如黄头鹡鸰、赭红尾鸲（*Phoenicurus ochruros*）；其次为涉禽，有 14 种，以鹭科、丘鹬科鸟类为主，如白鹭、黑翅长脚鹬（*Himantopus himantopus*）；游禽有 5 种，如斑嘴鸭和小䴙䴘等；攀禽有 4 种，如普通翠鸟（*Alcedo atthis*）、噪鹃（*Eudynamys scolopaceus*）和四声杜鹃（*Cuculus micropterus*）等；陆禽有 3 种，分别是珠颈斑鸠（*Spilopelia chinensis*）、雉鸡（*Phasianus colchicus*）和灰胸竹鸡（*Bambusicola thoracica*）。春季鸟类以留鸟与旅鸟为主，其中旅鸟有 16 种，如蓝喉歌鸲、红喉姬鹟（*Ficedula parva*）、黑腹滨鹬（*Calidris alpina*）。夏季消落带完全出露季节，共记录鸟类 45 种，其中鸣禽最多，为 24 种，以雀形目鸟类为主，如金翅雀、白腰文鸟；其次为涉禽，有 10 种，以鹭科鸟类为主，如牛背鹭（*Bubulcus ibis*）和栗苇鳽（*Ixobrychus cinnamomeus*）；游禽有 5 种，如斑嘴鸭和鸳鸯（*Aix galericulata*）等。营建的小微湿地等生境为以斑嘴鸭为优势种的鸭科鸟类提供了觅食和繁殖的生境，改变了其居留类型，由冬候鸟变为了留鸟。夏季的繁殖鸟类记录到 10 种，分别为白头鹎、乌鸫、棕背伯劳、黑卷尾、夜鹭、金翅雀、黑枕黄鹂（*Oriolus chinensis*）、丝光椋鸟、矛纹草鹛和黑尾蜡嘴雀。冬季 175m 高水位期在该地共记录鸟类 56 种，其中鸣禽最多，为 29 种，以雀形目鸟类为主，如红胁蓝尾鸲（*Tarsiger cyanurus*）和红尾鸫（*Turdus naumanni*）；其次为游禽，为 18 种，以鸭科鸟类为主，优势种类为罗纹鸭、斑嘴鸭和绿头鸭。

汉丰湖实施消落带鸟类生境修复后，已成为三峡库区乃至长江上游重要的水鸟越冬地。不同季节的调查结果显示，冬季汉丰湖鸟类集中分布于北岸乌杨坝区域，越冬水鸟数量显著多于汉丰湖其他区域。主要原因有：①水域面积近

100hm^2、宽度超过 1km 的大水面，是河鸭属、麻鸭属、潜鸭属适宜的越冬栖息地；恢复鸟岛及消落带坡度平缓，高程 172m 以上的植物残体和小型水生生物成为越冬雁鸭类的主要食物资源；②庇护性是鸟类在生境内进行觅食、求偶、繁殖、休憩等行为的重要条件，乌杨坝鸟岛的营建为不同类型鸟类提供了夜栖地及庇护场所。同时，汉丰湖北岸的乌杨坝区域以香樟（*Cinnamomum chingii*）和斑茅（*Saccharum arundinaceum*）为优势种构成的多带多功能生态护坡，其长度超过 2km，宽度超过 50m，是优良的生境隔离带，削弱了外界人为干扰强度。生态护坡以下，高程为 172m 的消落带区域实施了以池杉、落羽杉为优势种的林泽工程，构建了宽度超过 10m、与库岸平行的带状林泽，在蓄水高程达到 175m 时，林泽露出水面超过 3m。林泽树冠层为普通鸬鹚（*Phalacrocorax carbo*）、白鹭、苍鹭（*Ardea cinerea*）等水鸟提供了停栖地，而林泽内林窗明水面则是斑嘴鸭、罗纹鸭、绿头鸭等的庇护、休憩场所。

自实施消落带鸟类生境修复以来，至今已经形成良好的鸟类生境结构，为夏季繁殖的湿地鸟类提供了优越的栖息和繁殖生境，为冬季越冬水鸟提供了良好的栖息和觅食空间。鸟类生境工程实施后，实施区域的鸟类种类数和种群数量明显增加，夏季繁殖鸟种类及繁殖对数明显增加；在区域内多次发现营巢的猛禽，说明该区域鸟类食物网结构明显改善和优化，也表明环境质量显著提升。在经历了最初阶段对季节性水位变化的适应后，鸟类生境修复工程正在发挥系统的自我设计功能，不断向着结构优化、功能高效的方向发展。目前，该区域正在经历再野化过程，鸟类生境日益优良。

重庆大学生态修复研究团队充分利用三峡水库水位变化带来的生态机遇，并针对由于水库高水位蓄水期间缺乏鸟类夜栖地和庇护场所的问题，基于鸟类生态学、生态工程学、岛屿生物地理学理论、鸟类生境适应性理论、食物网理论等，进行鸟类生境修复及营建，从而保护和提升鸟类多样性。鸟类生境结构单元及立体生境空间的形成，为涉禽、游禽、鸣禽等不同生态位的鸟类营造了栖息、觅食及繁殖的生境。基于鸟类多样性及其空间分布格局与生境结构复杂性的相关关系等方面，对设计和实践示范进行评估，结果表明汉丰湖实施消落带鸟类生境修复及营建后，鸟类多样性得到有效提升，生态系统服务功能不断优化。

第十章　汉丰湖滨水区小微湿地与水敏性设计

开州城区是典型的水敏性城市，与汉丰湖水乳交融。基于汉丰湖水质和水生态保护，在汉丰湖滨水区进行以小微湿地为主的水敏性设计。从汉丰湖国家湿地公园宣教中心的生命景观屋顶、生命景观墙，到建筑物周边的雨水花园群，运用湿地生态学、生态工程学的最新理念和技术原理，进行汉丰湖滨水区水敏性生态系统设计和建设。开州区汉丰湖南岸部分岸段多采用硬质高陡坡护岸，滨水空间存在大量硬质化道路和人工建筑，生态缓冲区严重不足。运用小微湿地和水敏性设计理念，通过系列雨水花园、连续生物沟、生物洼地、青蛙塘、蜻蜓塘的建设，提高湖岸微地形异质性，提升水文连通性，并通过多样湿地植物种植美化景观，小微湿地群构成环湖水敏性缓冲带，持续发挥雨洪调蓄、初期雨水污染削减与生物多样性提升等生态系统服务功能，促进滨水空间与自然水体之间的功能联系和连续过程的生态恢复，同时为城市居民提供重要的亲近自然、科普宣教的场所。

第一节　设计目标与模式

一、水敏性设计思路

水敏性结构系统设计应该考虑结合土地利用控制、源头控制、径流控制、排放控制等综合方案进行（王晓锋等，2016），从雨水收集、径流过程到最终进入受纳水体，总体控制和削减污染物含量，同时要考虑其重要的景观、美学、娱乐、休闲等给人们带来心理影响的潜在价值。本书将水敏性结构系统水质净化技术分成植物控制、雨水储留及雨水净化三部分。

（1）植物控制是水敏性结构系统水质净化技术的核心，包括生物沟（bioswale）等技术（Brown and Hunt，2012），生物沟可以有效防止径流引起的土壤侵蚀，拦截并固定雨水径流悬浮颗粒；植物篱类似一个过滤带，能够有效拦截和削减坡面径流携带的大量营养物和污染物。

（2）雨水储留技术是城市雨水调控的关键，包括生态滞留池、滞洪池、湿洼地、雨水花园等技术（Bradford and Gharabaghi，2004；张玉鹏，2015）。滞洪池是一种有效的控制暴雨径流和补给地下水的技术，往往可以维持一个永久性的滞洪池以降低径流洪峰，同时滞洪池也能够通过生物吸收和物理沉降起到改善水质的作用，滞洪池一般需要尽可能地靠近水源。生态滞留池还能够提供蓄滞水、美学等功能，但如何长期维持良好的水质是目前滞留池技术需要解决的首要问题。

（3）雨水净化技术主要包括渗滤池、人工湿地、潜流通道等技术。

本书基于水敏性城市设计技术体系构建了生物沟-雨水花园（生物塘）模式和生命景观屋顶-生命景观墙-生物沟-雨水花园-生物塘模式，并在汉丰湖南岸的湖岸带及滨水区进行了实践示范。

二、设计目标

以滨水区生态系统服务优化为目标，应对小微湿地和水敏性系统的多功能需求，以及变化的环境，针对汉丰湖滨水区进行小微湿地和水敏性系统的设计。运用湿地生态学、生态工程学的最新理念和技术原理，通过系列雨水花园、生物沟、生物洼地、青蛙塘、蜻蜓塘等湿地塘的建设，构建环湖水敏性缓冲带，发挥雨洪调蓄、地表径流污染削减与生物多样性提升等生态系统服务功能，促进滨水空间与自然水体之间的功能联系和连续过程的生态恢复，为市民提供亲近自然的科普宣教场所，打造蓄水湖库滨水空间小微湿地和水敏性系统建设的样板。

三、设计模式

针对临近开州新城的汉丰湖南岸进行滨水区的水敏性设计。汉丰湖南岸多采用硬质高陡坡护岸，滨水空间存在大量硬质化道路和人工建筑，生态缓冲区严重不足。提出“湿地五小工程”理念，通过系列雨水花园、生物沟、生物洼地、青蛙塘、蜻蜓塘的建设，提高湖岸微地形异质性，提升水文连通性，并通过多样湿地植物种植美化景观，“湿地五小工程”构成了环湖水敏性缓冲带（马广仁等，2017），持续发挥着雨洪调蓄、初期雨水污染削减与生物多样性提升等生态系统服务功能，是组成汉丰湖湖岸连续生态屏障的重要补充，促进滨水空间与自然水体之间的功能联系和连续过程的生态恢复，同时为城市居民提供重要的亲近自然、科普宣教的场所（图 10-1）。

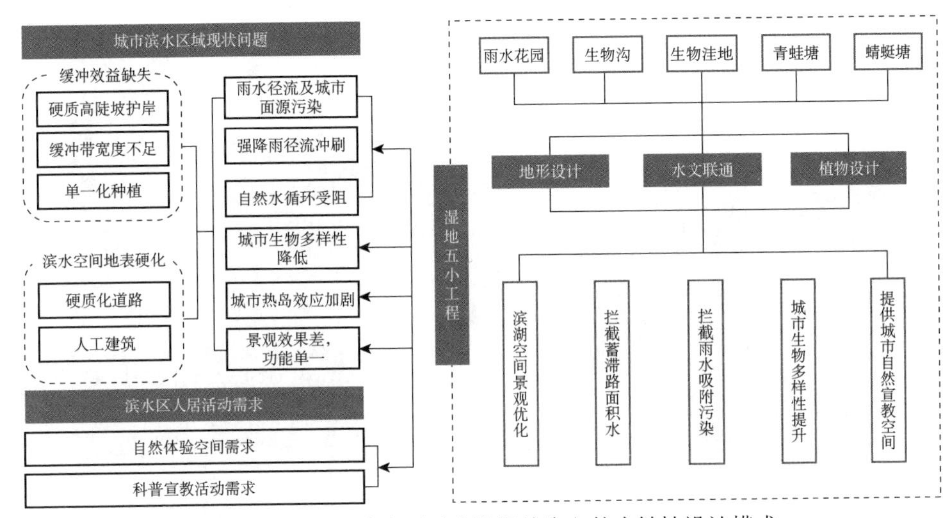

图 10-1　汉丰湖滨水区以小微湿地为主的水敏性设计模式

第二节　滨水区小微湿地与水敏性设计实践

一、生物沟

生物沟（也称生物过滤系统、生物截留系统、生物滤器或生物过滤洼地）是由开挖沟渠、回填介质和植物组成的暴雨径流处理系统，通常为细长的线性沟渠，属于线性小微湿地，一般有水平流向和垂直流向 2 种形式。水平流向的生物沟主要通过物理、化学或者生物作用削减污染物；垂直流向的生物沟一般包括植被、过滤介质及底部的穿孔管，处理后的径流由穿孔管收集并排放。生物沟技术简单高效、成本低廉，被广泛应用于城市地区暴雨径流管理的源头控制。

生物沟依地形设计，工程区属缓坡区域，坡度为3°～5°。一种方式是平行于等高线设计，在坡中部、缓坡与陡坡交界处，拦截坡面汇水于生物沟中；另一种方式垂直于等高线设计，贯穿整个坡体，连接道路和湖水，将道路雨洪联通，中间设置堰口，增加跌水。沟内铺设基质，沟两侧增设集汇水管，并栽种适生植物（图10-2）。

图10-2　汉丰湖南岸路侧生物沟

二、雨水花园小微湿地群

基于对汉丰湖水质安全保护，在宣教中心北侧实施了具有污染净化等多功能的小微湿地群，包括雨水花园（翟俊，2015）、青蛙塘、蜻蜓塘（图10-3～图10-6）。林下小微湿地群中，常年积水的深塘，以及灯心草、慈姑、千屈菜、苦草等挺水、沉水植物和倒木共同形成的多层次小微湿地，为青蛙和昆虫提供了丰富的栖息环境。小微湿地中具有高度连续性的微地形既是青蛙等两栖动物的庇护空间，又不妨碍它们的自由运动；在小微湿地中投放滤藻性底栖动物和鱼类，能够招引鸟类觅食。

图 10-3　雨水花园-生物沟填料砂卵石层施工过程

图 10-4　位于汉丰湖南岸的宣教中心北侧的雨水花园

图 10-5　雨水花园内的生物塔

图 10-6　汉丰湖南岸的蜻蜓塘

三、沟–塘链式水敏性系统（生物沟–雨水花园）

雨水花园是自然形成的或人工挖掘的浅凹绿地，被用于汇聚并吸收来自屋顶或地面的雨水，通过植物、沙土的综合作用使雨水得到净化，并使之逐渐渗入土壤，涵养地下水，或使之补给景观用水、厕所用水等城市用水，是一种生态可持续的雨洪控制与雨水利用设施。

将生物沟与雨水花园进行水文连通，形成沟–塘链式水敏性系统，即生物沟与雨水花园的有机衔接。

四、以宣教中心为核心的立体小微湿地网络

开州城区与汉丰湖水乳交融，城区是典型的水敏性城市。基于汉丰湖水质保护、生态系统保护和科普宣教功能需求，在汉丰湖滨南岸利用既有建筑建设了汉丰湖国家湿地公园宣教中心。从宣教中心的生命景观屋顶、生命景观墙，到建筑物周边的雨水花园群，运用湿地生态学、生态工程学的最新理念和技术原理（袁嘉等，2022），进行了以宣教中心为核心的立体小微湿地网络设计和建设，建成以宣教中心为核心的生命景观屋顶–生命景观墙–生物沟–雨水花园–生物塘（图 10-7）。

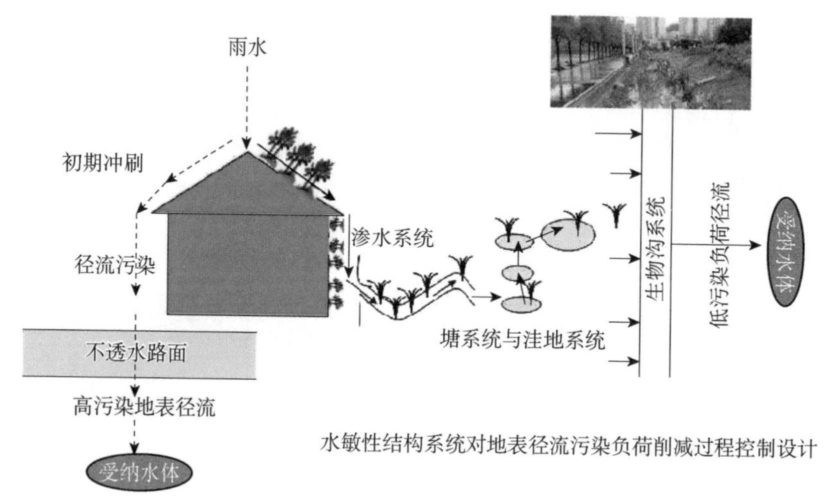

图 10-7　汉丰湖南岸生命景观屋顶-生命景观墙-生物沟-雨水花园-生物塘模式

生命景观屋顶是在宣教中心屋顶修建的富有生机的屋顶花园。屋顶花园既能降温、隔热效果优良，又能美化环境、净化空气、改善局部小气候，丰富城市的俯仰景观，补偿建筑物占用的绿化地面，大大提高城市的绿化覆盖率，而且能够对降雨初期冲刷效应具有明显缓冲效果，尤其是具有面源污染防控作用，对暴雨径流中氮、磷营养物具有显著的削减作用，是城市水环境污染防控体系源头控制的第一级控制单元。

生命景观墙（生态墙）是指充分利用不同的立地条件，选择攀援植物及其他植物栽植或者铺贴于其他空间结构上的立体绿化方式，能够充分利用城市竖向空间改善不良环境等问题，因此越来越受到城市绿化的青睐。本书作者所设计的生命景观墙主要是提供垂直生境，可以避免雨水直接冲刷墙体增加污染负荷和缓冲径流。

生命景观屋顶-生命景观墙-生物沟-雨水花园-生物塘模式是对生物沟-雨水花园-生物塘模式的一种优化和改进（图 10-8）。

汉丰湖周边的开州新城区为典型的水敏性城市，与汉丰湖水环境安全密切相关。针对汉丰湖的水敏性特点，在河、库岸带等水敏性关键节点设计并实施具有污染净化等多功能的雨水花园、生物沟、生物洼地等综合型水敏性系统，在国内尚属首创（图 10-9）。

图 10-8 位于汉丰湖南岸的宣教中心的生命景观屋顶——生命景观墙

图 10-9 汉丰湖南岸以宣教中心为核心的水敏性系统营建

通过在宣教中心屋顶花园建设小微湿地、结合垂直绿墙与地面小微湿地群的塑造，共同构成了立体小微湿地网络（图 10-10），在有限的空间内最大限度地削减硬质建筑空间对生态过程、水文连续性的破坏，形成立体小微湿地水敏性网络结构，为城市水敏性区域硬质建筑与环境一体化生态改造提供了模板。

图 10-10　宣教中心立体小微湿地

建成后的宣教中心生态系统是开州城市与汉丰湖水体之间生态界面的重要组成部分，发挥了水环境净化、生物多样性提升、景观美化优化、科普宣教、休闲游乐等功能，社会效益和生态环境效益明显。

五、芙蓉坝环湖小微湿地群建设

在汉丰湖芙蓉坝湖湾沿道路设置系列小微湿地群（袁嘉等，2018），通过地形设计塑造地表微起伏的地形，前期种植湿地植物，后期由自然做功经历逐渐的野化过程，既构成沿滨湖步道的优美景观，又发挥滞纳雨洪、提供生境的功能。

在汉丰湖南岸滨湖绿化带内，实施了约 5 万 m^2 的生物沟、生物塘、生物洼地、生命景观墙和生物塔等小微湿地工程，种植了美人蕉（*Canna indica*）、黄花鸢尾（*Iris wilsonii*）、肾蕨（*Nephrolepis auriculata*）等 30 余种植物（图 10-11）。小微湿地工程丰富了湖滨湿地昆虫、两栖动物、鸟类种类，有效拦截并净化了湖滨地表径流，调节和改善了局地小气候。

图 10-11　汉丰湖芙蓉坝环湖小微湿地群

第三节　滨水区小微湿地与水敏性系统建设效果评估

一、水污染净化效益评估

本书以芙蓉坝环湖小微湿地多塘-林泽-基塘复合系统模式为例进行水污染净化监测和评估。

（一）监测取样区域

监测取样区域位于汉丰湖芙蓉坝区域，芙蓉坝的小微湿地与水敏性系统主要处理金科大酒店附近硬质地表径流及部分尚未纳入城市污水管网的污水。该水敏性系统由上部野花草甸、中部环湖小微湿地多塘和下部林泽-基塘复合系统构成（图 10-12）。

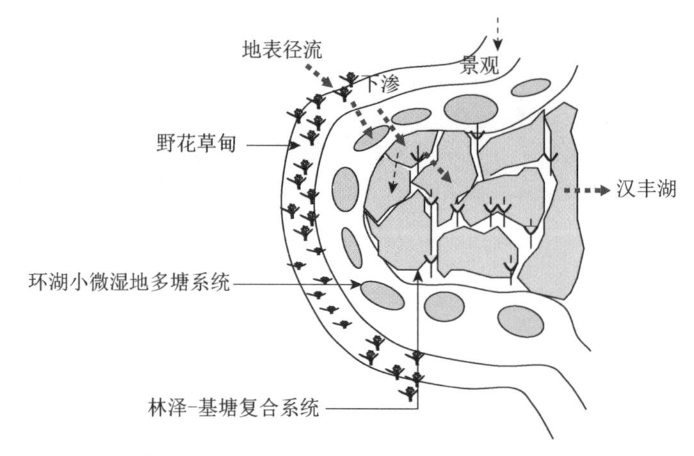

（a）野花草甸-环湖小微湿地多塘-林泽-基塘复合系统水流路径图

（b）芙蓉坝野花草甸-环湖小微湿地多塘-林泽-基塘复合系统

图 10-12　监测取样区域的野花草甸-环湖小微湿地多塘-林泽-基塘复合系统模式图

（二）样品采集

2015 年 6～9 月，对下部林泽-基塘复合系统进行水样采集，分别在生活污水入水口、中间塘 1、中间塘 2 及系统出水口设计 4 个采样点（图 10-13），每 3 天采样一次，共计采样 21 次，共采集水样 252 个。每次采样期间现场分析 pH、溶解氧（DO）及电导率。2015 年 7 月 15 日对环湖多塘中的 3 个微型塘进行水样采集，3 天后再次采集同样 3 个微型塘的水样，研究环湖多塘系统对雨水拦蓄及净化功能。

（a）入水口

（b）出水口

图 10-13　监测取样区的入水口和出水口现状

（三）监测结果与分析

1. 芙蓉坝水敏性系统对总氮含量削减效果

图 10-14 表明，芙蓉坝水敏性系统的入水口主要是生活污水，本书中入水口总氮含量为 3.93～39.76mg/L，均值为 16.48mg/L±9.56mg/L，高于国家污水排放一级标准，这部分污水直接排放将对汉丰湖水环境安全造成极大威胁。

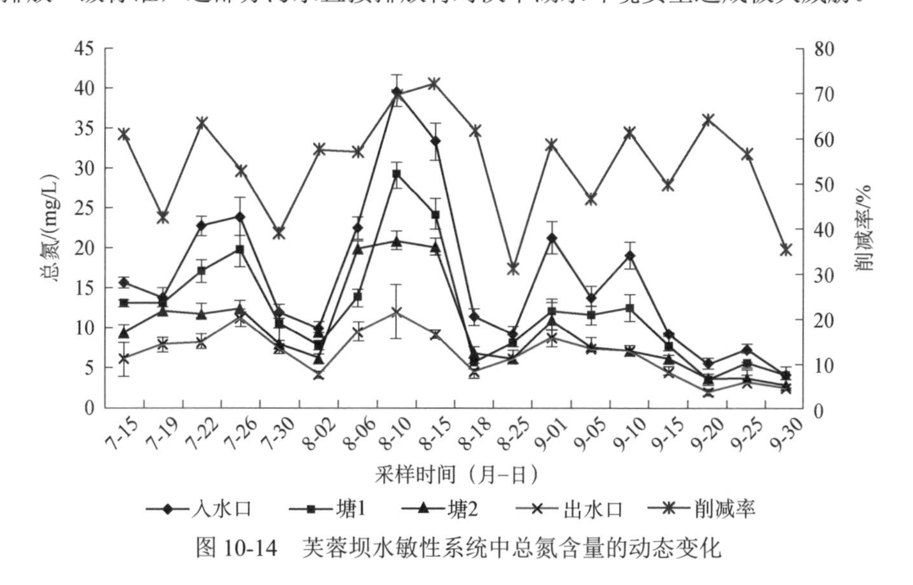

图 10-14　芙蓉坝水敏性系统中总氮含量的动态变化

经过本书设计的环湖小微湿地多塘-林泽-基塘复合系统逐级净化，塘 1 和塘 2 的总氮浓度分别降低至 12.24mg/L±6.7mg/L 和 9.95mg/L±5.49mg/L，仍然处于较高的污染水平，但已经低于国家污水排放的一级 A 标准（表 10-1）。系统的出水口总氮浓度为 6.89mg/L±2.83mg/L，显著低于入水口污水总氮浓度，所有出水均达到国家污水排放一级 A 标准。出水总氮浓度与入水总氮浓度具有极显著相关关系（$p<0.0001$），因此，对于该系统，污水排放总氮浓度过高可能会导致出水浓度不达标，因此需要对该系统处理污水总氮最高浓度进行检验。

表 10-1　芙蓉坝水敏性系统总氮含量的削减情况

日期（月-日）	入水口/(mg/L)	塘 1/(mg/L)	塘 2/(mg/L)	出水口/(mg/L)	削减率/%
7-15	15.75±0.67	13.11±0.43	9.76±0.83	6.16±2.06	61
7-19	13.96±1.13	13.23±0.51	12.29±0.43	8.04±0.93	42
7-22	22.78±1.23	17.19±1.38	12.14±0.90	8.35±0.94	63
7-26	24.07±2.45	19.73±1.93	12.70±0.87	11.41±1.02	53
7-30	12.16±0.85	10.55±2.56	8.01±0.50	7.45±0.59	39
8-02	10.11±0.72	7.82±0.33	6.43±0.78	4.26±0.35	58
8-06	22.60±1.49	13.85±1.12	20.18±0.83	9.68±1.16	57
8-10	39.76±1.93	29.29±1.59	21.08±1.16	12.09±3.44	70
8-15	33.49±2.32	24.23±1.91	20.30±1.17	9.32±0.53	72
8-18	11.56±0.99	5.51±0.72	6.77±0.99	4.40±0.65	62
8-25	9.38±0.83	8.09±0.51	6.05±0.42	6.49±0.70	31
9-01	21.47±2.01	12.19±1.48	11.12±2.24	8.88±0.98	59
9-05	14.02±1.28	11.78±1.19	7.97±0.94	7.51±0.40	46
9-10	19.24±1.60	12.55±1.69	7.28±0.57	7.44±0.51	61
9-15	9.29±0.28	7.77±0.52	6.21±0.52	4.69±0.49	50
9-20	5.57±0.62	3.57±0.46	3.73±0.16	1.99±0.35	64
9-25	7.51±0.48	5.57±0.32	4.28±0.64	3.25±0.16	57
9-30	3.93±0.35	4.31±0.93	2.87±0.34	2.55±0.27	35
均值	16.48±9.29	12.24±6.70	9.95±5.49	6.89±2.83	58

芙蓉坝水敏性系统对总氮的削减率变异性较大，范围为 31%～72%，平均削减率为 58%。工程类似生态滞留池，但削减率高于传统生态滞留池、生物洼地系统及草地洼地（Backstrom，2003；Chapman and Horner，2010）。足够数量生态滞洪池不仅能够控制暴雨径流和补给地下水，而且可以通过生物

吸收和物理沉降起到改善水质的作用，生态储留池是城市雨水储留的关键技术；Chapman 和 Horner（2010）的研究表明，生态滞留池氮、磷的削减率可分别达到 30%和 37%；Backstrom（2003）的研究表明，当径流污染物浓度较高时，草地湿洼地可以通过沉降颗粒物而保留 80%以上的径流污染物。这种波动性主要与入水污染物浓度有关，同时可能受到降雨影响。分析表明，降雨期间采集样品所表现的总氮削减率均较低，因为降雨期间导致塘系统内水体快速流动，污水在塘中滞留时间不足，因此不足以沉降，同时降雨冲刷导致植物吸附的颗粒态污染物重新进入水体而导致出水口污染浓度较高。此外，如图 10-15(b)所示，入水口总氮浓度与平均削减率呈显著的正相关关系，即入水口总氮浓度越大，平均削减率越高。这也表明，芙蓉坝水敏性系统具有较好的设计，对该区域生活污水负荷具有较好的处理能力，但未来需要进一步研究该系统对入水口总氮最大处理容量，防止出现污水的大量入湖。

根据出水口总氮浓度与入水口总氮浓度线性回归方程［图 10-15(a)］：

$$y = 0.2679x + 2.4717 \qquad (p < 0.0001)$$

式中，y 为出水口总氮浓度；x 为入水口总氮浓度。因此，对于该系统，污水排放总氮浓度过高会导致出水口浓度不达标，需要对该系统入水口总氮浓度进行控制。通过入水口与出水口总氮浓度关系方程，初步认为入水口总氮浓度不宜超过 46.76mg/L（$y = 15$mg/L）。

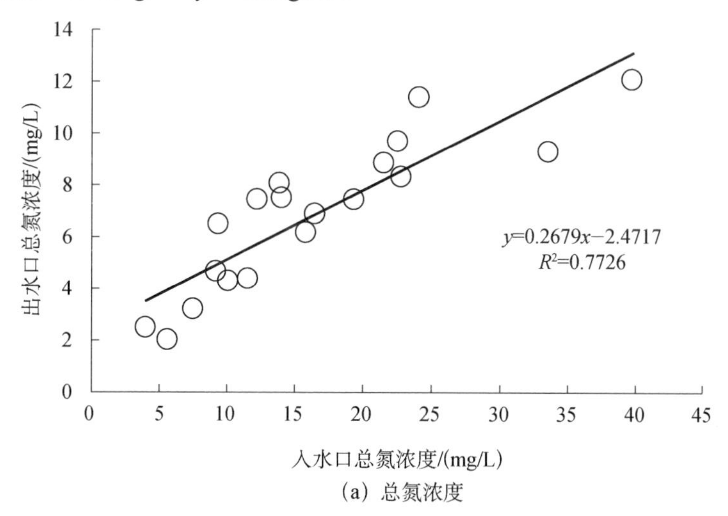

(a) 总氮浓度

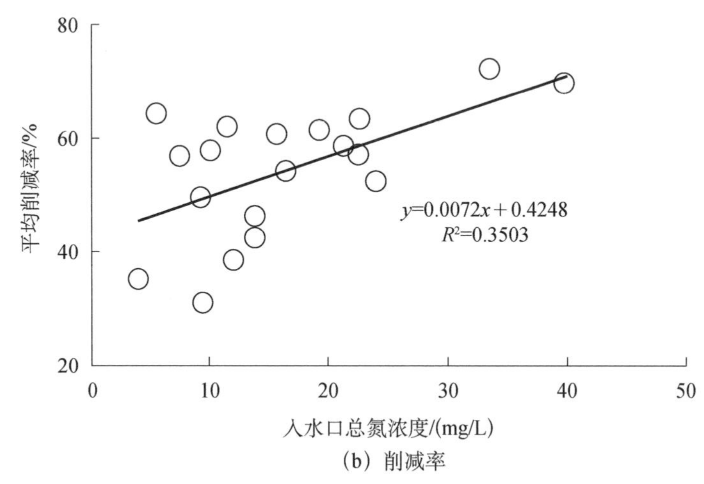

(b) 削减率

图 10-15　芙蓉坝水敏性系统入水口总氮浓度和平均削减率的相关关系

2. 芙蓉坝水敏性系统对总磷含量削减效果

芙蓉坝水敏性系统中水体总磷含量变化情况如图 10-16 所示。本书中入水口总磷含量为 0.28～6.93mg/L，均值为 2.21mg/L±1.73mg/L，大部分监测期间水样总磷高于国家污水排放二级标准，对汉丰湖水环境安全造成极大威胁。经过本书设计的林泽多塘系统逐级净化，塘 1 和塘 2 的总磷浓度分别降低至 1.42mg/L±0.84mg/L 和 1.26mg/L±0.81mg/L，仍然处于较高的污染水平，但已经接近国家污水排放的一级 B 标准（表 10-2）。系统的出水口总磷浓度为

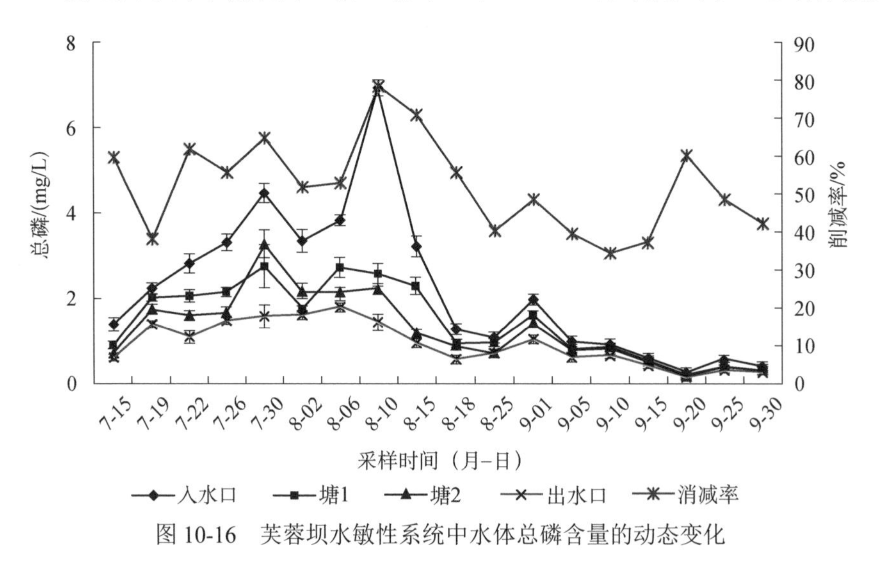

图 10-16　芙蓉坝水敏性系统中水体总磷含量的动态变化

0.91mg/L±0.52mg/L，显著低于入水口污水总磷浓度，大部分出水达到国家污水排放一级A标准，但在7～8月，由于气温较高，生活污水排放量大，污染物浓度较高，因此系统出水浓度高于一级A标准，但低于B标准。同时，出水口总磷浓度与入水口总磷浓度具有极显著相关关系，且呈如下方程：

$$y = 0.0072x + 0.4248 \qquad (p < 0.0001)$$

式中，y为出水总磷浓度；x为入水总磷浓度。

表10-2　芙蓉坝水敏性系统总磷含量的削减情况

日期（月-日）	入水口/(mg/L)	塘1/(mg/L)	塘2/(mg/L)	出水口/(mg/L)	削减率/%
7-15	1.39±0.14	0.88±0.08	0.70±0.04	0.57±0.07	59
7-19	2.23±0.12	2.03±0.05	1.75±0.06	1.38±0.08	38
7-22	2.82±0.21	2.06±0.15	1.61±0.06	1.08±0.14	62
7-26	3.30±0.17	2.14±0.08	1.63±0.16	1.46±0.08	56
7-30	4.49±0.22	2.70±0.47	3.25±0.35	1.58±0.27	65
8-02	3.34±0.28	1.72±0.09	2.16±0.19	1.62±0.10	51
8-06	3.82±0.13	2.72±0.24	2.18±0.10	1.81±0.14	53
8-10	6.93±0.18	2.56±0.26	2.23±0.13	1.44±0.21	79
8-15	3.23±0.22	2.26±0.20	1.17±0.11	0.96±0.12	70
8-18	1.28±0.13	0.94±0.05	0.87±0.03	0.57±0.08	56
8-25	1.09±0.07	0.96±0.05	0.73±0.06	0.66±0.03	40
9-01	1.97±0.09	1.61±0.10	1.42±0.08	1.02±0.10	48
9-05	0.98±0.08	0.76±0.08	0.73±0.06	0.59±0.04	39
9-10	0.97±0.05	0.81±0.07	0.90±0.03	0.63±0.04	34
9-15	0.62±0.05	0.59±0.04	0.52±0.03	0.39±0.03	37
9-20	0.28±0.02	0.21±0.01	0.19±0.01	0.11±0.01	60
9-25	0.59±0.05	0.35±0.03	0.39±0.05	0.30±0.03	48
9-30	0.46±0.03	0.34±0.02	0.32±0.02	0.27±0.02	41
均值	2.21±1.73	1.42±0.84	1.26±0.81	0.91±0.52	59

因此，对于该系统，污水排放总磷浓度过高会导致出水口浓度不达标，需要对该系统入水口总磷浓度进行控制。通过入水口与出水口总磷浓度关系方程，本书计算芙蓉坝水敏性系统处理污水入水最大总磷浓度（y=1mg/L）为2.56mg/L。

芙蓉坝水敏性系统对总磷的削减率范围为34%～79%，平均削减率为59%。该系统对污水总磷的削减率高于大部分河岸带缓冲系统。总磷的削减率也有一定的波动性，主要归因于降雨和入水口总磷浓度的影响。如图 10-17 所示，入水口总磷浓度与平均削减率呈显著的正相关关系，即入水浓度越大，表现削减率越高。同时尽管 2015 年 7～8 月该系统对总磷具有较高的削减率，但出水口总磷浓度仍存在不达标现象，由此可见该系统在处理总磷方面容量有限，需要进一步优化管理。

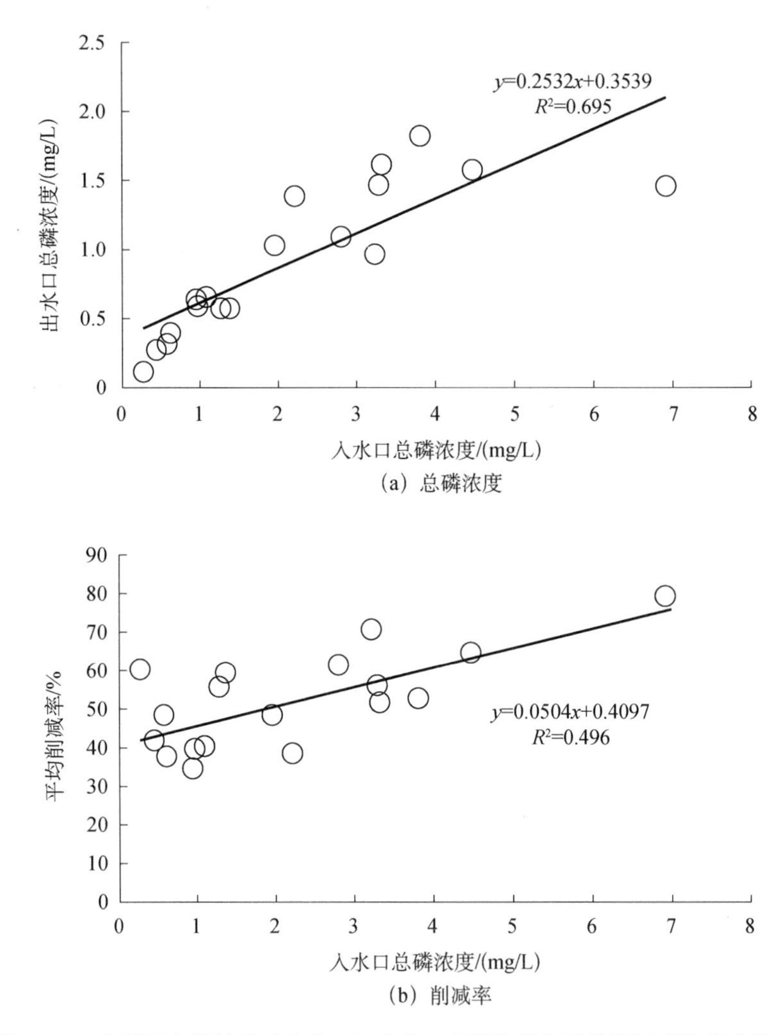

图 10-17　芙蓉坝水敏性系统入水口与出水口总磷浓度和平均削减率的相关关系

3. 芙蓉坝水敏性系统对氨氮含量削减效果

氨氮是污水中重要的污染物，是污水排放达标的重要参考指标。芙蓉坝水敏性系统中水体氨氮的浓度变化情况如图 10-18 所示。

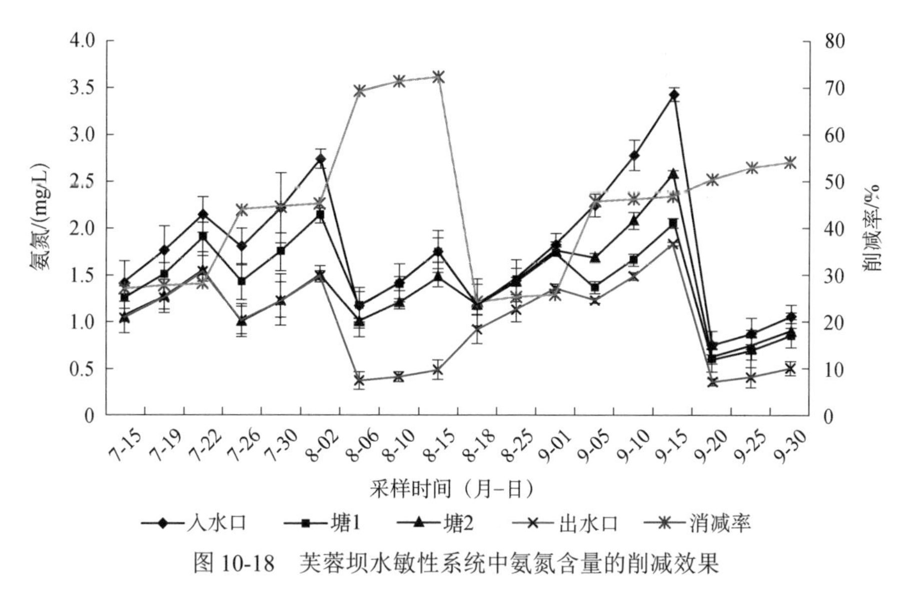

图 10-18　芙蓉坝水敏性系统中氨氮含量的削减效果

本书中入水口氨氮含量为 0.73～3.44mg/L，均值为 1.79mg/L±0.69mg/L，大部分监测期间水样氨氮浓度均能达到国家污水排放一级 A 标准，浓度相对较低，但如果直接排入汉丰湖会消耗湖水中的溶解氧，造成水质恶化，其威胁仍不容小觑。监测塘 1 和塘 2 的氨氮浓度平均值分别为 1.44mg/L±0.42mg/L 和 1.36mg/L±0.47mg/L（表 10-3），达到国家地表水Ⅳ类水质标准。系统的出水口氨氮浓度为 1.00mg/L±0.46mg/L，显著低于入水口污水氨氮浓度，系统处理氨氮效果显著。

表 10-3　芙蓉坝水敏性系统氨氮含量的削减情况

日期（月-日）	入水口/(mg/L)	塘 1/(mg/L)	塘 2/(mg/L)	出水口/(mg/L)	削减率/%
7-15	1.43±0.23	1.26±0.20	1.06±0.16	1.04±0.16	27
7-19	1.74±0.29	1.53±0.23	1.29±0.16	1.26±0.15	28
7-22	2.15±0.18	1.89±0.18	1.58±0.15	1.54±0.04	28
7-26	1.80±0.19	1.43±0.18	1.02±0.18	1.01±0.14	44
7-30	2.22±0.37	1.74±0.22	1.24±0.28	1.23±0.19	45
8-02	2.74±0.10	2.15±0.08	1.52±0.09	1.50±0.04	45
8-06	1.19±0.19	1.16±0.17	1.01±0.18	0.36±0.11	69
8-10	1.44±0.19	1.41±0.07	1.22±0.09	0.41±0.04	71
8-15	1.77±0.19	1.73±0.16	1.50±0.13	0.49±0.11	73
8-18	1.22±0.24	1.17±0.21	1.19±0.20	0.92±0.16	25
8-25	1.49±0.18	1.43±0.14	1.44±0.13	1.12±0.13	25

续表

日期（月-日）	入水口/(mg/L)	塘 1/(mg/L)	塘 2/(mg/L)	出水口/(mg/L)	削减率/%
9-01	1.83±0.11	1.75±0.04	1.77±0.06	1.36±0.04	26
9-05	2.25±0.12	1.37±0.06	1.71±0.04	1.22±0.03	46
9-10	2.78±0.16	1.67±0.07	2.09±0.09	1.49±0.04	46
9-15	3.44±0.07	2.06±0.04	2.59±0.02	1.83±0.01	47
9-20	0.73±0.18	0.59±0.15	0.63±0.16	0.36±0.05	51
9-25	0.88±0.17	0.70±0.17	0.75±0.16	0.41±0.10	53
9-30	1.06±0.12	0.85±0.12	0.91±0.09	0.49±0.08	54
均值	1.79±0.69	1.44±0.42	1.36±0.47	1.00±0.46	45

监测期间氨氮浓度总体变异性较大，具有一定的代表性，因此根据出水口氨氮浓度与入水口氨氮浓度构建相关方程如下：

$$y = 0.5677x - 0.0117 \qquad (p < 0.0001)$$

式中，y 为出水氨氮浓度；x 为入水氨氮浓度。

该系统整个监测期间出水氨氮浓度达到相关标准，效果较好。通过入水口与出水口氨氮浓度关系方程，本书计算芙蓉坝水敏性系统处理污水入水口最大氨氮浓度（$y = 5$mg/L）为 8.83mg/L。

芙蓉坝水敏性系统对氨氮的削减率范围为 25%～73%，平均削减率为 45%。氨氮削减率与入水口浓度没有明显的相关关系（图 10-19），该系统在氨氮处理方面具有较高潜力，能够应对较高浓度的氨氮负荷。

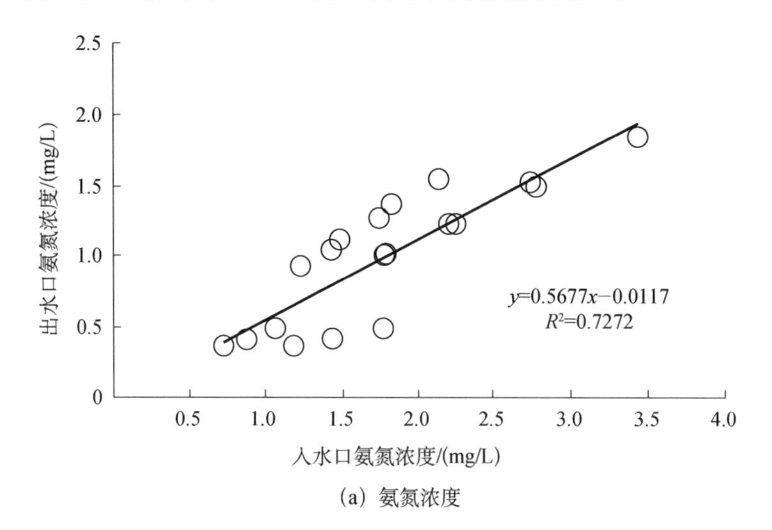

(a) 氨氮浓度

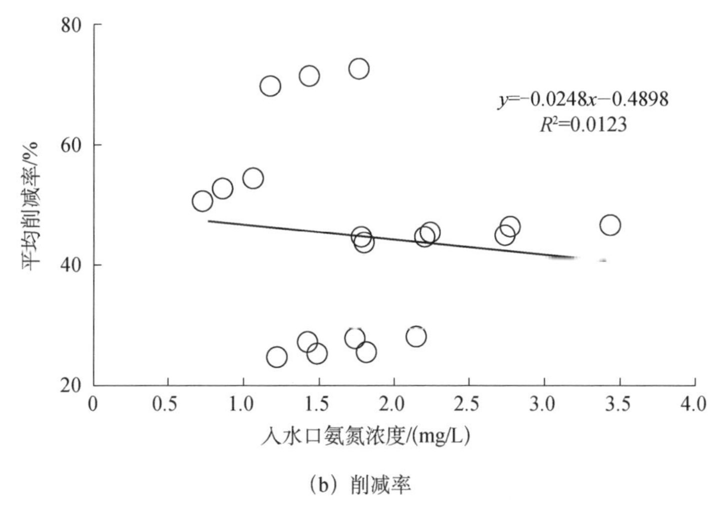

（b）削减率

图 10-19　芙蓉坝水敏性系统入水口与出水口氨氮浓度和总体污染物削减率的相关关系

4. 芙蓉坝水敏性系统对硝态氮含量削减效果

硝态氮是引起水体富营养化的重要污染物。图 10-20 为水敏性结构系统中水体硝态氮的浓度变化情况。本书中的入水口污水由于未经过污水厂处理，因此具有相对较高的硝态氮含量，达到 3.21～8.04mg/L，均值为 5.19mg/L±1.26mg/L，为国家地表水劣Ⅴ类水质标准。经过林泽基塘的净化，塘 1 和塘 2 的硝态氮浓度平均值分别降至 4.06mg/L±1.39mg/L 和 3.55mg/L±0.61mg/L，仍为

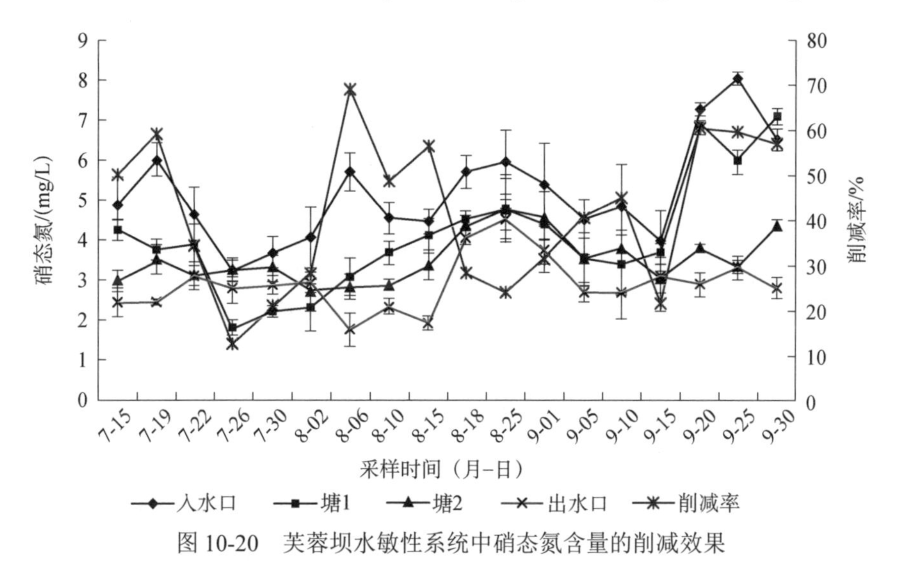

图 10-20　芙蓉坝水敏性系统中硝态氮含量的削减效果

国家地表水劣Ⅴ类水质。监测期间系统的出水口硝态氮浓度平均值为2.91mg/L±0.67mg/L（1.76～4.52mg/L）（表10-4），显著低于入水口污水硝态氮浓度，大部分出水接近国家地表水Ⅴ类水质标准，系统处理硝态氮效果较好。

表10-4　芙蓉坝水敏性系统硝态氮含量的削减情况

日期（月-日）	入水口/(mg/L)	塘1/(mg/L)	塘2/(mg/L)	出水口/(mg/L)	削减率/%
7-15	4.88±0.73	4.24±0.26	2.98±0.28	2.44±0.36	50
7-19	6.01±0.43	3.75±0.26	3.52±0.36	2.44±0.07	59
7-22	4.65±0.68	3.88±0.52	3.16±0.30	3.07±0.30	34
7-26	3.21±0.27	1.81±0.19	3.34±0.23	2.80±0.39	13
7-30	3.66±0.43	2.21±0.14	3.34±0.39	2.89±0.26	21
8-02	4.06±0.77	2.30±0.59	2.71±0.50	2.93±0.24	28
8-06	5.69±0.47	3.07±0.46	2.84±0.30	1.76±0.42	69
8-10	4.56±0.39	3.66±0.28	2.89±0.14	2.35±0.20	49
8-15	4.47±0.29	4.11±0.41	3.39±0.38	1.94±0.16	57
8-18	5.69±0.40	4.47±0.17	4.38±0.33	4.06±0.20	29
8-25	5.96±0.79	4.74±0.81	4.83±0.79	4.52±0.26	24
9-01	5.42±1.03	4.38±1.02	4.61±0.59	3.75±0.57	31
9-05	4.52±0.50	3.57±0.60	3.52±0.68	2.66±0.20	41
9-10	4.83±1.08	3.39±0.75	3.79±0.47	2.66±0.62	45
9-15	3.97±0.72	3.66±0.25	3.03±0.80	3.12±0.43	22
9-20	7.27±0.16	6.82±0.17	3.79±0.07	2.89±0.29	60
9-25	8.04±0.16	5.96±0.32	3.39±0.20	3.25±0.25	60
9-30	6.50±0.28	7.09±0.18	4.38±0.15	2.80±0.26	57
均值	5.19±1.22	4.06±1.39	3.55±0.61	2.91±0.67	41

监测期间，硝态氮浓度总体变化不大，低于大部分生活污水硝态氮浓度。如图10-21(a)所示，入水口硝态氮浓度与出水口浓度没有显著相关关系。这与总磷、总氮不同，可能是由于研究期间硝态氮数据分布较稳定，因此没有呈现显著的规律。

芙蓉坝水敏性系统对硝态氮的削减率范围为13%～69%，平均削减率为41%，削减效果低于总磷和总氮，且具有明显的波动性，主要是由于该系统为表流型人工湿地处理系统，对溶解性营养盐的处理效果受到水力停留时间和入水量的影响较大，因此平均削减效果不如总氮，这也表明该系统对总氮的削减可能主要来自于颗粒悬浮物的过滤、吸附及有机氮的拦截等。硝态氮平均削减率与入水口硝态氮浓度呈显著正相关关系［图 10-21(b)］，可见该系统设计对硝态氮削减具有较好的效果。

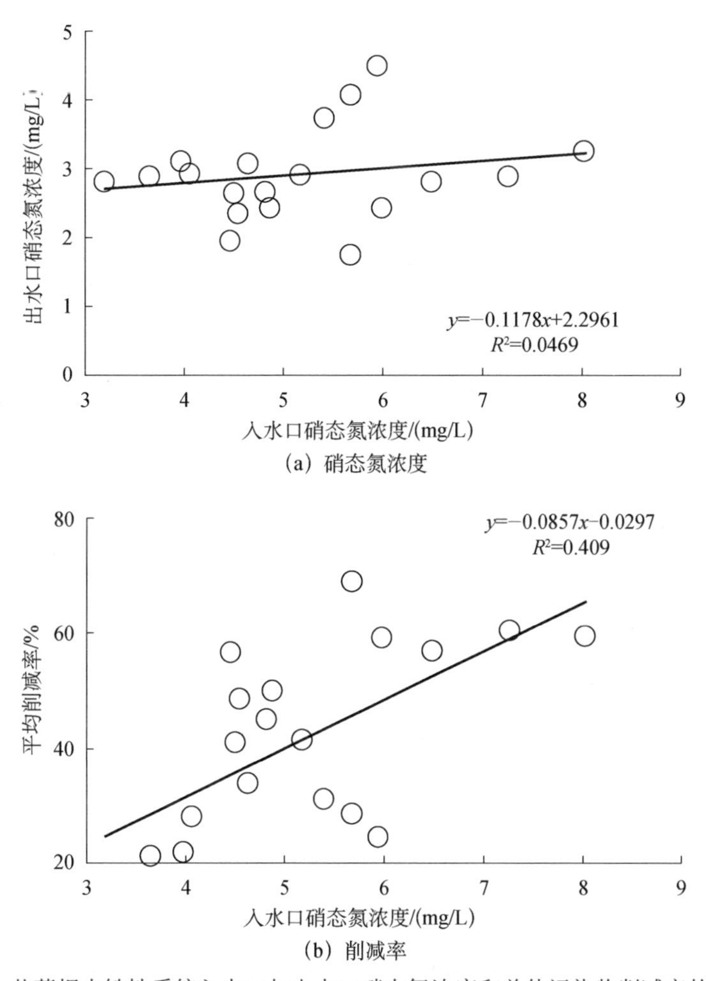

图 10-21　芙蓉坝水敏性系统入水口与出水口硝态氮浓度和总体污染物削减率的相关关系

5. 芙蓉坝水敏性系统对溶解性总磷含量削减效果

溶解性总磷进入水体极易转化为正磷酸盐而被浮游生物吸收导致水体富营养化。芙蓉坝水敏性系统中水体溶解性总磷的浓度变化情况如图 10-22 所示。本书中入水口污水溶解性总磷含量为 0.15～5.01mg/L，均值为 1.64mg/L±1.32mg/L，大部分监测期间水样溶解性总磷高于国家污水排放一级 B 标准。

经过林泽多塘系统逐级净化，监测期间塘 1 和塘 2 的溶解性总磷平均浓度分别降低至 1.06mg/L±0.72mg/L 和 0.87mg/L±0.55mg/L，仍然处于较高的污染水平，但已经接近国家污水排放的一级 A 标准。系统的出水口溶解性总磷浓度为 0.66mg/L±0.45mg/L（0.06～1.59mg/L）（表 10-5），显著低于入水口污水溶解性总磷浓度，75%以上的出水达到国家污水排放一级 A 标准。夏季的 7 月末至 8 月初，可能由于气温过高，生活污水排放量大，污染物浓度较高，因此系统出水浓度高于一级 A 标准，但低于 B 标准。

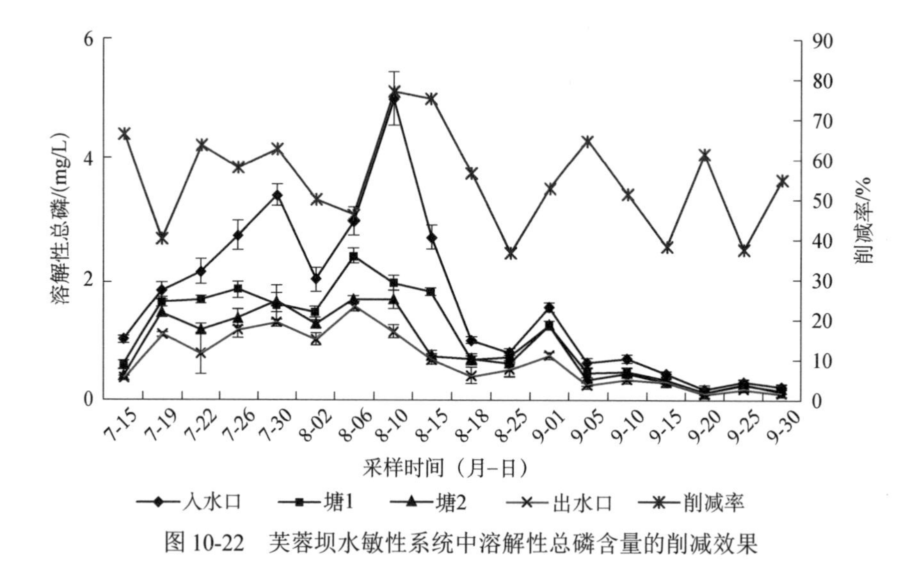

图 10-22　芙蓉坝水敏性系统中溶解性总磷含量的削减效果

表 10-5　芙蓉坝水敏性系统溶解性总磷浓度的削减情况

日期（月-日）	入水口/(mg/L)	塘 1/(mg/L)	塘 2/(mg/L)	出水口/(mg/L)	削减率/%
7-15	1.01±0.07	0.59±0.03	0.44±0.05	0.34±0.01	66
7-19	1.84±0.14	1.65±0.08	1.47±0.09	1.10±0.04	40
7-22	2.14±0.21	1.67±0.05	1.19±0.07	0.78±0.06	63
7-26	2.75±0.25	1.83±0.15	1.35±0.13	1.15±0.12	58
7-30	3.40±0.16	1.57±0.23	1.68±0.21	1.27±0.07	63
8-02	2.01±0.22	1.42±0.13	1.28±0.05	1.00±0.11	50
8-06	2.97±0.22	2.39±0.12	1.67±0.07	1.59±0.09	47
8-10	5.01±0.46	1.97±0.12	1.68±0.15	1.14±0.11	77
8-15	2.72±0.20	1.79±0.06	0.75±0.06	0.68±0.10	75

续表

日期（月-日）	入水口/(mg/L)	塘 1/(mg/L)	塘 2/(mg/L)	出水口/(mg/L)	削减率/%
8-18	0.98±0.05	0.63±0.09	0.71±0.05	0.43±0.05	57
8-25	0.80±0.02	0.73±0.04	0.61±0.03	0.51±0.03	37
9-01	1.54±0.07	1.23±0.04	1.25±0.09	0.73±0.04	53
9-05	0.61±0.07	0.42±0.02	0.31±0.02	0.22±0.03	64
9-10	0.69±0.05	0.41±0.03	0.47±0.06	0.34±0.03	51
9-15	0.44±0.02	0.29±0.03	0.34±0.03	0.28±0.02	38
9-20	0.15±0.01	0.13±0.01	0.13±0.01	0.06±0.01	62
9-25	0.31±0.03	0.22±0.02	0.24±0.02	0.19±0.01	38
9-30	0.21±0.02	0.13±0.01	0.13±0.02	0.09±0	55
均值	1.64±1.29	1.06±0.72	0.87±0.55	0.66±0.45	55

溶解性总磷在监测期间浓度变化规律与总磷相同，均表现为7～8月较高，8月下旬至9月底浓度降低。总体溶解性总磷浓度变异性较大，具有一定的代表性，因此对出水口溶解性总磷浓度与入水口溶解性总磷浓度进行简单线性回归得到如下方程［图 10-23(a)]：

$$y = 0.2935x + 0.1787 \qquad (p<0.0001)$$

式中，y 为出水溶解性总磷浓度；x 为入水溶解性总磷浓度。

根据此方程，本书计算得到芙蓉坝水敏性系统处理污水入水溶解性总磷的最大浓度为 2.56mg/L（$y=1$mg/L）。

芙蓉坝水敏性系统对溶解性总磷的削减率范围为 37%～77%，平均削减率为 55%。该系统对污水溶解性总磷的削减率高于大部分河岸带缓冲系统。溶解性总磷的削减率也有一定的波动性，但不显著，主要归因于降雨和入水溶解性总磷浓度的影响。如图 10-23(b)所示，入水口溶解性总磷浓度与平均削减率呈显著的正相关关系，即入水口浓度越大，平均削减率越高。溶解性总磷的削减率与降水量呈负相关关系，当有较大降雨时，快速的表流过程降低了系统对溶解性总磷的削减率。

利用总磷减去溶解性总磷的方法粗略估算颗粒态磷的削减效果（图 10-24），削减率为 53%±16%（28%～84%），与溶解性总磷的削减率相当，因此该系统对总磷的削减既有颗粒态磷的削减，也有溶解性总磷的消纳。

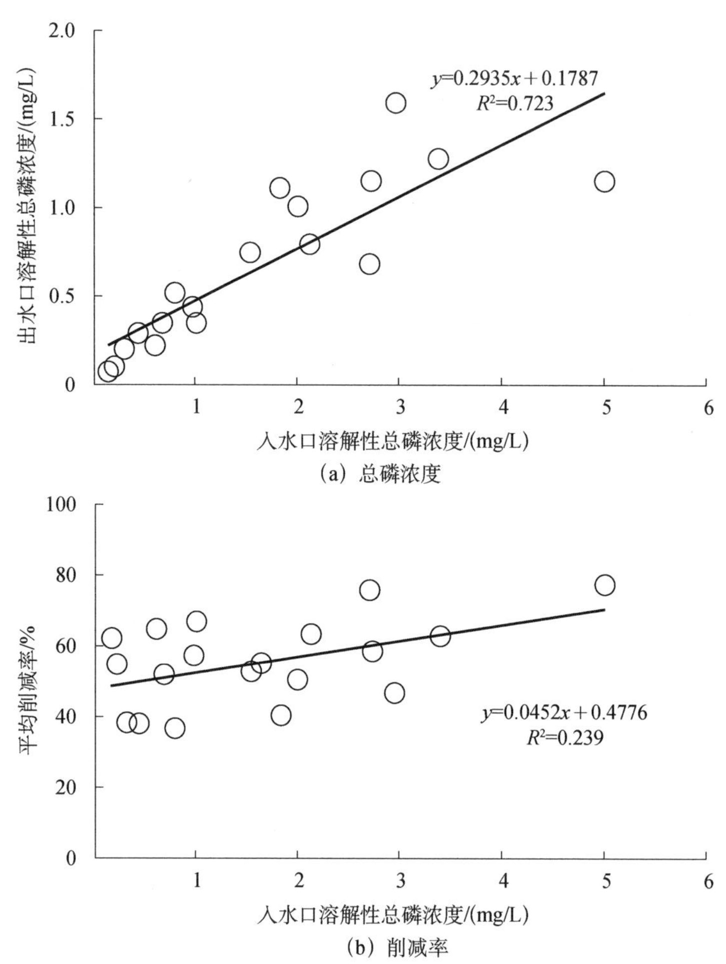

图 10-23 芙蓉坝水敏性系统入水口与出水口溶解性总磷浓度和平均削减率的相关关系

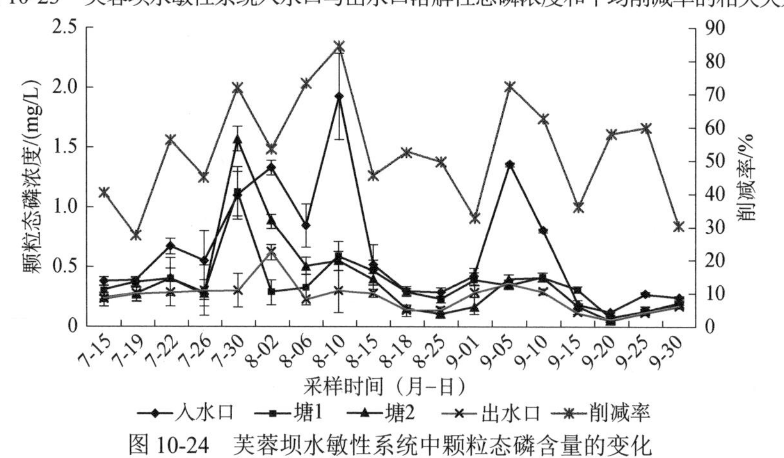

图 10-24 芙蓉坝水敏性系统中颗粒态磷含量的变化

6. 芙蓉坝水敏性系统对正磷酸盐含量削减效果

正磷酸盐是导致水体富营养化的直接因素。芙蓉坝水敏性系统中水体正磷酸盐的浓度变化情况如图 10-25 所示。

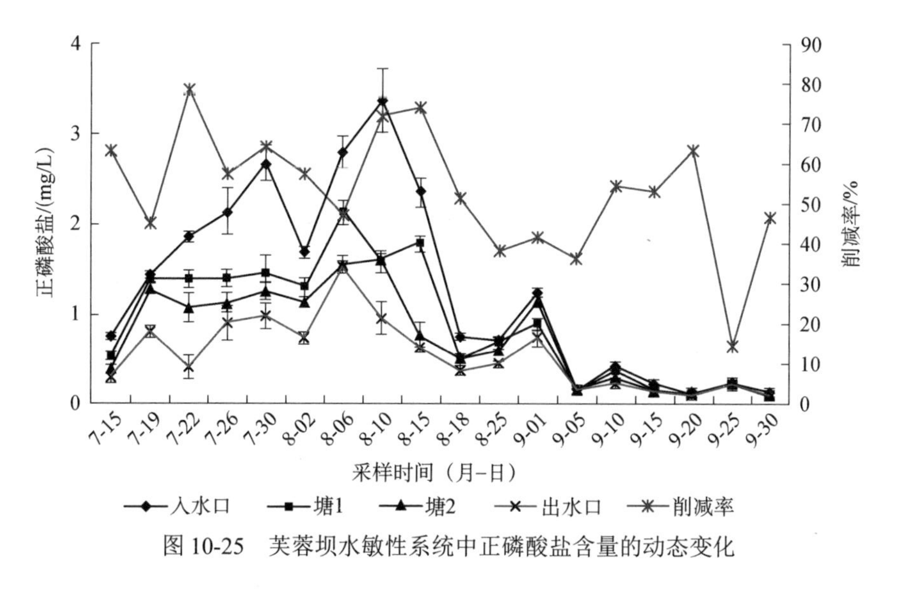

图 10-25 芙蓉坝水敏性系统中正磷酸盐含量的动态变化

本书中入水口污水正磷酸盐含量为 0.13～3.36mg/L，均值为 1.28mg/L±1.04mg/L，大部分监测期间水样正磷酸盐高于国家污水排放一级 B 标准。监测期间塘 1 和塘 2 的正磷酸盐平均浓度分别降低至 0.89mg/L±0.64mg/L 和 0.74mg/L±0.51mg/L，仍然处于较高的污染水平，但已经接近国家污水排放的一级 A 标准。系统的出水口正磷酸盐浓度为 0.52mg/L±0.39mg/L（0.06～1.59mg/L）（表 10-6），显著低于入水口污水正磷酸盐浓度，完全达到污水排放一级 B 标准。

表 10-6 芙蓉坝水敏性系统正磷酸盐含量的削减情况

日期（月-日）	入水口/(mg/L)	塘 1/(mg/L)	塘 2/(mg/L)	出水口/(mg/L)	削减率/%
7-15	0.75±0.04	0.52±0.03	0.38±0.05	0.27±0.05	63
7-19	1.44±0.04	1.39±0.05	1.27±0.07	0.79±0.07	45
7-22	1.85±0.06	1.39±0.10	1.07±0.16	0.40±0.13	78
7-26	2.13±0.25	1.38±0.08	1.11±0.11	0.90±0.21	58

续表

日期（月-日）	入水口/(mg/L)	塘 1/(mg/L)	塘 2/(mg/L)	出水口/(mg/L)	削减率/%
7-30	2.67±0.20	1.44±0.20	1.25±0.10	0.96±0.14	64
8-02	1.68±0.07	1.30±0.10	1.13±0.06	0.72±0.07	57
8-06	2.80±0.18	2.12±0.14	1.57±0.07	1.48±0.04	47
8-10	3.36±0.37	1.58±0.12	1.58±0.08	0.94±0.18	72
8-15	2.35±0.17	1.78±0.09	0.76±0.13	0.61±0.03	74
8-18	0.74±0.04	0.46±0.03	0.52±0.03	0.36±0.05	51
8-25	0.70±0.04	0.68±0.04	0.60±0.04	0.43±0.03	38
9-01	1.22±0.07	0.88±0.08	1.15±0.07	0.72±0.08	41
9-05	0.17±0.01	0.14±0.01	0.14±0.02	0.11±0.01	36
9-10	0.44±0.02	0.37±0.03	0.30±0.02	0.20±0.02	54
9-15	0.23±0.03	0.15±0.01	0.13±0.01	0.11±0.01	54
9-20	0.13±0	0.13±0	0.11±0.01	0.05±0.01	63
9-25	0.24±0.02	0.22±0.01	0.19±0.02	0.20±0.01	14
9-30	0.14±0	0.10±0.01	0.08±0.01	0.07±0.01	47
均值	1.28±1.02	0.89±0.64	0.74±0.51	0.52±0.39	53

正磷酸盐在监测期间浓度变化规律与总磷、溶解性总磷相似，均表现为7～8月较高，8月下旬至9月底浓度降低。出水正磷酸盐浓度与入水正磷酸盐浓度存在以下方程关系［图10-26(a)］：

$$y = 0.3341x + 0.0912 \qquad (p<0.0001)$$

式中，y为出水正磷酸盐浓度；x为入水正磷酸盐浓度。

根据此方程，本书计算得到芙蓉坝水敏性系统处理污水入水口正磷酸盐的最大浓度为2.72mg/L（$y = 1$mg/L）。

芙蓉坝水敏性系统对正磷酸盐的削减率范围为14%～78%，平均削减率为53%。正磷酸盐的削减率有一定的波动性，但不显著，主要归因于入水口正磷酸盐浓度的差异。如图10-26(b)所示，入水口正磷酸盐浓度与平均削减率呈显著的正相关关系，即入水口浓度越大，削减率越高。

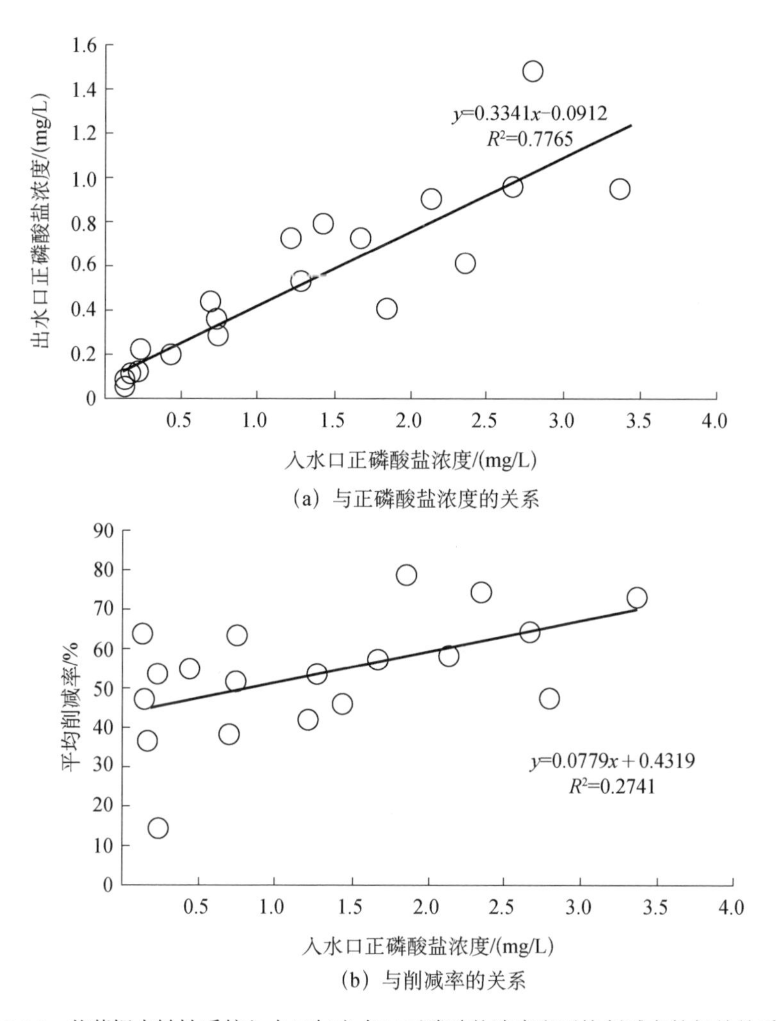

(a) 与正磷酸盐浓度的关系

(b) 与削减率的关系

图 10-26　芙蓉坝水敏性系统入水口与出水口正磷酸盐浓度和平均削减率的相关关系

二、生物多样性提升效益评估

本书重点针对汉丰湖南岸的雨水花园，进行植物多样性提升效果评估。雨水花园系统运行初期塘、生物沟植物面积占比为 56.49%，初期栽种占比为 30%，植被覆盖率相对较高，植被生长良好。现有植物按生活型划分，湿生草本植物种类最多，为 72 种，挺水植物种类次之，为 14 种，两者相加占湿地植物种类总数的 95.56%；沉水植物、浮叶、漂浮植物种类相对较少，三者之和占湿地植物种类总数的 4.44%。按植物的来源划分，人工栽种植物的生活型分别为：挺水植物 13 种，占 68.42%，湿生草本植物 5 种，占 26.32%，浮叶植物 1 种，占 5.26%；自然繁衍植物的生活型分别为挺水植物 1 种，占 1.39%，湿生草本植物 67 种，占 93.06%，漂浮植物 1 种，占 1.39%，沉水植物 2 种，占 2.78%。这说明人工栽种以挺水植物为主，而自然繁衍的植物以湿生草本植物占绝对优势。

雨水花园工程区维管植物种类见表 10-7。

表 10-7　雨水花园工程区维管植物种类名录

科	属	种	拉丁名
禾本科	稗属	稗	*Echinochloa crusgalli*
禾本科	稗属	芒稗	*Echinochloa colonum*
禾本科	稗属	长芒稗	*Echinochloa caudata*
禾本科	狗尾草属	狗尾草	*Setaria viridis*
禾本科	狗牙根属	狗牙根	*Cynodon dactylon*
禾本科	芦苇属	芦苇	*Phragmites australis*
禾本科	芦竹属	芦竹	*Arundo donax*
禾本科	雀稗属	雀稗	*Paspalum thunbergii*
禾本科	千金子属	千金子	*Leptochloa chinensis*
禾本科	白茅属	白茅	*Imperata cylindrical*
禾本科	荩草属	荩草	*Arthraxon hispidus*
禾本科	薏苡属	薏苡	*Coix lacryma-jobi*
禾本科	雀稗属	双穗雀稗	*Paspalum paspaloides*
禾本科	马唐属	马唐	*Digitaria sanguinalis*
禾本科	牛鞭草属	牛鞭草	*Hemarthria altissima*
禾本科	棒头草属	棒头草	*Polypogon fugax*
莎草科	莎草属	碎米莎草	*Cyperus iria*
莎草科	莎草属	扁穗莎草	*Cyperus compressus*
莎草科	莎草属	长尖莎草	*Cyperus cuspidatus*
莎草科	莎草属	异形莎草	*Cyperus difformis*
莎草科	莎草属	旋磷莎草	*Cyperus michelianus*

续表

科	属	种	拉丁名
莎草科	莎草属	风车草	*Cyperus alternifolius*
莎草科	荸荠属	野荸荠	*Eleocharis plantagineiformis*
莎草科	荸荠属	稻田荸荠	*Eleocharis pellucida Japonica*
莎草科	藨草属	萤蔺	*Scirpus juncoides*
莎草科	藨草属	藨草	*Scirpus triqueter*
莎草科	刺子莞属	水虱草	*Rhynchospora chineniss*
莎草科	水蜈蚣属	单穗水蜈蚣	*Kyllinga monocephala*
菊科	苍耳属	苍耳	*Xanthium sibiricum*
菊科	鬼针草属	鬼针草	*Bidens pilosa*
菊科	鬼针草属	婆婆针	*Bidens bipinnata*
菊科	鳢肠属	鳢肠	*Eclipta prostrata*
菊科	紫菀属	钻形紫菀	*Aster subulatus*
菊科	苦苣菜属	苦苣菜	*Sonchus oleraceus*
菊科	马兰属	马兰	*Kalimeris indica*
菊科	飞蓬属	一年蓬	*Erigeron annuus*
菊科	白酒草属	白酒草	*Conyza japonica*
伞形科	胡萝卜属	野胡萝卜	*Daucus carota*
伞形科	窃衣属	窃衣	*Torilis scabra*
伞形科	积雪草属	积雪草	*Centella asiatica*
伞形科	水芹属	高山水芹	*Oenanthe hookeri*
美人蕉科	美人蕉属	粉美人蕉	*Canna generalis*
美人蕉科	美人蕉属	黄花美人蕉	*Canna indica* var. *Flava*
美人蕉科	美人蕉属	粉美人蕉	*Canna glauca*
唇形科	风轮菜属	细风轮菜	*Clinopodium gracile*
唇形科	夏枯草属	夏枯草	*Prunella vulgaris*
蓼科	蓼属	杠板归	*Polygonum perfoliatum*
蓼科	蓼属	水蓼	*Polygonum hydropiper*
毛茛科	毛茛属	毛茛	*Ranunculus japonicas*

续表

科	属	种	拉丁名
毛茛科	毛茛属	石龙芮	*Ranunculus sceleratus*
千屈菜科	千屈菜属	千屈菜	*Lythrum salicaria*
千屈菜科	节节菜属	圆叶节节菜	*Rotala rotundifolia*
三白草科	三白草属	三白草	*Saururus chinensis*
三白草科	蕺菜属	鱼腥草	*Houttuynia cordata*
桑科	桑属	桑树	*Morus alba*
桑科	构属	构树	*Broussonetia papyrifera*
苋科	莲子草属	喜旱莲子草	*Alternanthera philoxeroides*
苋科	青葙属	青葙	*Celosia argentea*
泽泻科	慈姑属	慈姑	*Sagittaria trifolia* var. *sinensis*
泽泻科	慈姑属	大慈姑	*Sagittaria montevidensis*
睡莲科	睡莲属	睡莲	*Nymphaea tetragona*
睡莲科	莲属	莲	*Nelumbo nucifera*
雨久花科	雨久花属	鸭舌草	*Monochoria vaginalis*
雨久花科	梭鱼草属	梭鱼草	*Pontederia cordata*
鸢尾科	鸢尾属	黄花鸢尾	*Iris pseudacorus*
鸢尾科	鸢尾属	鸢尾	*Iris tectorum*
天南星科	菖蒲属	菖蒲	*Acorus calamus*
天南星科	菖蒲属	金钱蒲	*Acorus gramineus*
酢浆草科	酢浆草属	酢浆草	*Oxalis corniculata*
竹芋科	水竹芋属	再力花	*Thalia dealbata*
香蒲科	香蒲属	香蒲	*Typhaorientalis*
小二仙草科	狐尾藻属	粉绿狐尾藻	*Myriophyllum aquaticum*
荨麻科	苎麻属	苎麻	*Boehmerianivea*
鸭跖草科	鸭跖草属	鸭跖草	*Commelina communis*
报春花科	珍珠菜属	过路黄	*Lysimachia christinae*
车前科	车前属	车前	*Plantago asiatica*
大戟科	铁苋菜属	铁苋菜	*Acalypha australis*
大麻科	葎草属	葎草	*Humulus scandens*

续表

科	属	种	拉丁名
豆科	合萌属	合萌	*Aeschynomene indica*
浮萍科	紫萍属	紫萍	*Spirodela polyrrhiza*
骨碎补科	肾蕨属	肾蕨	*Nephrolepis auriculata*
虎耳草科	虎耳草属	虎耳草	*Saxifraga stolonifera*
桔梗科	半边莲属	半边莲	*Lobelia chinensis*
柳叶菜科	丁香蓼属	丁香蓼	*Ludwigia prostrata*
马鞭草科	马鞭草属	马鞭草	*Verbena officinalis*
木贼科	木贼属	木贼	*Equisetum hyemale*
蔷薇科	蛇莓属	蛇莓	*Duchesnea indica*
茄科	茄属	龙葵	*Solanum nigrum*
十字花科	播娘蒿属	播娘蒿	*Descurainia sophia*
金鱼藻科	金鱼藻属	金鱼藻	*Ceratophyllum demersum*

汉丰湖南岸雨水花园工程正常运行过程中，植物种类逐渐增加，增加的种类包括雨水花园塘中的湿地植物和边岸的植物。与工程建设前相比，植物种类更加丰富，尤其是一些自生植物的繁殖生长，表明工程的实施促使工程区内植物多样性的提升。

三、综合能值评估

（一）生物沟系统能值评估

对所设计的生物沟工程系统采用能值分析理论进行研究（付晓等，2004）。生物沟工程系统主要包括生物沟、生物洼地、生物塘和生物塔。研究系统建设过程中投入各类型资源，包括自然、社会、生物、人力劳动和资金投入，系统内能量流动见能值流动图（图 10-27）。将系统内所需的资源、产品或劳务形成通过能值转化率转化成太阳能值（Yue et al.，2016）。采用的能值转换率基线为 Odum（2005）在 2000 年修改过的（15.83×10^{24}SEJ/a）。能值投入主要有：环境资源能值（*E*）、购买能值（*M*）、服务能值（*S*）、产出能值（*Y*）、社会投入能值（*U*）。能值指标主要有能值产出率、环境承载力和生态可持续性指数（表 10-8）。生物沟系统能值构成见表 10-9。

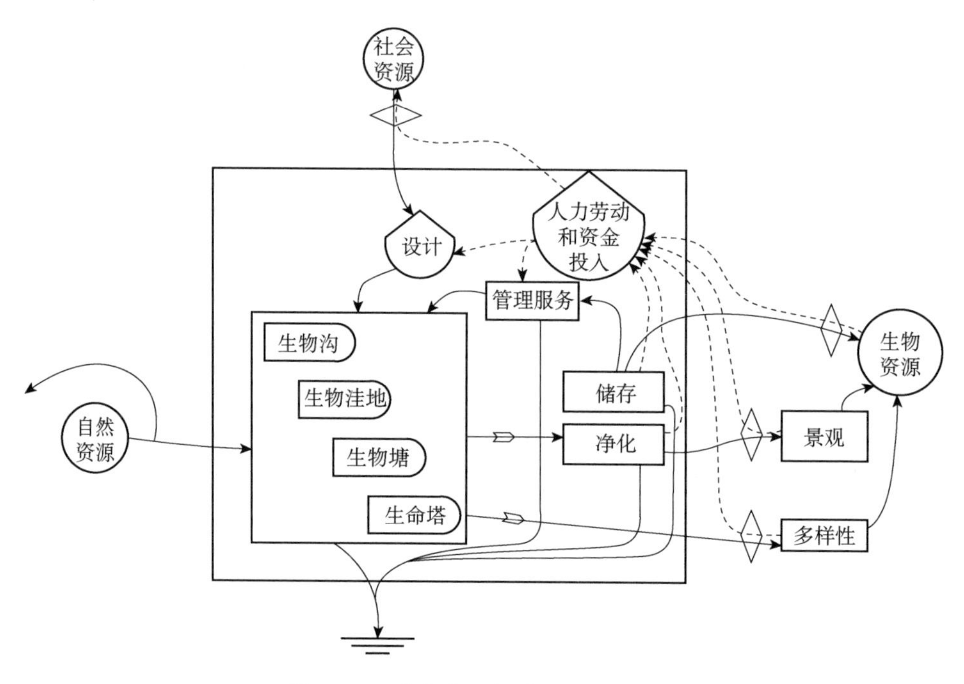

图 10-27　生物沟工程系统能值流动图

表 10-8　生物沟系统能值指标及计算公式表

指标	缩写	公式
循环率	r	
不可再生资源能值	N	$\sum(1-r_i)\cdot \mathrm{SEJ}_i$
可再生资源能值	C	$\sum r_i \cdot \mathrm{SEJ}_i$
环境资源的总能值	E	$\sum \tau_i \cdot B_i$
购买能值	M	$\sum \tau_i \cdot B_i$
服务能值	S	$\sum \tau_i \cdot B_i$
社会投入资源的总能值	U	$M+S$
社会投入中不可再生能值	NU	$\sum(1-r_i)\cdot \mathrm{SEJ}_i$
系统中产生的总能值	Y	$\sum \tau_i \cdot B_i$
能值产出率	EYR	$\frac{BY}{U}$
环境承载力	ELR	$\frac{M+S}{E}$
生态可持续性指数	ESI	$\frac{\mathrm{EYR}}{\mathrm{ELR}}$

表 10-9 生物沟系统能值构成表

序号	指标	单位	能值转换率/(SEJ/a)	循环率
		环境资源		
1	太阳光能	J	1.00	1
2	雨化能	J	3.12×10^{4}	1
3	雨势能	J	1.76×10^{4}	1
4	风能	J	2.51×10^{3}	1
		本地资源		
5	土壤	g	1.00×10^{9}	0
6	植被	J	7.34×10^{4}	0
7	昆虫多样性指数	sp.	8.46×10^{16}	0.05
8	植物多样性指数	sp.	8.46×10^{16}	0.05
		购买资源		
9	黏土	g	2.00×10^{9}	0
10	砾石	g	1.00×10^{9}	0
11	砂	g	1.00×10^{9}	0
12	PVC 管材	$	3.64×10^{12}	0.05
13	水泥	g	3.04×10^{9}	0
14	植物	$	3.64×10^{12}	0.05
15	铁架	g	6.94×10^{9}	0
16	钢制溢流堰	g	4.24×10^{9}	0
17	PVC 胶	$	3.64×10^{12}	0.05
18	接头	$	3.64×10^{12}	0.05
19	滤网	$	3.64×10^{12}	0.05
20	塑料外壳	$	3.64×10^{12}	0.05
21	生物塔	m^3	1.77×10^{14}	0.22
		管理与服务		
22	劳动力	J	7.38×10^{6}	0.8
23	人工费	$	3.64×10^{12}	0.05
		管理与服务		
24	运输	$	3.64×10^{12}	0.05
		产量		
25	昆虫多样性指数变化	sp.	4.94×10^{16}	
26	植物多样性指数变化	sp.	4.94×10^{16}	
27	有机物质	g	1.61×10^{4}	
28	节水	$	3.64×10^{12}	

生物沟工程系统各项能值投入见图 10-28、图 10-29，社会投入能值为 8.27×10^{16}SEJ，环境资源能值为 1.1×10^{15}SEJ，社会投入能值高于环境资源能值。在能值总投入中，不可再生资源能值投入量较大，是可再生资源的 11.63 倍。在社会投入能值中，投入的服务资源能值占 43.53%，购买原材料资源能值占 56.47%。与其他工程建设一样，不可再生资源能值投入量远大于可再生资源能值投入量，不可再生资源投入需要优化和改进。

系统能值指标中生态能值产出率（EYR）大于 1，表明能值产出大于投入。研究区植物群落为狗牙根地被草本群落，植物种类为狗牙根，改造后增加植物 22 种，改造后的生境植物配置中至少含有 4 种植物。研究区原生境结构单一，为改变原狗牙根地被生境结构，设计浅沟、湿洼地、浅水塘、多孔穴立体生物塔共 4 种 11 处生境，增加单位生境面积和种类多样性。复杂生境物种多于单一生境，生态效益提高，产出的生态资源能值弥补投入资源的能值消耗。环境承载力（ELR）反映这一系统对当地环境产生多大的环境压力，当这一系统的不可再生资源投入量较大时，对当地环境产生较大的环境压力。环境承载力值越高，对环境压力越大。当环境承载力小于 2 时，该系统对周围环境压力较小，影响也相对较小，这一过程在周围大环境下可以忽略。环境承载力值为 0.58，影响较小，社会资源投入对系统环境压力可以忽略。生态可持续性指数（ESI）小于 1，表示系统不能长期维持或是生产过程不可持续，反之，大于 1，则表示系统可以长期维持或是生产过程可以持续进行。当生态可持续性指数为 1～5，表示系统为中等可持续，当系统可持续性指数更高时，系统具有较强的可持续性。本书中的系统初期生态可持续性指数为 2.07，表明可持续性中等。能值指标结果见图 10-30。

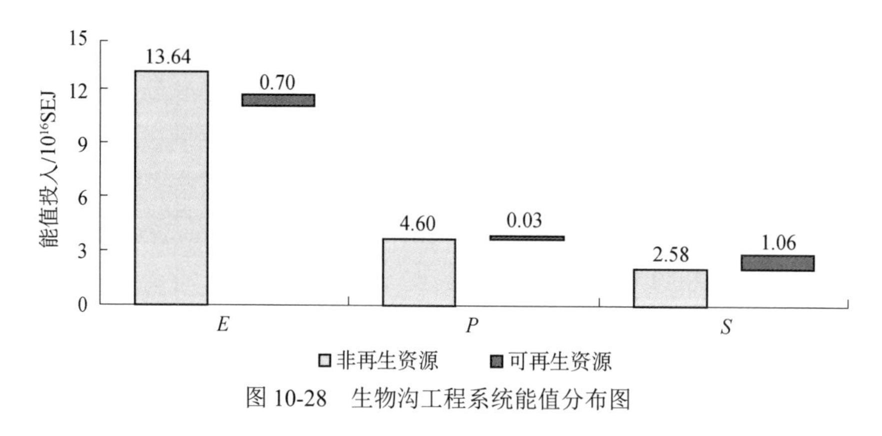

图 10-28　生物沟工程系统能值分布图

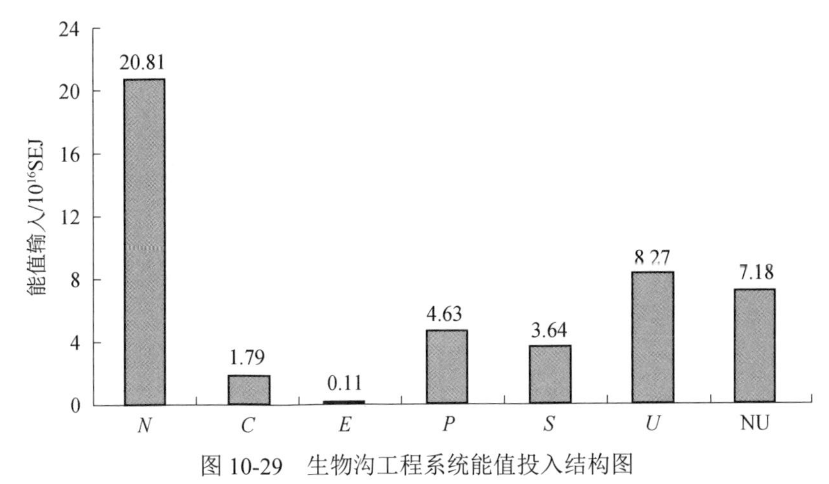

图 10-29　生物沟工程系统能值投入结构图

N 为不可再生资源能值；*C* 为可再生资源能值；NU 为社会投入中不可再生能值，其余指标前面已解释

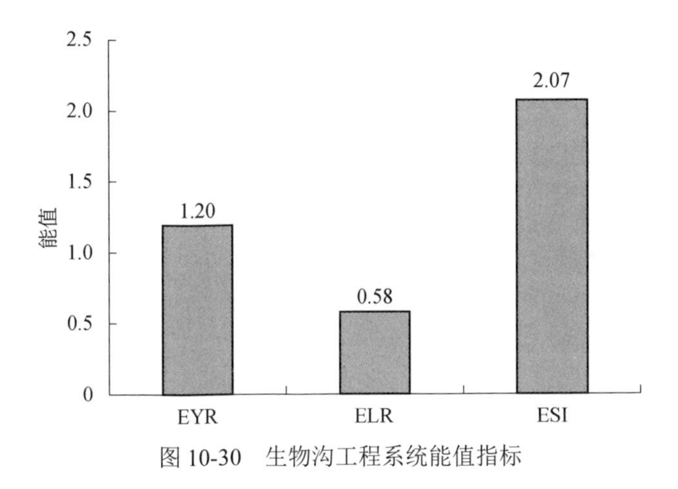

图 10-30　生物沟工程系统能值指标

（二）雨水花园工程能值评估

对所设计的雨水花园工程系统采用能值分析理论进行研究。雨水花园系统主要包括生物沟、生物洼地、生物塘和生物塔四部分。研究系统建设过程中投入各类型资源，包括自然资源、社会资源、人力劳动和资金的投入。将系统内所需的资源、产品或劳务形成通过能值转化率转化成太阳能值。绘制雨水花园工程系统的能值流动图（图 10-31）。

能值投入主要有：环境资源的总能值（ER）、本地资源的总能值（EN）、社会购买资源的总能值（IR）、社会辅助资源的总能值（IN）。

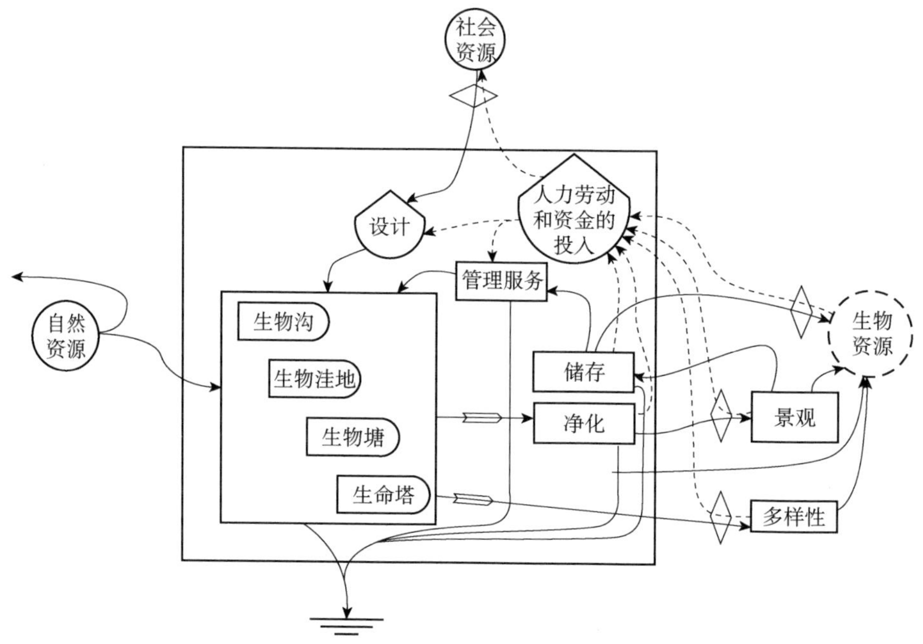

图 10-31　雨水花园工程系统的能值流动图

系统总社会能值投入为 6.40×10^{15}SEJ/a，其中可再生社会资源投入为 1.47×10^{15}SEJ/a，不可再生社会资源投入 4.93×10^{15}SEJ/a，主要投入为购买植物和劳动力两项资源。自然可再生资源取最大的雨化能，为 3.12×10^{4}SEJ/a，本地环境不可再生资源是土壤侵蚀，为 6.25×10^{4}SEJ/a。雨水花园系统内各项能值计算转化率（表 10-10）具体分布见图 10-32、图 10-33。

表 10-10　雨水花园系统能值统计分析表

指标	单位	转化率 SEJ/a	循环率
环境资源			
太阳光能	J	1	1
雨势能	J	1.76×10^{4}	1
雨化能	J	3.12×10^{4}	1
风能	J	2.51×10^{3}	1
本地资源			
土壤侵蚀	J	6.25×10^{4}	0

续表

指标	单位	转化率 SEJ/a	循环率
购买资源			
植物	¥	3.64×10^{12}	0.27
土壤	g	3.35×10^{6}	0
碎石	g	2.24×10^{6}	0
砂	g	1.68×10^{6}	0
黏土	g	3.35×10^{6}	0
壤土	g	3.35×10^{6}	0
劳动力	J	7.38×10^{6}	0.1
铁架	J	6.94×10^{9}	1
土工布	¥	3.64×10^{12}	0.05
机械	J	1.06×10^{5}	0
燃料	J	9.06×10^{4}	0
产出			
TP 削减	g	3.91×10^{9}	
TN 削减	g	1.58×10^{9}	
物种变化	sp.	2.00×10^{12}	
水资源保护	¥	3.64×10^{12}	
碳汇	kg	2.02×10^{7}	

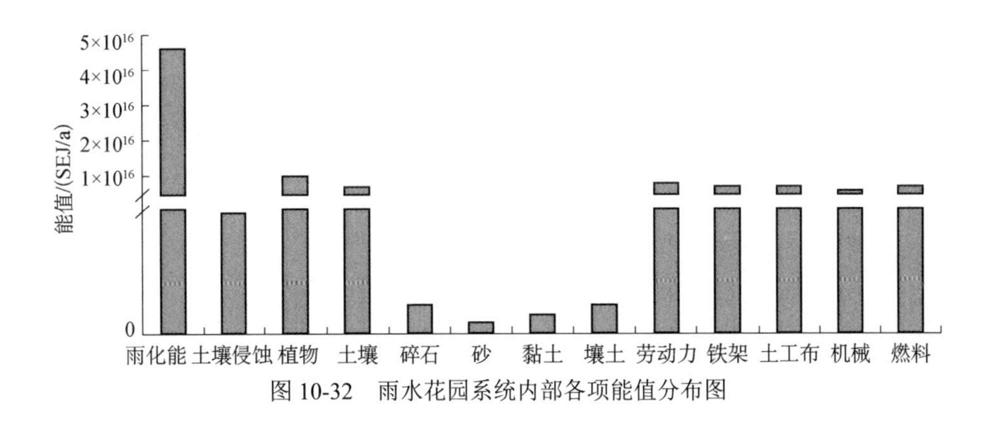

图 10-32 雨水花园系统内部各项能值分布图

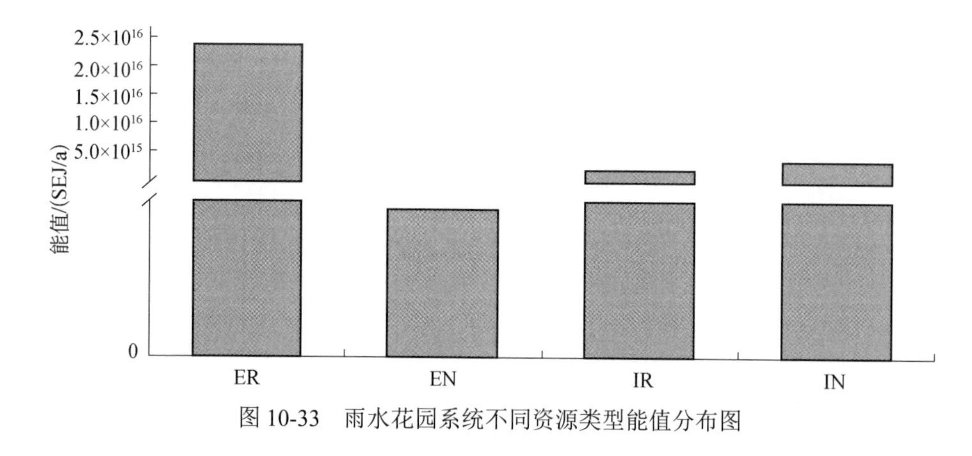

图 10-33 雨水花园系统不同资源类型能值分布图

雨水花园系统产出能值比例见图 10-34。产出能值主要包括污染物削减、水资源保护、碳汇和物种变化。其中，水资源保护占比最大，为 93.29%。污染物削减占 6.71%，其中 TP、TN 削减分别为 4.98%、1.20%。碳汇和物种变化占 0.54%。

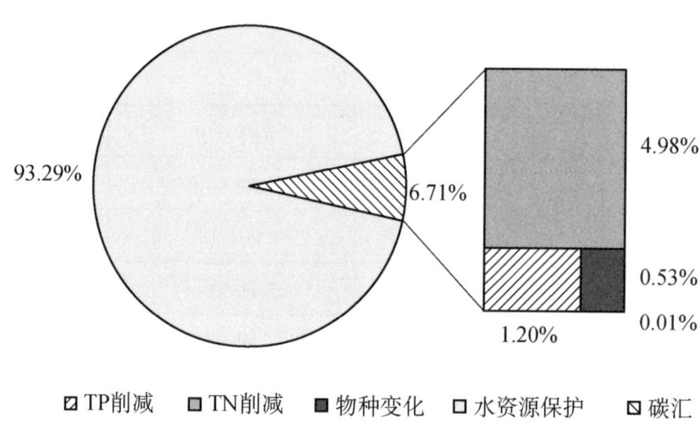

图 10-34 雨水花园系统产出能值比例

能值指标主要有能值产出率、环境承载力和生态可持续性指数（图 10-35）。系统能值指标中能值产出率为 6.53，能值产出大于投入。雨水花园能值产出主要由氮磷的削减、水资源保护、碳汇、物种增加构成，其中主要部分为水资源保护。雨水花园系统构造的复杂生境高于原本单一的草本群落生境，生态效益提高，产出的生态资源能值可弥补投入资源的能值消耗。本书环境承载力值为 3.35，影响较小，社会资源投入对系统环境压力可以忽略。生态可持续性指数为 1.95，则表示生态可以长期维持或是生产过程可以持续进行。

当生态可持续性指数为1～5时，表示系统为中等可持续，当系统可持续性指数更高时，系统具有较强的可持续性。从图10-35中可见本书设计的功能型雨水花园系统的可持续性为中等。

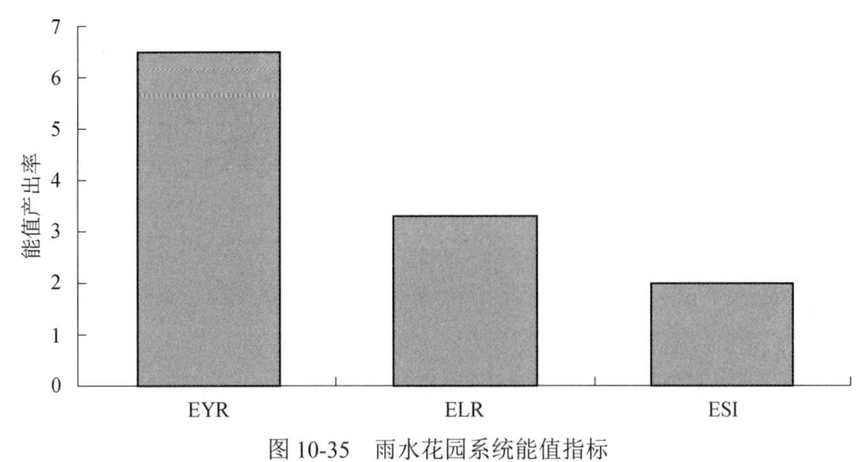

图10-35　雨水花园系统能值指标

（三）能值评估小结

通过对汉丰湖南岸小微湿地与水敏性系统工程的能值评估，得出以下结论。

（1）设计建设生物沟系统，汇集雨水和地表径流，将硬化路面上经过雨水冲刷和地表径流汇集的污染物，拦截在生物沟系统内，通过物理下渗，植物体拦截过滤，根系吸收，土壤微生物转化等物理、化学、生物多种途径处理污染物质。生物沟系统设计过程中增加了储水层，在降雨时可以快速下渗，解决城市硬化路面在短时间内形成的积水问题，分担城市排水管道系统的压力，干旱时通过水力梯度对周围干旱区域补给生态需水，节约灌溉水资源和人力劳动。生物沟系统形成的下凹式结构，增大了该系统的总体表面积，并形成立体生境结构，增加植物生长面积。生物沟系统构建与传统城市绿地不同，生物沟系统内的水热不均，形成干湿交替的微生境，植被的遮阴与系统边缘的块石结构形成干热、湿热、阴干、阴湿多种生境，为适生动植物提供生境。通过昆虫种类的调查和植物种类的调查发现，生物沟系统内昆虫、植物种类多于原本单一的绿地草坪系统。生物沟系统丰富了城市绿地的表现形式，赋予城市绿地更多更优的生态服务功能。

（2）建设雨水花园系统，打破了传统城市建设的水泥硬质化结构的骨架，镶嵌上具有生态结构和复合功能的生境斑块，进一步优化城市绿地的结构和功能，将城市系统变得更加生态化。雨水花园系统同样具有净化地表径流和雨水的作用，但更注重其复合功能性。雨水花园系统形成的生境斑块具有良好的水热条件，能够促进植物群落和昆虫种群的快速恢复。调查表明，雨水花园系统在炎热夏季能够降低局地环境的温度，增加空气湿度，促进土壤保水保墒。雨水花园系统适宜的水分和温度促进了土壤种子库的快速萌发，使植物种类增加。雨水花园系统不仅能够促进系统内动植物多样性的提升，还具有良好的景观观赏功能。

主要参考文献

邓焕广，王东启，陈振楼，等. 2013. 改造滤岸对城市降雨径流中氮磷去除的中试研究. 环境科学学报，33（2）：494-502.

刁承泰. 1999. 三峡水库水位消落带土地资源的初步研究. 长江流域资源与环境，8（1）：75-79.

刁元彬，刘红，袁兴中，等. 2018. 水位变动影响下三峡库区汉丰湖鸟类群落及多样性. 生态学报，38（4）：1382-1391.

刁正俗. 1990. 中国水生杂草. 重庆：重庆出版社.

董鸣. 1997. 陆地生物群落调查观测与分析. 北京：中国标准出版社.

樊大勇，熊高明，张爱英，等. 2015. 三峡库区水位调度对消落带生态修复中物种筛选实践的影响. 植物生态学报，39（4）：416-432.

付娟，李晓玲，戴泽龙，等. 2015. 三峡库区香溪河消落带植物群落构成及物种多样性. 武汉大学学报：理学版，61（3）：285-290.

付晓，吴钢，刘阳. 2004. 生态学研究中的分析与能值分析理论. 生态学报，24（11）：2621-2625.

傅伯杰，陈利顶，王军，等. 2003. 土地利用结构与生态过程. 第四纪地质，23（3）：247-255.

葛振鸣. 2007. 长江口滨海湿地迁徙水禽群落特征及生境修复策略. 上海：华东师范大学.

管彦波. 2016. 西南民族村落水文环境的生态分析——以水井、水塘、水口为考察重点. 贵州社会科学，1：83-87.

郭泉水，洪明，康义，等. 2010. 消落带适生植物研究进展. 世界林业研究，23（4）：14-20.

郭盛晖，司徒尚纪. 2010. 农业文化遗产视角下珠三角桑基鱼塘的价值及保护利用. 热带地理，30（4）：452-458.

郭燕，杨邵，沈雅飞，等. 2019. 三峡水库消落带现存植物自然分布特征与群落物种多样性研究. 生态学报，39（12）：4255-4265.

郭中伟，甘雅玲. 2003.关于生态系统服务功能的几个科学问题. 生物多样性，11（1）：63-69.

洪明，郭泉水，聂必红，等. 2011. 三峡库区消落带狗牙根种群对水陆生境变化的响应. 应用生态学报，22（11）：2829-2835.

胡海波，邓文斌，王霞. 2022. 长江流域河岸植被缓冲带生态功能及构建技术研究进展. 浙江农林大学学报，39（1）：214-222.

黄丽，项雅玲，袁锦方. 2007. 三峡库区农田的化肥面源污染状况研究. 农业环境科学学报，（S2）：362-367.

黄真理. 2001. 三峡工程中的生物多样性保护. 生物多样性，9（4）：472-481.

江明喜，蔡庆华. 2000. 长江三峡地区干流河岸植物群落的初步研究. 水生生物学报，24（5）：458-463.

康佳鹏，韩路，冯春晖，等. 2021. 塔里木荒漠河岸林不同生境群落物种多度分布格局. 生物多样性，29（7）:875-886.

黎璇，袁兴中，王建修. 2009. 重庆市澎溪河湿地自然保护区湿地植物资源研究. 资源开发与市场，25（5）：413-415.

李波，袁兴中，杜春兰，等. 2015. 池杉在三峡水库消落带生态修复中的适应性. 环境科学研究，28（10）：1578-1585.

李昌晓，耿养会，叶兵. 2010. 落羽杉与池杉幼苗对多种胁迫环境的响应及其对三峡库区库岸防护林营建的启示. 林业科学，46（10）：144-152.

李强，曹优明，朱启红，等. 2011. 水位变化对三峡库区低位消落带狗牙根种群的影响. 安徽农业科学，39（1）：427-430.

李强，丁武泉，王书敏，等. 2020. 三峡库区多年高水位运行对消落带狗牙根生长恢复的影响. 生态学报，40（3）：985-992.

李强，高祥，丁武泉，等. 2012. 常年淹水和干旱对三峡库区消落带菖蒲生长恢复的影响. 环境科学，33（8）：2628-2633.

李晓玲，程岁寒，栾春艳，等. 2016. 河岸带植物中华蚊母树种子休眠机制及生态适应性. 植物生理学报，52（8）：1231-1242.

刘旭，张文慧，李咏红，等. 2018. 湿地公园鸟类栖息地营建研究——以北京琉璃河湿地公园为例. 生态学报，38（12）：4404-4411.

刘泽彬，程瑞梅，肖文发，等. 2014. 模拟水淹对中华蚊母树生长及光合特性的影响. 林业科学，50（9）：73-81.

罗芳丽，曾波，叶小齐，等. 2008. 水淹对三峡库区两种岸生植物秋华柳（*Salix variegata* Franch.）和野古草（*Arundinella anomala* Steud.）水下光合的影响. 生态学报，28（5）：1964-1970.

罗明，应凌霄，周妍. 2020. 基于自然解决方案的全球标准之准则透析与启示. 中国土地，（4）：9-13.

马广仁，严承高，袁兴中，等. 2017. 国家湿地公园生态修复技术指南. 北京：中国环境出版社.

马利民，唐燕萍，张明，等. 2009. 三峡库区消落区几种两栖植物的适生性评价. 生态学报，29（4）：1885-1892.

牛翠娟，娄安如，孙儒泳，等. 2002. 基础生态学. 北京：高等教育出版社.

裴顺祥，洪明，郭泉水，等. 2017. 香附子光合生理对三峡库区消落带陆生环境的响应. 西北植物学报，37（3）：561-568.

秦洪文，刘正学，钟彦，等. 2014. 水淹对濒危植物疏花水柏枝生长及恢复生长的影响. 中国农学通报，30（23）：284-288.

阮宇，胡景涛，肖国生，等．2022. 中山杉功能性状适应三峡库区消落带的研究.生态学报，42（7）：1-10.

苏维词. 2004. 三峡库区消落带的生态环境问题及其调控. 长江科学院院报，21（2）：32-34.

苏晓磊，曾波，乔普，等. 2010. 冬季水淹对秋华柳的开花物候及繁殖分配的影响. 生态学报，30（10）:2585-2592.

唐罗忠，黄宝龙，生原喜久雄，等. 2008. 高水位条件下池杉根系的生态适应机制和膝根的呼吸特性. 植物生态学报，32（6）：1258-1267.

田野，冯启源，唐明方，等. 2019. 基于生态系统评价的山水林田湖草生态保护与修复体系构建研究——以乌梁素海流域为例. 生态学报，39（23）：8826-8836.

汪松. 1998. 中国濒危动物红皮书——鸟类. 北京：科学出版社.

王伯荪. 1987. 植物群落学. 北京：高等教育出版社.

王德利. 2004. 植物与草食动物之间的协同适应及进化. 生态学报，24（11）：2641-2648.

王海锋，曾波，李娅，等. 2008. 长期完全水淹对 4 种三峡库区岸生植物存活及恢复生长的影响. 植物生态学报，32（5）：977-984.

王荷生. 1992. 植物区系地理. 北京：科学出版社.

王建超，朱波，汪涛. 2011. 三峡库区典型消落带淹水后草本植被的自然恢复特征. 长江流域资源与环境，20（5）：603-610.

王丽婧，郑丙辉，李子成. 2009. 三峡库区及上游流域面源污染特征与防治策略. 长江流域资源与环境，（8）. 783-788.

王培，王超. 2018. 丹江口水库消落带植被群落恢复模式研究. 人民长江，49（2）：11-14.

王沛芳，王超，徐海波. 2006. 自然水塘湿地系统对农业非点源氮的净化截留效应研究. 农业环境科学学报，25（3）：782-785.

王强，刘红，袁兴中，等. 2009a. 三峡水库蓄水后澎溪河消落带植物群落格局及多样性. 重庆师范大学学报（自然科学版），26（4）：48-54.

王强，吕宪国. 2007. 鸟类在湿地生态系统监测与评价中的应用. 湿地科学，5（3）：274-281.

王强，袁兴中，刘红，等. 2009b. 三峡水库 156m 蓄水后消落带新生湿地植物群落. 生态学杂志，28（11）：2183-2188.

王强，袁兴中，刘红，等. 2011. 三峡水库初期蓄水对消落带植被及物种多样性的影响. 自然资源学报，26（10）：1680-1693.

王琼，范康飞，范志平，等. 2020. 河岸缓冲带对氮污染物削减作用研究进展. 生态学杂志，39（2）：665-677.

王顺九. 2006. 全球气候变化对水文与水资源的影响. 气候变化研究进展，5：223-226.

王晓锋，刘红，袁兴中，等. 2016. 基于水敏性城市设计的城市水环境污染控制体系研究. 生态学报，36（1）：30-43.

王晓荣，程瑞梅，肖文发，等. 2016. 三峡库区消落带水淹初期主要优势草本植物生态位变化特征. 长江流域资源与环境，25（3）：404-411.

吴征镒. 1980. 中国植被编辑委员会. 中国植被. 北京：科学出版社.

吴征镒，王荷生. 1983. 中国自然地理——植物地理（上册）. 北京：科学出版社.

吴征镒，周浙昆，李德铢，等. 2003. 世界种子植物科的分布区类型系统. 云南植物研究，25（3）：245-257.

谢高地，肖玉，鲁春霞. 2006. 生态系统服务研究：进展、局限和基本范式. 植物生态学报，30（2）：191-199.

徐建霞，彭刚志，王建柱. 2015. 三峡库区香溪河消落带植被多样性及分布格局研究. 长江流域资源与环境，24（8）：1345-1350.

阎丽凤，石险峰，于立忠，等. 2011. 沈阳地区河岸植被缓冲带对氮、磷的削减效果研究. 中国生态农业学报，19（2）：403-408.

尧金燕，赵南先，陈贻竹. 2004. 榕树-传粉者共生体系的协同进化与系统学研究进展及展望. 植物生态学报，28（2）：271-277.

于恩逸，齐麟，代力民，等. 2019. “山水林田湖草生命共同体”要素关联性分析——以长白山地区为例. 生态学报，39（23）：8837-8845.

俞孔坚，姜芊孜，王志芳，等. 2016. 陂塘景观研究进展与评述. 地域研究与开发，34（3）：130-136.

袁嘉，杜春兰. 2020. 城市植物景观与关键种的协同共生设计框架：以野花草甸与传粉昆虫为例. 风景园林，27（4）：50-55.

袁嘉，向羚丰，李祖慧，等. 2022. 基于水敏性设计的城市滨水空间既有建筑改造——以重庆汉丰湖宣教中心为例. 新建筑，1：43-48.

袁嘉，袁兴中，王晓锋，等. 2018. 应对环境变化的多功能湿地设计——三峡库区汉丰湖芙蓉坝湖湾湿地生态系统建设. 景观设计学，6（3）：77-89.

袁兴中. 2020. 河流生态学. 重庆：重庆出版社.

袁兴中. 2022. 三峡库区澎溪河消落带生态系统修复实践探索. 长江科学院院报，39（1）：1-9.

袁兴中，杜春兰，袁嘉. 2017. 适应水位变化的多功能基塘：塘生态智慧在三峡水库消落带生态恢复中的运用. 景观设计学，5（1）：8-20.

袁兴中，杜春兰，袁嘉，等. 2019. 自然与人的协同共生之舞——三峡库区汉丰湖消落带生态系统设计与生态实践. 国际城市规划，34（3）：37-44.

袁兴中，贾恩睿，刘杨靖，等. 2020. 河流生命的回归——基于生物多样性提升的城市河流生态系统修复. 风景园林，27（8）：29-34.

袁兴中，向羚丰，扈玉兴，等. 2021. 跨越界面的生态设计——河/库岸带生态系统恢复. 景观设计学，9（3）：12-27

袁兴中，熊森，黄亚洲. 2022. 澎溪河湿地自然保护区生物多样性研究. 北京：科学出版社.

约翰·马敬能，卡伦·菲利普斯. 2000. 中国鸟类野外手册. 何芬奇译. 长沙：湖南教育出版社.

翟俊. 2015. 景观基础设施公园初探——以城市雨洪公园为例. 国际城市规划，30（5）：110-115.

张昶，王成，孙睿霖，等. 2018. 基于生态-景观视角的城镇河岸带风貌特征评价——以晋江市河溪为例. 生态学报，38（23）：8526-8535.

张虹. 2008. 三峡库区消落带土地资源特征分析. 水土保持通报，28（1）：46-49.

张家驹，熊铁一，罗佳，等 1991. 三峡工程对库区鸟类资源的影响评价. 自然资源学报，6（3）：262-273.

张建军，任荣荣，朱金兆，等. 2012. 长江三峡水库消落带桑树耐水淹试验. 林业科学，48（5）：154-158.

张立冬，李新，秦洪文，等. 2018. 三峡水库消落区周期性水淹对狗牙根非结构性碳水化合物积累与分配的影响. 三峡生态环境监测，3（2）；27-33.

张新时. 2007. 中国植被地理格局与植被区划. 北京：地质出版社.

张玉鹏. 2015. 国外雨水管理理念与实践. 国际城市规划，30（S1）：89-93.

郑光美. 2011. 中国鸟类分类与分布名录（第二版）. 北京：科学出版社.

中国湿地植被编辑委员会. 1999. 中国湿地植被. 北京：科学出版社.

钟功甫. 1980. 珠江三角洲的“桑基鱼塘”——一个水陆相互作用的人工生态系统. 地理学报，35（3）：200-211.

周妍，陈妍，应凌霄，等. 2021. 山水林田湖草生态保护修复技术框架研究. 地学前缘，28（4）：14-24.

Backstrom M. 2003. Grassed swales for stormwater pollution control during rain and snowmelt. Water Science and Technology，48（9）：123-132.

Biggs J，Walker D，Whitfield M，et al. 1991. Pond action：Promoting the conservation of ponds in Britain. Freshwater Forum，1（2）：114-118.

Bo L，Yuan X Z，Xiao H Y，Chen Z L. 2011. Design of the dike-pond system in the littoral zone of a tributary in the Three Gorges Reservoir，China. Ecological Engineering，37：1718-1725.

Bradford A，Gharabaghi B.2004.Evolution of Ontario's stormwater management planning and design guidance. Water Qual Res J Canada，39：343-355.

Brown R A，Hunt W F. 2012. Improving bioretention/biofiltration performance with restorative maintenance. Water Sci Technol，65：361-367.

Chang C R，Li M H，Chang S D. 2007. A preliminary study on the local cool island intensity of Taipei city parks. Landscape and Urban Planning，80：386-395.

Chapman C，Horner R R. 2010. Performance assessment of a street-drainage bioretention system. Water Environment Research，82（2）：109-119.

Costanza R，d' Arge R，de Groot R，et al. 1997. The value of the world' s e2 cosystem services and nature. Nature，387：253-260 .

Crawford R M M. 2003. Seasonal differences in plant responses to flooding and anoxia. Canadian Journal of Botany，81：1224-1226.

Daniel G. 2016. Birds in ecological networks：Insights from bird-plant mutualistic interactions. Ardeola，63（1）：151-180.

Dong M，Hans de K. 1994.Plasticity in morphology and biomass allocation in Cynodon dactylon，a grass species forming stolons and rhizomes. Oikos，70（1）：90-106.

Forman R T T，Godron M. 1986. Landscape Ecology. New York：John Wiley & Sons.

Garssen A G，Baattrup-Pedersen A，Voesenek L A C J，et al. 2015. Riparian plant community responses to increased flooding：A meta-analysis. Global Change Biology，21（8）：2881-2890.

Holling C S. 1992. Cross2scale morphology，geometry and dynamics of ecosystems. Ecological Monographs，62：447-502.

IPCC. 2007. Climate change 2007：The Physical Science Basis，Summary for Policymakers. Cambridge：Cambridge University Press.

Jordi L P，Ren M X . 2009. Biodiversity and the Three Gorges Reservoir：A troubled marriage. Journal of Natural History，43：2765-2786.

Levan M A，Riha S J. 1986. Response of root systems of northern conifer transplants to flooding. Canadian Journal of Forest Research，16：42-46.

Li B，Du C L，Yuan X Z. et al. 2016. Suitability of *Taxodium distichum* for afforesting the littoral zone of the three gorges reservoir. PLOS ONE，1：1-16.

Li Y，Zeng B，Ye X Q，et al. 2008. The effects of flooding on survival and recovery growth of the riparian plant Salix variegata Franch. in Three Gorges reservoir region. Acta Ecologica Sinica，28（5）：1923-1930.

Mitsch W J，Day J W，Zhang L，et al. 2005. Nitrate-nitrogen retention in wetlands in the Mississippi River Basin. Ecological Engineering，24（4）：267-278.

Mitsch W J，Lu J J，Yuan X Z，et al. 2008. Optimizing ecosystem services in China. Science，322：528.

Nilson C，Jansson R，Zinko U. 1997. Long-term responses of river-margin vegetation to water-level regulation. Science，276：798-800.

Odum H T. 2005. Environment，Power，and Society for the Twenty-First Century：The Hierarchy of Energy. New York：Columbia University Press.

Wang Q，Yuan X Z，Liu H，et al. 2012. Effect of long-term winter flooding on the vascular flora in the drawdown area of the Three Gorges Reservoir，China. Polish Journal of Ecology，59（1）：137-148.

Wang Q，Yuan X Z，Liu H. 2014. Influence of the Three Gorges Reservoir on the vegetation of its drawdown Area：Effects of water submersion and temperature on seed germination of Xanthium Sibiricum（COMPOSITAE）. Polish Journal of Ecology，62（1）：39-49.

Shen G Z，Xie Z Q. 2004. Three gorges project：Chance and challenge. Science，304：681.

Simon J D，David A S，Keith H N. 2019. A conceptual model of riparian forest restoration for natural flood management. Water and Environment Journal，33：329-341.

Sun R，Deng W Q，Yuan X Z，et al. 2014. Riparian vegetation after dam construction on mountain rivers in China. Ecohydrology，7（4）：1187-1195.

Turner M G. 1989. Landscape ecology：The effect of pattern on process. Annual Review of Ecological System，20：171-197.

Walker B H，Salt D. 2006. Resilience Thinking：Sustaining Ecosystems and People in a Changing World. Washington，DC：Island Press.

Ward J V. 1998. Riverine landscapes：Biodiversity patterns，disturbance regimes and aquatic conservation. Biological Conservation，83：269-278.

Werick B G，Cook K E，Schreier H. 1998. Land use and streamwater nitrate-N dynamics in an urban-rural fringe watershed. Journal of the American Water Resources Association，34（3）：639-650.

White M S，Tavernia B G，Shafroth P B，et al. 2018. Vegetative and geomorphic complexity at tributary junctions on the Colorado and Dolores Rivers：A blueprint for riparian restoration. Landscape Ecology，33：2205-2220.

Williams P，Whitfield M，Biggs J. 2004. Comparative biodiversity of rivers，streams，ditches and ponds in an agricultural landscape in Southern England. Biological Conservation，115：329-341.

Williams P，Whitfield M，Biggs J. 2008. How can we make new ponds biodiverse? A case study monitored over 7 years. Hydrobiologia，597：137-148.

Wu J. 2006. Landscape ecology，cross-disciplinarity，and sustainability science. Landscape Ecology，21：1-4.

Yuan X Z，Zhang Y W，Liu H，et al. 2013. The littoral zone in the Three Gorges Reservoir，China：challenges and opportunities. Environmental Science and Pollution Research，20：7092-7102.

Yue J S，Yuan X Z，Li B，et al. 2016. Emergy and exergy evaluation of a dike-pond project in the drawdown zone（DDZ）of the Three Gorges Reservoir（TGR）. Ecological Indicators，71：248-257.

Zhang Z Y，Chang H T，Endress P K. 2003. Hamamelidaceae. In：Wu Z Y，Raven P H，Hong D Y. Flora of China（Vol 9）. Beijing：Science Press，18-42.

Zhao T，Xu H，He Y，et al. 2009. Agricultural non-point nitrogen pollution control function of different vegetation types in riparian wetlands：A case study in the Yellow River wetland in China. Journal of Environmental Sciences，21（7）：933-939.

附　　录

附表 1　汉丰湖国家湿地公园维管植物名录

中文名	拉丁名	生活型	资源植物类型
	Ⅰ　蕨类植物门　PTERIDOPHYTA		
	1　石松科　Lycopodiaceae		
石松	*Lycopodium japonicum*	⑤	▲
	2　卷柏科　Selaginellaceae		
江南卷柏	*Lycopodioides moellendorffi*	⑤	◆
翠云草	*Lycopodioides uncinata*	⑤	◆
	3　木贼科　Equisetaceae		
问荆	*Equisetum arvense*	⑥	◆
披散问荆	*Equisetum difusum*	⑥	◆
笔管草	*Hippochaete debilis*	⑥	◆
节节草	*Hippochaete ramosissima*	⑥	◆
木贼	*Equisetum hyemale*	⑤	
	4　阴地蕨科　Botrychiaceae		
穗状假阴地蕨	*Botrypus strictus*	⑤	
蕨萁	*Botrypus virginianus*	⑤	
阴地蕨	*Sceptridium ternalum*	⑤	
	5　紫萁科　Osmundaceae		
紫萁	*Osmunda japonica*	⑤	■
	6　里白科　Gleicheniaceae		
芒萁	*Dicranopteris pedata*	⑤	◆
中华里白	*Diplopetrygium chinense*	⑤	
	7　海金沙科　Lygodiaceae		
海金沙	*Lygodium japonicum*	⑤	◆
	8　碗蕨科　Dennstaedtiaceae		
溪洞碗蕨	*Dennstaedtia wilfordii*	⑤	
边缘鳞盖蕨	*Microlepia marginata*	⑤	◆
	9　鳞始蕨科　Lindsaeaceae		
乌蕨	*Sphenomeris chinensis*	⑤	◆

续表

中文名	拉丁名	生活型	资源植物类型
	10　蕨科　Pteridiaceae		
蕨	*Pteridium aquilinum* var. *latiusculum*	⑤	■◆▲
	11　凤尾蕨科　Pteridaceae		
凤尾蕨	*Pteris cregtica* var. *intermedia*	⑤	◆
蜈蚣凤尾蕨	*Pteris vittata*	⑤	◆
野雉尾金粉蕨	*Onychium japonicum*	⑤	◆
井栏边草	*Pteris multifida*	⑤	
狭叶凤尾蕨	*Pteris henryi*	⑤	
	12　肾蕨科　Nephrolepidaceae		
肾蕨	*Nephrolepis cordifolia* （L.）C. Presl		
	13　铁线蕨科　Adiantaceae		
铁线蕨	*Adiantum capillus-veneris*	⑤	◆
红盖铁线蕨	*Adiantum erythrochlamys*	⑤	
	14　裸子蕨科　Parkeriaceae		
凤丫蕨	*Coniogramme japonica*	⑤	◆
	15　蹄盖蕨科　Athriaceae		
亮毛蕨	*Acystopteris japonica*	⑤	
中华短肠蕨	*Alantodia chinensis*	⑤	
华东蹄盖蕨	*Athyrium nipponicum*		
华东安蕨	*Anisocampium sheareri*	⑤	
	16　金星蕨科　Thelypteridaceae		
渐尖毛蕨	*Cyclosoru acuminatus*	⑤	◆
腺毛金星蕨	*Parathelypteris glauduligera*	⑤	
披针叶新月蕨	*Pronephrium penangianum*	⑤	◆
金星蕨	*Parathelypteris glanduligera*	⑤	
毛蕨	*Cyclosorus interruptus*	⑤	
	17　铁角蕨科　Aspleniaceae		
铁角蕨	*Asplenium trichomanes*	⑤	
华中铁角蕨	*Asplenium sarelii*	⑤	
	18　乌毛蕨科　Blchnaceae		
狗脊蕨	*Woodwardia japonica*	⑤	◆
	19　鳞毛蕨科　Dryopteridaceae		
尾形复叶耳蕨	*Arachniodes caudate*	⑤	
贯众	*Cyrtomium fortunei*	⑤	◆

续表

中文名	拉丁名	生活型	资源植物类型
阔鳞鳞毛蕨	*Dryopteris championii*	⑤	
尖齿耳蕨	*Polystichum acutidens*		
	20　水龙骨科　Polypodiaceae		
瓦韦	*Lepisorus thunbergianus*	⑤	
石韦	*Pyrrosia lingua*	⑤	◆
	21　苹科　Marsileaceae		
苹	*Marsilea quadrifolia*	⑥	◆
	22　槐叶苹科　Salviniaceae		
槐叶苹	*Salvinia natans*	⑥	◆
	23　满江红科　Azollaceae		
满江红	*Azolla imbricata*	⑥	◆
	Ⅱ　裸子植物门　GYMNOSPERMAE		
	1　苏铁科　Cycadaceae		
苏铁	*Cycas revoluta*	①	*■◆▲
	2　银杏科　Ginkgoaceae		
银杏	*Ginkgo biloba*	②	*■◆▲
	3　南洋杉科　Arauariaceae		
南洋杉	*Araucaria heterophylla*		
	4　松科　Pinaceae		
雪松	*Cedrus deodara*	①	*▲
马尾松	*Pinus massoniana*	①	■◆
	5　杉科　Taxodiaceae		
柳杉	*Cryptomeria fortunei*	①	*
杉木	*Cunninghamia lanceolata*	①	
水杉	*Metasequoia glyptostroboides*	②	*▲
落羽杉	*Taxodium distichum*	②	*
池杉	*Taxodium distichum* var. *imbricatum*	②	*
中山杉	*Taxodium zhongshansha*	②	*
水松	*Glyptostrobus pensilis*	②	*
	6　柏科　Cupressaceae		
柏木	*Cupressus funebris*	①	◆
侧柏	*Platyladus orientalis*	①	*▲
圆柏	*Sabina chinensis*	①	*▲

续表

中文名	拉丁名	生活型	资源植物类型
	7　罗汉松科　Podocarpaceae		
罗汉松	*Podocarpus macrophyllus*	①	*◆▲
	Ⅲ　被子植物门　ANGIOSPERMAE		
	1　三白草科　Saururaceae		
蕺菜	*Houttuynia cordata*	⑥	■◆
	2　杨柳科　Salicaceae		
加拿大扬	*Populus Canadensis*	②	*▲
旱柳	*Salix matsudana*	②	
垂柳	*Salix babylonica*	②	*▲
秋华柳	*Salix variegata*	②	
	3　胡桃科　Juglandaceae		
核桃	*Juglans regia*	②	*■◆
圆果化香树	*Platycarya longipes*	②	●
化香	*Platycarya strobilacea*	②	●
湖北枫杨	*Pterocary hupehensis*	②	▲●
枫杨	*Pterocary stenoptera*	②	▲●
杨树	*Populus simonii*	②	
	4　桦木科　Betulaceae		
桤木	*Alnus cremastogyne*	②	
	5　壳斗科　Fagaceae		
麻栎	*Quercus acutissima*	②	●
	6　榆科　Ulmaceae		
糙叶树	*Aphananthe aspera*	①	
朴树	*Celtis sinensis*	②	●
羽叶山麻黄	*Trema levigata*	①	●
榔榆	*Ulmus parvifolia*	②	●
	7　桑科　Moraceae		
蔓构	*Broussonetia kaempferi*	④	●
构树	*Broussonetia papyrifera*	②	●
异叶榕	*Ficus heteromorpha*	④	
地瓜藤	*Ficus tikoua*	④	■
黄葛树	*Ficus virens* var. *sublanceolata*	②	▲
葎草	*Humulus scandens*	⑤	
桑	*Morus alba*	④	

续表

中文名	拉丁名	生活型	资源植物类型
地果	*Ficus tikoua*	⑤	
	8 荨麻科 Urticaceae		
大叶苎麻	*Boehmeria grandifolia*	⑤	●
苎麻	*Boehmeria nivea*		
水麻	*Debregeasia edulis*	④	●
紫麻	*Oreocnide frutescens*	④	
红火麻	*Girardinia cuspidate*	⑤	●
糯米草	*Memorialis hirta*	⑤	◆
圆瓣冷水花	*Pilea angulata*	⑤	
花叶冷水花	*Pilea cadierei*	⑤	
雾水葛	*Pouzolzia zeylanica*	⑤	◆
荨麻	*Urtica fissa*	⑤	◆●
冷水花	*Pilea notata*	⑤	
	9 蓼科 Polygonaceae		
金荞麦	*Fagopyrum dibotrys*	⑤	◆
扁蓄	*Polygonum aviculare*	⑥	◆
红蓼	*Polygonum orientale*	⑤	
头花蓼	*Polygonum capitatum*	⑤	
火炭母	*Polygonum chinensis*	⑤	◆
虎杖	*Polygonum cuspidatum*	⑤	◆
水蓼	*Polygonum hydropiper*	⑥	◆
酸模叶蓼	*Polygonum lapathifolium*	⑤	
何首乌	*Polygonum multiflorum*	⑤	◆
杠板归	*Polygonum perfoliatum*	⑤	◆
尼泊尔酸模	*Rumex nepalensis*	⑥	◆
齿果酸模	*Rumex dentatus*	⑥	
绵毛酸模叶蓼	*Polygonum lapathifolium*	⑤	
酸模	*Rumex acetosa*	⑤	
	10 藜科 Chenopodiaceae		
藜	*Chenopodium album*	⑤	◆
土荆芥	*Chenopodium ambrosioides*	⑤	◆
地肤	*Kochia scoparia*	⑤	
菠菜	*Spinacia oleracea*	⑤	*
	11 苋科 Amaranthaceae		
土牛膝	*Achyranthes aspera*	⑤	◆

续表

中文名	拉丁名	生活型	资源植物类型
喜旱莲子草	*Alternanthera philoxeroides*	⑥	◆
莲子草	*Alternanthera sessilis*	⑥	
尾穗苋	*Amaranthus caudatus*	⑤	
青葙	*Celosia argentea*	⑤	◆
苋	*Amaranthus tricolor*	⑤	
	12　紫茉莉科　Nyctaginaceae		
紫茉莉	*Mirabilis jalapa*	⑤	▲
	13　商陆科　Phytolaccaceae		
商陆	*Phytolacca acinosa*	⑤	◆
垂序商陆	*Phytolacca americana*	⑤	
	14　马齿苋科　Portulacaceae		
马齿苋	*Portulaca oleracea*	⑤	■◆
土人参	*Talinum paniculatum*	⑤	◆
	15　落葵科　Basellaceae		
落葵薯	*Anredera cordifolia*	⑤	■◆
落葵	*Basella rubra*	⑤	*■◆
	16　石竹科　Caryophyllaceae		
蚤缀	*Arenaria serpyllifolia*	⑤	◆
簇生卷耳	*Cerastium caespitosum*	⑤	◆
卷耳	*Cerastium glomeratum*	⑤	◆
漆姑草	*Sagina japonica*	⑤	◆
繁缕	*Stellaria. media*	⑤	■◆
鹅肠菜	*Myosoton aquaticum*	⑤	
	17　睡莲科　Nymphaeaceae		
莲	*Nelumbo nucifera*	⑥	*■▲
红睡莲	*Nymphaea mexicana*	⑥	*▲
黄睡莲	*N.alba* var. *rubra*	⑥	*▲
	18　金鱼藻科　Ceratophyllaceae		
金鱼藻	*Ceratophyllum demersum*	⑥	▲
	19　毛茛科　Ranunculaceae		
打破碗花花	*Anemone hupehensis*	⑤	◆
小木通	*Clematis armandii*	④	◆
小蓑衣藤	*Clematis gouriana*	④	◆
大花还亮草	*Delphinium anthriscifolium* var. *Majus*	⑤	

续表

中文名	拉丁名	生活型	资源植物类型
毛茛	*Ranunculus japonicus*	⑥	
西南毛茛	*Ranunculus ficariifolius*	⑥	
石龙芮	*Ranunculus sceleratus*	⑥	◆
盾叶唐松草	*Thalictrum ichangense*	⑤	
	20　木通科　Lardizabalaceae		
三叶木通	*Akebia trifoliata*	④	◆
	21　小檗科　Berberidaceae		
粗毛淫羊藿	*Epimedium acuminatum*	⑤	◆
阔叶十大功劳	*Mahonia bealei*	③	*◆▲
狭叶十大功劳	*Mahonia fortunei*	③	
南天竹	*Nandina domestica*	③	*◆▲
	22　防己科　Menispermaceae		
木防己	*Cocculus orbiculatus*	④	◆
四川轮环藤	*Cyclea sutchuenensis*	④	◆
青牛胆	*Tinospora sagittata*	④	◆
	23　木兰科　Magnoliaceae		
白玉兰	*Magnolia denudata*	②	*◆▲
荷花玉兰	*Magnolia grandiflora*	②	◆▲
白兰花	*Michelia alba*	①	*◆▲
铁砸散	*Schisandra propinqua* var. *sinensis*	④	◆
	24　蜡梅科　Calycanthaceae		
蜡梅	*Chimonanthus praecox*	④	*▲
	25　樟科　Lauraceae		
香樟	*Cinnamomum camphora*	①	*◆●▲
天竺桂	*Cinnamomum japonicum*	①	
香叶树	*Lindera communis*	②	■●
	26　罂粟科　Papaveraceae		
川东紫堇	*Corydalis acuminate*	⑤	
	27　十字花科　Cruciferae		
油菜	*Brassic campestris*	⑤	*■
甘蓝	*Brassic caulorapa*	⑤	*■
荠菜	*Capsella brusa-pastoris*	⑤	*■
碎米荠	*Cardamine flexuosa*	⑤	
萝卜	*Raphanus sativus*	⑤	*■

续表

中文名	拉丁名	生活型	资源植物类型
蔊菜	*Rorippa cubia*	⑤	◆
风花菜	*Rorippa globosa*	⑤	
	28　景天科　Crassulaceae		
费菜	*Sedum aizoon*	⑤	▲
凹叶景天	*Sedum emarginatum*	⑤	◆
石莲花	*Sinocrassula indica*	⑤	*
	29　虎耳草科　Saxifragaceae		
月月青	*Itea ilicifolia*	③	
虎耳草	*Saxifraga stonifera*	⑤	◆
	30　海桐花科　Pittosporaceae		
狭叶海桐	*Pittosporum glabratum* var.*neriifolium*	③	
海桐	*Pittosporum tobira*	③	
	31　桔梗科　Campanulaceae		
半边莲	*Lobelia chinensis*	⑤	
	32　金缕梅科　Hamameledaceae		
杨梅叶蚊母树	*Distylium myricoide*	③	*▲
缺萼枫香树	*Liquidambar acalycina*	②	
红花檵木	*Loropetalum chinense* var. *rubrum*	③	
	33　蔷薇科　Rosaceae		
龙芽草	Agrimonia pilosa	⑤	◆
蛇莓	*Duchesnea indica*	⑤	
枇杷	*Eriobotrya japonica*	①	*
黄毛草莓	*Fragaria nigeerensis*	⑤	
水杨梅	*Geum aleppicum*	⑤	
棣棠花	*Kerria japonica*	④	*▲
湖北海棠	*Malus hupehensis*	④	*▲
垂丝海棠	*Malus halliana*	④	
中华绣线梅	*Neillia sinensis*	④	▲
光叶石楠	*Photinia glabra*	①	*
红叶石楠	*Photinia×fraseri*	①	
翻白草	*Potentilla discolor*	⑤	◆
毛桃	*Prunus davidiana*	②	■
桃	*Prunus persica*	②	*
李	*Prunus salicina*	②	*

续表

中文名	拉丁名	生活型	资源植物类型
紫叶李	*Prunus cerasifera* f. atropurpurea	②	
红叶李	*Chenopodium rubrum*	②	
樱桃	*Cerasus pseudocerasus*		
全缘火棘	*Pyracantha atalantioides*	③	▲
火棘	*Pyracantha fortuneana*	③	▲
麻梨	*Pyrus serrulata*	②	*
木香花	*Rosa banksine*	③	
小果蔷薇	*Rosa cymosa*	③	▲
金樱子	*Rosa laevigata*	③	◆
悬钩子蔷薇	*Rosa rubus*	④	
宜昌悬钩子	*Rubus ichangensis*	④	■
插田泡	*Rubus coreanus*	④	
高粱泡	*Rubus lambertianus*	④	■
黄泡	*Rubus pectinellus*	④	■
三花悬钩子	*Rubus trianthus*	④	
中华绣线菊	*Spiraea chinensis*	④	▲
野蔷薇	*Rosa multiflora*	③	
	34　豆科　Leguminosae		
田皂角	*Aeschynomene indica*	⑤	
山合欢	*Albizia kalkora*	②	▲
合欢	*Albizia julibrissin*	②	▲
紫云英	*Astragalus sinicus*	⑤	
湖北羊蹄甲	*Bauhinia hupehana*	①	▲
宜昌杭子梢	*Caesalpinia ichangensis*	④	
锦鸡儿	*Caragana sinica*	④	
决明	*Cassia obtusifolia*	④	
湖北紫荆	*Cercis glabra*	④	▲
大金刚藤黄檀	*Dalbergia dyeriana*	③	
四川山码蝗	*Desmodium szechuenense*	④	
雀舌豆	*Dumasia forrestii*	④	
皂荚	*Gleditsia sinensis*	②	●
大豆	*Glycine* max	②	*▲
刺桐	*Erythrina arborescens*	②	*▲
马棘	*Indigofera pseudotinctoria*	④	◆

续表

中文名	拉丁名	生活型	资源植物类型
长萼鸡眼草	*Kummerowia stipueacea*	⑤	
中华胡枝子	*Lespedeza chinensis*	④	▲
截叶铁扫帚	*Lespedeza cuneata*	④	▲
小苜蓿	*Medicago minima*	⑤	
草木犀	*Melilotus suaveolens*	⑤	
香花崖豆藤	*Millettia dielsiana*	③	◆
鸡血藤	*Millettia reticulate*	③	◆
菜豆	*Phaseotus vulgaris*	⑤	*
豌豆	*Pisum sativum*	⑤	*
野葛	*Pueraria lobafa*	⑤	■◆
菱叶鹿藿	*Rhynchosia dielsii*	⑤	
刺槐	*Robinia pseudoacacia*	②	▲
红车轴草	*Trifolum pretense*	⑤	*
窄叶野豌豆	*Vicia angustifolia*	⑤	
蚕豆	*Vicia faba*	⑤	*
赤豆	*Vigna angularis*	⑤	*
绿豆	*Vigna radiata*	⑤	*
长豇豆	*Vigna unguiculata*	⑤	*
合萌	*Aeschynomene indica*	⑥	
白车轴草	*Trifolium repens*	⑤	
葛	*Pueraria lobata*	⑤	
胡枝子	*Lespedeza bicolor*	⑤	
鸡眼草	*Kummerowia striata*	⑤	
天蓝苜蓿	*Medicago lupulina*	⑤	
野大豆	*Glycine soja*	⑤	
野豌豆	*Vicia sepium*	⑤	
长柄山蚂蟥	*Hylodesmum podocarpum*		
	35　酢浆草科　Oxalidaceae		
酢浆草	*Oxalis corniculata*	⑤	◆
	36　芸香科　Rutaceae		
松风草	*Boenninghausenia albiflora*	⑥	◆
酸橙	*Citrus aurantium*	①	*
柚	*Citrus grandis*	①	*
桔	*Citrus reticulata*	①	*

续表

中文名	拉丁名	生活型	资源植物类型
橙	*Citrus sinensis*	①	*
吴茱萸	*Euodia rutaecarpa*	③	◆
日本臭常山	*Orixa japonica*	③	
竹叶花椒	*Zanthoxylum armatum*	③	
	37　苦木科　Simaroubaceae		
臭椿	*Ailanthus altissima*	②	*
	38　楝科　Meliaceae		
苦楝	*Melia azedarach*	②	◆
香椿	*Toona sinensis*	②	■
	39　远志科　Polygalaceae		
黄花远志	*Polygala arillata*	⑤	
远志	*Polygala tenuifolia*	⑤	
	40　大戟科　Euphorbiaceae		
铁苋菜	*Acalypha australis*	⑤	
山麻杆	*Alchornea davidii*	④	
重阳木	*Bischofia polycarpa*	②	
巴豆	*Croton tiglium*	②	◆
泽漆	*Euphorbia helioscopia*	⑤	◆
飞扬草	*Euphorbia hirta*	⑤	
地锦	*Euphorbia humifusa*	⑤	
通奶草	*Euphorbia indica*	⑤	
革叶算盘子	*Glochidion daltonii*	②	
粗糠柴	*Mallotus philippinensis*	②	
叶下珠	*Phyllanthus urinria*	⑤	
蓖麻	*Ricinus communis*	④	◆
乌桕	*Triadica sebifera*	②	*●
油桐	*Vernicia fordii*	②	*●
	41　黄杨科　Buxaceae		
雀舌黄杨	*Buxus bodinieri*	③	*▲
	42　马桑科　Coriariaceae		
马桑	*Coriaria nepalensis*	④	
	43　漆树科　Anacrdiaceae		
黄连木	*Pistacia chinensis*	①	
盐肤木	*Rhus chinensis*	②	●
野漆树	*Toxicodendron succedaneum*	②	●

续表

中文名	拉丁名	生活型	资源植物类型
	44　卫矛科　Celastraceae		
大叶黄杨	*Euonymus japonicas*	③	*▲
	45　无患子科　Sapindaceae		
复羽叶栾树	*Koelreuteria bipinnata*	②	*▲
无患子	*Sapindus mukorossi*	②	*●
	46　凤仙花科　Balsaminaceae		
细柄凤仙花	*Impatiens leptocaulon*	⑤	▲
	47　鼠李科　Rhamnaceae		
多花勾儿茶	*Berchemia floribunda*	③	
马甲子	*Paliuns ramosissimus*	④	
长叶冻缘	*Rhamnus crenata*	③	
枣	*Ziziphus jujube*	②	*
	48　葡萄科　Vitaceae		
三裂叶蛇葡萄	*Ampelopsis delavayana*	③	
白叶乌蔹莓	*Cayratia albifolia*	⑤	
爬山虎	*Parthenocissus tricuspidata*	④	▲
桦叶葡萄	*Vitis betulifolia*	④	
三裂蛇葡萄	*Ampelopsis delavayana*	⑤	
乌蔹莓	*Cayratia japonica*	⑤	
	49　椴树科　Tiliaceae		
光果田麻	*Corchoropsis psiloarpa*	⑤	
	50　锦葵科　Malvaceae		
地桃花	*Urena lobata*	④	▲
木芙蓉	*Hibiscus mutabilis*	③	
苘麻	*Abutilon theophrasti*	⑤	
野西瓜苗	*Hibiscus trionum*	⑤	
	51　梧桐科　Sterculiaceae		
梧桐	*Firmiana platanifolia*	②	*
	52　猕猴桃科　Actindiaceae		
秤花藤	*Actinidia callosa* var. *henryi*	④	
	53　山茶科　Theaceae		
油茶	*Camellia oleifera*	③	*●
钝叶柃	*Eurya obtusifolia*		

续表

中文名	拉丁名	生活型	资源植物类型
	54 藤黄科 Guttiferae		
金丝桃	*Hypericum chinense*	④	▲
	55 堇菜科 Violaceae		
堇菜	*Viola verecunda*	⑤	
	56 大风子科 Flacourtiaceae		
柞木	*Xylosma japonicum*	①	
	57 秋海棠科 Begoniaceae		
秋海棠	*Begonia evansiana*	⑤	▲
	58 千屈菜科 Lythraceae		
紫薇	*Lagerstroemia indica*	②	*▲
圆叶节节菜	*Rotala rotundifolia*	⑥	
千屈菜	*Lythrum salicaria*	⑤	
	59 瑞香科 Thymelaeaceae		
小黄构	*Wikstroemia micrantha*	④	●
	60 胡颓子科 Eiaeagnaceae		
巴东胡颓子	*Elaeagnus difficilis*	④	■
	61 蓝果树科 Nyssaceae		
喜树	*Camptotheca acuminate*	②	*◆
	62 八角枫科 Alangiaceae		
八角枫	*Alangium chinensis*	②	◆
	63 桃金娘科 Myrtaceae		
蓝桉	*Eucalytus globulus*	①	*●
红千层	*Callistemon rigidus*	①	
	64 槭树科 Aceraceae		
鸡爪槭	*Acer palmatum*	④	
	65 野牡丹科 Melastomataceae		
展毛野牡丹	*Melastoma normale*	④	▲
楮头红	*Sarcopyramis nepalensis*	⑤	
	66 菱科 Trapaceae		
菱	*Trapa japonica*	⑥	■
	67 柳叶菜科 Onagraceae		
柳叶菜	*Epilobium hirsute*	⑥	

续表

中文名	拉丁名	生活型	资源植物类型
水龙	*Jussiaea repens*	⑥	
丁香蓼	*Ludwigia prostrata*		
	68　五加科　Arallaceae		
楤木	*Aralia chinensis*	④	■
假通草	*Brassaiopsis ciliata*	③	
常春藤	*Hedera nepalensis* var. *sinensis*	④	▲
鹅掌柴	*Schefflera heptaphylla*	③	
穗序鹅掌柴	*Scheffera delavayi*	③	▲
通脱木	*Tetrapanax papyriferus*	③	▲
	69　伞形科　Umbelliferae		
柴胡	*Bupleurum chinensis*	⑤	◆
积雪草	*Centella asiatica*	⑤	◆
芫荽	*Coriandrum sativum*	⑤	*■
鸭儿芹	*Cryptotaenia japonica*	⑤	■
野胡萝卜	*Daucus carota*	⑤	
小茴香	*Foeniculum vulgare*	⑤	
天胡荽	*Hydrocoty sibthorpioides*	⑤	◆
水芹	*Oenanthe javanica*	⑥	
窃衣	*Torilis scabra*	⑤	
细叶旱芹	*Cyclospermum leptophyllum*	⑥	
	70　鹿蹄草科　Pyrolaceae		
普通鹿蹄草	*Pyrola decorata*	⑤	
	71　杜鹃花科　Ericaceae		
小果南烛	*Lyonia ovalifolia* var. *elliptica*	④	
美丽马醉木	*Pieris formisa*	③	
腺萼马银花	*Rhododendron bachii*	③	
	72　紫金牛科　Myrsinaceae		
朱砂根	*Ardisia crenata*	④	◆
杜茎山	*Maesa japonica*	③	
齿叶铁仔	*Myrsine semiserrata*	③	
密花树	*Rapanea neriifolia*	①	
	73　报春花科　Primulaceae		
金钱草	*Lysimachia christinae*	⑤	◆
过路黄	*Lysimachia christinae*	⑤	

续表

中文名	拉丁名	生活型	资源植物类型
	74 山矾科 Symplocaceae		
光叶山矾	*Symplocos lancifolia*	①	
	75 木犀科 Oleaceae		
苦枥木	*Fraxinus retusa*	②	
迎春花	*Jasminum nudiflorum*	③	*▲
女贞	*Ligustrum lucidwm*	①	*▲
小叶女贞	*Ligustrum quihoui*	①	
素馨花	*Jasminum grandiflorum*	③	
桂花	*Olea fragrans*	①	*▲
	76 马钱科 Loganiaceae		
巴东醉鱼草	*Buddleja albiflora*	④	◆
	77 夹竹桃科 Apocynaceae		
夹竹桃	*Nerium indicum*	③	*▲
紫花络石	*Trachelospermum axillare*	④	
萝藦	*Metaplexis japonica*	⑤	
	78 萝摩科 Asclepiadaceae		
牛皮消	*Cynanchum auriculatum*	⑤	◆
青蛇藤	*Periploca calophylla*	④	◆
	79 旋花科 Convolvulaceae		
打碗花	*Calystegia hederacea*	⑤	◆
兔丝子	*Cuscuta chinensis*	⑤	◆
圆叶牵牛	*Pharbitis purpurea*	⑤	◆
马蹄金	*Dichondra micrantha*	⑤	
雍菜	*Ipomoea aquatica*	⑥	
牵牛	*Impomoea nil*	⑤	
菟丝子	*Cuscuta chinensis*	⑤	
旋花	*Calystegia sepium*	⑤	
	80 紫草科 Boraginaceae		
倒提壶	*Cynoglossum amabile*	⑤	
紫草	*Lithospermum erythrorrhizon*	⑤	
西南附地菜	*Trigonotis cavaleriei*	⑤	
附地菜	*Trigonotis peduncularis*	⑤	
	81 马鞭草科 Verbenaceae		
臭牡丹	*Clerodendrum bungei*	③	◆
黄荆	*Vitex negundo*	④	
马鞭草	*Verbena officinalis*	⑤	

续表

中文名	拉丁名	生活型	资源植物类型
	82　唇形科　Labiatae		
霍香	*Agastache rugosa*	⑤	◆
散血草	*Ajuga decumhens*	⑤	◆
细风轮菜	*Clinopodium gracile*	⑤	
香薷	*Elshotzia ciliate*	⑤	◆
活血丹	*Glecoma longituba*	⑤	◆
野芝麻	*Lamium barbatum*	⑤	
益母草	*Leonurus Artemisia*	⑤	◆
蜜蜂花	*Melissa axillaris*	⑤	
野薄荷	*Mentha haplocalyx*	⑤	◆
石香薷	*Mosla chinensis*	⑤	◆
牛至	*Origanum* vulgare	⑤	
紫苏	*Perilla frutescens*	⑤	◆
夏枯草	*Prunella vulgaris*	⑤	◆
野丹参	*Salvia vasta*	⑤	◆
黄芩	*Scutellaria caudifolia*	⑤	◆
水苏	*Stachys japonica*	⑤	◆
石荠苎	*Mosla scabra*	⑤	
风轮菜	*Clinopodium chinense*	⑤	
筋骨草	*Ajuga ciliata*	⑤	
荔枝草	*Salvia plebeia*	⑤	
	83　茄科　Solanaceae		
辣椒	*Capsicum annuumm*	⑤	*
夜香树	*Cestum nocturnum*	③	*▲
枸杞	*Lycium chinense*	④	◆
番茄	*Lycopersicon esculentum*	⑤	*
烟草	*Nicotiana tabacum*	⑤	*
酸浆	*Physalis alkekengi*	④	
白英	*Solanum lyvatum*	⑤	◆
龙葵	*Solanum nigrum*	⑤	◆
碧冬茄	*Petunia hybrida*	④	
喀西茄	*Solanum aculeatissimum*	⑤	

续表

中文名	拉丁名	生活型	资源植物类型
	84　玄参科　Scrophulariaceae		
通泉草	*Mazus japonicas*	⑥	
毛果通泉草	*Mazus spicatus*	⑤	
毛泡桐	*Paulownia tomentosa*	②	
婆婆纳	*Veronica didyma*	⑥	
四川婆婆纳	*Veronica szechuanica*	⑤	
细穗腹水草	*Veronicastrum stenostachyum*	⑤	
	85　紫葳科　Bignoniaceae		
川楸	*Catalpa fargesii*	②	
梓树	*Catalpa ovata*	②	
	86　爵床科　Acanthaceae		
狗肝菜	*Dicliptera chinensis*	⑤	◆
爵床	*Rostellularia procumbens*	⑤	◆
	87　车前科　Plantaginaceae		
车前	*Plantago asiatica*	⑤	◆
	88　茜草科　Rubiaceae		
猪殃殃	*Galium aparine* var. *tenerum*	⑤	
栀子	*Gardenia jasminoides*	③	*◆▲
鸡矢藤	*Paederia scandens*	⑤	◆
茜草	*Rubia cordifolia*	⑤	
白马骨	*Serissa serissoides*	③	◆
	89　忍冬科　Caprifoliaceae		
糯米条	*Abelia chinensis*	⑤	
金银忍冬	*Lonicera maackii*	④	◆
接骨草	*Sambucus chinensis*	⑤	◆
金山荚蒾	*Viburnum chinshanense*	③	
	90　败酱科　Valerianaceae		
败酱	*Patrinia.scabiosaefolia*	⑤	
缬草	*Valeriana officinalis*	⑤	◆
	91　川续断科　Dipsacaceae		
川续断	*Dipsacus asper*	⑤	◆
	92　葫芦科　Cucurbitaceae		
冬瓜	*Benincasa hispida*	⑤	*

续表

中文名	拉丁名	生活型	资源植物类型
黄瓜	*Cucumis sativus*	⑤	*
南瓜	*Cucurbita maxima*	⑤	*
绞股兰	*Gynostemma pentaphyllum*	⑤	◆
瓠子	*Lagenaria siceraria* var. *hispida*	⑤	*
丝瓜	*Luffa cylindrical*	⑤	*
苦瓜	*Momordrica charantia*	⑤	*
钮子瓜	*Zehneria maysorensis*	⑤	
栝楼	*Trichosanthes kirilowii*	⑤	
	93　美人蕉科　Cannaceae		
蕉芋	*Canna edulis*	⑤	*
大花美人蕉	*Canna generalis*	⑤	*
美人蕉	*Canna indica*	⑥	
粉美人蕉	*Canna glauca*	⑥	*
	94　菊科　Compositae		
蓍草	*Achillea alpine*	⑤	
腺梗菜	*Adenocaulon himalicum*	⑤	
下田菊	*Adenostemma lavenia*	⑤	
胜红蓟	*Ageratum canyzoides*	⑤	
旋叶香青	*Anaphalis contorta*	⑤	
香青	*Anaphalis sinica*	⑤	
艾蒿	*Anaphalis argyi*	⑤	◆
茵陈	*Anaphalis copillaris*	⑤	◆
白苞蒿	*Anaphalis lactiflora*	⑤	
野艾蒿	*Anaphalis lavandulaefolia*	⑤	◆
牡蒿	*Artemisia japonica*	⑤	
三脉紫菀	*Aster ageratoides*	⑤	◆
鬼针草	*Bidens bipinnata*	⑤	◆
狼把草	*Bidens tripartita*	⑤	
大毛香	*Blumea aromatic*	⑤	◆
蟹甲草	*Cacalia ainsliaeflora*	⑤	
飞廉	*Carduus acanthoides*	⑤	
天名精	*Carpesium abrotanoides*	⑤	◆
刺儿菜	*Cephalanoplos segetum*	⑤	◆
大蓟	*Cirsium japonicum*	⑤	◆

续表

中文名	拉丁名	生活型	资源植物类型
小白酒草	*Conyza canadensis*	⑤	
白酒草	*Conyza japonica*	⑤	
野菊	*Dendranthema indicum*	⑤	◆
鱼眼菊	*Dichrocephala auriculata*	⑤	
旱莲草	*Eclipta prostrata*	⑤	◆
飞莲	*Erigeron acer*	⑤	
泽兰	*Eupatorium chinensis*	⑤	◆
大吴风草	*Farfugium japonicum*	⑤	
辣子草	*Galinsoga parviflora*	⑤	
毛大丁草	*Gerbera piloselloides*	⑤	◆
鼠麹草	*Gnaphalium affine*	⑤	■◆
野茼蒿	*Gynura crepidioides*	⑤	■
菊芋	*Helianthus tuberosusl*	⑤	*■
泥胡菜	*Hemistepta lyrata*	⑤	
旋复花	*Inula britanica*	⑤	◆
苦荬菜	*Ixeris denticulata*	⑤	◆
马兰	*Kalimeris indica*	⑤	◆
山莴苣	*Lactuca indica*	⑤	
莴苣	*Lactuca sativa*	⑤	*■
臭录丹	*Laggera alata*	⑤	
稻槎菜	*Lapsana apogonoides*	⑤	
大丁草	*Leibnitzia anandria*	⑤	
华火绒草	*Leontopodium sinense*	⑤	
秋分草	*Rhynchospermum verticillatum*	⑤	
千里光	*Senecio scandens*	⑤	◆
豨莶草	*Siegesbeckia orientalis*	⑤	◆
苦苣菜	*Sonchus oleraceus*	⑤	
蒲公英	*Taraxacum mongolicum*	⑤	◆
南漳斑鸠菊	*Vernonia nantcianensis*	④	
苍耳	*Xanthium sibirium*	⑤	◆
黄鹌菜	*Youngia japonica*	⑤	
鳢肠	*Eclipta alba*	⑥	
藿香蓟	*Ageratum conyzoides*	⑤	

续表

中文名	拉丁名	生活型	资源植物类型
黄花蒿	*Artemisia annua*	⑤	
艾	*Artemisia argyi*	⑤	
青蒿	*Artemisia caruifolia*	⑤	
蒌蒿	*Artemisia selengensis*	⑥	
大狼杷草	*Bidens frondosa*	⑤	
小蓬草	*Conyza canadensis*	⑤	
小蓬草	*Conyza canadensis*	⑤	
金鸡菊	*Coreopsis basalis*	⑤	
尖裂假还阳参	*Crepidiastrum sonchifolium*	⑤	
鱼眼草	*Dichrocephala auriculata*	⑥	
一年蓬	*Erigeron annuus*	⑤	
牛膝菊	*Galinsoga parviflora*	⑤	
鼠麴草	*Gnaphalium affine*	⑤	
小苦荬	*Ixeridium dentatum*	⑥	
黑心金光菊	*Rudbeckia hirta*	⑤	
蒲儿根	*Senecio oldhamianus*	⑤	
钻叶紫菀	*Symphyotrichum subulatum*	⑤	
百日菊	*Zinnia elegans*	⑤	
翅果菊	*Pterocypsela indica*	⑤	
	95 狸藻科 Lentibulariaceae		
细叶狸藻	*Utricularia minor*	⑥	
南方狸藻	*Utricularia australis*	⑥	
	96 香蒲科 Typhaceae		
宽叶香蒲	*Typha latifolia*	⑥	◆
水烛	*Typha angustifolia*	⑥	◆
	97 兰科 Orchidaceae		
建兰	*Cymbidium ensifolium*	⑤	*
绶草	*Spiranthes.goeringii*	⑥	
	98 茨藻科 Najadaceae		
小茨藻	*Najas minor*	⑥	
	99 泽泻科 Alismataceae		
窄叶泽泻	*Alisma canaliculatum*	⑥	◆
野慈姑	*Sagittaria trifolia* var. *angustifolia*	⑥	

续表

中文名	拉丁名	生活型	资源植物类型
浮叶慈姑	*Sagittaria natans*	⑥	
矮慈姑	*Sagittaria pygmaea*	⑥	
	100　水鳖科　Hydrocharitaceae		
黑藻	*Hydrilla verticillata*	⑥	
软骨草	*Lagarosiphon alternifolia*	⑥	
有尾水筛	*Blyxa echinosperma*	⑥	
水车前	*Ottelia alismoides*	⑥	
	101　眼子菜科　Potamogetonaceae		
小眼子菜	*Potamogeton pusillus*	⑥	
菹草	*Potamogeton crispus*	⑥	
	102　禾本科　Gramineae		
剪股颖	*Agrostis matxumurae*	⑤	
看麦娘	*Alopecurus aepualis*	⑥	
荩草	*Arthraxon hispidus*	⑤	◆
矛叶荩草	*Arthraxon prionodes*	⑤	
野古草	*Arundinella hirta*	⑥	
芦竹	*Arundo dona*	⑥	◆
野燕麦	*Avena fatua*	⑤	
毛臂形草	*Brachiaria villosa*	⑤	
疏花雀麦	*Bromus romotiflorus*	⑤	
拂子茅	*Calamagrostis epigejos*	⑤	
细柄草	*Capillipedium parviflorum*	⑤	
沿沟草	*Catabrosa aquatica*	⑥	
朝阳青茅	*Cleistogenes hackeli*	⑤	
薏苡	*Coix lacryma-jobi*	⑥	◆
狗牙根	*Cynodon dactylon*	⑤	
麻竹	*Dendrocalamus latiflorus*	①	*
房县野青茅	*Deyeuxia henryi*	⑤	
野青茅	*Deyeuxia arundinacea*	⑤	
马唐	*Digitaria sanguinalis*	⑤	
十字马唐	*Digitaria cruciata*	⑤	
稗子	*Echinochloa crusgalli*	⑥	
牛筋草	*Eleusine indica*	⑤	
知风草	*Eragrostis ferruginea*	⑤	

续表

中文名	拉丁名	生活型	资源植物类型
百足草	*Eremochloa ciliaris*	⑤	
结缕草	*Zoysia japonica*	⑤	
高羊茅	*Festuca elata*	⑤	
拟金茅	*Eulaliopsis binata*	⑤	
金茅	*Eulalia speciosa*	⑤	
野黍	*Eriochloa villoxe*	⑥	
羊茅	*Festuca ovina*	⑤	
扁穗牛鞭草	*Hemarthria compressa*	⑥	
白茅	*Imperata cylindrica*	⑤	◆
假稻（游草）	*Leersia hachellii*	⑥	
千金子	*Leptochloa chinensis*	⑤	
多花黑麦草	*Lolium multiflorum*	⑤	*
淡竹叶	*Lophatherum gracile*	⑤	◆
粟草	*Milium effusum*	⑤	
五节芒（芭茅）	*Miscanthus floridulus*	⑥	
慈竹	*Neosinocalamus affinis*	①	*
稻	*Oryza sativa*	⑥	*
湖北落芒草	*Oryzopsis henryi*	⑤	
雀稗	*Paspalum thunbergii*	⑥	
双穗雀稗	*Paspalum distichum*	⑥	
狼尾草	*Pennisetum alopecuroides*	⑤	
显子草	*Phaenosperma globosa*	⑤	
芦苇	*Phragmitas communis*	⑥	●
楠竹	*Vaccinium bracteatum*	③	
刚竹	*Phyllostachys bambusoides*	③	
早熟禾	*Poa annua*	⑤	
金发草	*Pogonatherum paniceum*	⑤	
棒头草	*Polypogon fugex*	⑤	
鹅冠草	*Roegneria calcicola*	⑤	
大狗尾草	*Setaria faberii*	⑤	
金色狗尾草	*Setaria glauca*	⑤	
高粱	*Sorghum bicolor*	⑤	*
狗尾草	*Sorghum viridis*	⑤	
鼠尾草	*Sporobolus japonica*		

续表

中文名	拉丁名	生活型	资源植物类型
黄背草	*Themeda japonica*	⑤	
小麦	*Triticum aectivum*	⑤	*
玉米	*Zea mays*	⑤	
菰	*Zizania coduciflore*	⑥	*■
稗	*Echinochloa crusgali*	⑥	
牛鞭草	*Hemarthria altissima*	⑥	
求米草	*Oplismenus undulatifolius*	⑤	
升马唐	*Digitaria ciliaris*	⑤	
无芒稗	*Echinochloa crusgalli*	⑥	
五节芒	*Miscanthus floridulus*	⑤	
长芒稗	*Echinochloa caudata*	⑥	
	103　莎草科　Cyperaceae		
丝叶球柱草	*Bulbostylis densa*	⑤	
栗褐苔草	*Carex brunnea*	⑤	
十字苔草	*Carexcruciata*	⑤	
风车草	*Cyperus alternifolius*	⑥	▲
扁穗莎草	*Cyperus compressus*	⑥	
头状穗莎草	*Cyperus glomeratus*	⑥	
异型莎草	*Cyperus difformis*	⑥	
香附子	*Cyperus rotundus*	⑥	◆
牛毛毡	*Eleocharis yokoscensis*	⑥	
丛毛羊胡子草	*Eriophorum comsum*	⑤	●
水虱草	*Fimbristylis miliacea*	⑥	
水葱	*Fimbristylis subbispicata*	⑥	
水蜈蚣	*Kyllinga brevifolia*	⑥	
砖子苗	*Mariscus umbellatus*	⑤	
藨草	*Scirpus triqueter*	⑥	
萤蔺	*Scirpus juncoides*	⑥	
荸荠	*Eleocharis dulcis*	⑥	
短叶水蜈蚣	*Kyllinga brevifolia*	⑥	
碎米莎草	*Cyperus iria*	⑥	
	104　棕榈科　Palmae		
棕榈	*Trachycarpus fortunei*	①	▲●
蒲葵	*Livistona chinensis*	①	

续表

中文名	拉丁名	生活型	资源植物类型
加拿利海枣	*Phoenix canariensis*		
矮棕竹	*Rhapis humilis*	③	▲
	105　天南星科　Araceae		
菖蒲	*Acorus calamus*	⑥	◆
石菖蒲	*Acorus tatarinowi*	⑥	◆
棒头南星	*Arisaema clavatum*	⑤	
芋	*Colocasia esculenta*	⑤	*■
春羽	*Ulmus davidiana var. japonica*	⑤	
掌叶半夏	*Pinellia pedatisecta*	⑤	
半夏	*Pinellia ternata*	⑤	◆
大漂	*Pistia stratiotes*	⑥	
石柑子	*Pothos chinensis*	⑤	
梨头尖	*Typhonium divaricatum*	⑤	◆
	106　浮萍科　Lemnaceae		
浮萍	*Lemna minor*	⑥	
紫萍	*Spirodela polyrhzia*	⑥	
	107　小二仙草科　Haloragaceae		
粉绿狐尾藻	*Myriophyllum aquaticum*	⑥	
	108　谷精草科　Eriocaulaceae		
谷精草	*Eriocaulon buergerianum*	⑥	◆
	109　鸭跖草科　Commelinaceae		
饭包草	*Commelina bengalensis*	⑤	◆
水竹叶	*Murdannia triquetra*	⑤	◆
杜若	*Pollia japonica*	⑤	
鸭跖草	*Commelina communis*	⑥	
	110　雨久花科　Pontederiaceae		
凤眼蓝	*Eichhornia crassipes*	⑥	▲
鸭舌草	*Monochoria vaginalis*	⑥	▲
梭鱼草	*Pontederia cordata*	⑥	
	111　灯心草科　Juncaceae		
翅茎灯心草	*Juncus alatus*	⑥	

续表

中文名	拉丁名	生活型	资源植物类型
灯心草	*Juncus effusus*	⑥	
羽毛地杨梅	*Luzula plumosa*	⑤	
	112　百合科　Liliaceae		
藠头	*Allium chinense*	⑤	*
葱	*Allium fistulosum*	⑤	*◆
韭菜	*Allium tuberosum*	⑤	*
天门冬	*Asparagus cochinchinensis*	⑤	*◆
吊兰	*Chlorophytum comosum*	⑤	*▲
黄花	*Hemerocallis citrine*	⑤	*■▲
玉簪	*Hosta plantaginea*	⑤	*▲
禾叶山麦冬	*Liriope gnaminfolia*	⑤	
沿阶草	*Ophiopogon bodinieri*	⑤	*▲◆
麦冬	*Ophiopogon japonicus*	⑤	◆
吉祥草	*Reineckea carnea*	⑤	*▲
菝葜	*Smilax china*	④	
	113　石蒜科　Amaryllidaceae		
大叶仙茅	*Curculigo capitulata*	⑤	▲
小金梅草	*Hypoxis aurea*	⑤	▲
	114　薯蓣科　Dioscoreaceae		
参薯	*Dioscorea alata*	⑤	*
野山药	*Dioscorea japonica*	⑤	■
黄独	*Dioscorea bulbifera*	⑤	
薯蓣	*Dioscorea opposita*	⑤	
	115　鸢尾科　Iridaceae		
蝴蝶花	*Iris japonica*	⑤	▲
黄花鸢尾	*Iris wilsonii*	⑤	▲
紫花鸢尾	*Iris tectorum*	⑤	▲
	116　芭蕉科　Musaceae		
芭蕉	*Musa basjoo*	⑤	▲
	117　姜科　Zinqiberaceae		
山姜	*Alpinia.japonica*	⑥	▲
花叶艳山姜	*Alpinia zerumbet*	⑥	▲

续表

中文名	拉丁名	生活型	资源植物类型
姜	*Zingiber officinale*	⑥	*
	118　竹芋科　Marantaceae		
再力花	*Thalia dealbata*	⑥	
	119　檀香科　Santalaceae		
百蕊草	*Thesium chinense*	⑤	
	120　母草科　Linderniaceae		
陌上菜	*Lindernia procumbens*	⑤	
	121　叶下珠科　Phyllanthaceae		
秋枫	*Bischofia javanica*	①	
叶下珠	*Phyllanthus urinaria*	⑤	
蜜甘草	*Phyllanthus ussuriensis*	⑤	

注：本植物名录蕨类植物按秦仁昌系统，裸子植物按《中国植物志》第七卷的顺序，被子植物按哈饮松系统。

*栽培植物；■野生食用植物；◆药用植物；▲观赏植物；●工业用植物。①常绿乔木；②落叶乔木；③常绿灌木；④落叶灌木（含木质藤本）；⑤草本植物（含草质藤本）；⑥水生植物。

附表 2　汉丰湖国家湿地公园鸟类名录

序号	学名	中文名	区系	保护等级	IUCN	居留型	生态类群
	鸡形目 GALLIFORMES 雉科 Phasianidae						
1	*Coturnix japonica*	鹌鹑	广	—	NT	R	陆
2	*Bambusicola thoracicus*	灰胸竹鸡	东	—	LC	R	陆
3	*Phasianus colchicus*	雉鸡	广	—	LC	R	陆
	雁形目 ANSERIFORMES 鸭科 Anatidae						
4	*Anser cygnoides*	鸿雁	广	—	VU	V	游
5	*Anser indicus*	斑头雁	广	—	LC	W	游
6	*Cygnus columbianus*	小天鹅	古	Ⅱ	LC	W	游
7	*Tadorna ferruginea*	赤麻鸭	古	—	LC	W	游
8	*Tadorna tadorna*	翘鼻麻鸭	广	—	LC	W	游
9	*Aix galericulata*	鸳鸯	古	Ⅱ	LC	W	游
10	*Mareca strepera*	赤膀鸭	古	—	LC	W	游
11	*Mareca falcata*	罗纹鸭	古	—	NT	W	游
12	*Mareca penelope*	赤颈鸭	古	—	LC	W	游
13	*Anas platyrhynchos*	绿头鸭	古	—	LC	W	游
14	*Anas zonorhyncha*	斑嘴鸭	古	—	LC	R&W	游
15	*Spatula clypeata*	琵嘴鸭	古	—	LC	W	游

续表

序号	学名	中文名	区系	保护等级	IUCN	居留型	生态类群
16	*Anas acuta*	针尾鸭	古	—	LC	W	游
17	*Spatula querquedula*	白眉鸭	古	—	LC	W	游
18	*Anas formosa*	花脸鸭	古	Ⅱ	LC	W	游
19	*Anas crecca*	绿翅鸭	古	—	LC	W	游
20	*Netta rufina*	赤嘴潜鸭	古	—	LC	W	游
21	*Aythya ferina*	红头潜鸭	古	—	VU	W	游
22	*Aythya nyroca*	白眼潜鸭	广	—	NT	W	游
23	*Aythya fuligula*	凤头潜鸭	古	—	LC	W	游
24	*Aythya valisineria*	帆背潜鸭	古	—	LC	W	游
25	*Bucephala clangula*	鹊鸭	古	—	LC	W	游
26	*Mergellus albellus*	白秋沙鸭	广	Ⅱ	LC	W	游
27	*Mergus merganser*	普通秋沙鸭	广	—	LC	W	游
28	*Mergus serrator*	红胸秋沙鸭	广	—	LC	W	游
29	*Mergus squamatus*	中华秋沙鸭	广	Ⅰ	EN	W	游
	䴙䴘目 PODICIPEDIFORMES 䴙䴘科 Podicipedidae						
30	*Tachybaptus ruficollis*	小䴙䴘	东	—	LC	R&W	游
31	*Podiceps cristatus*	凤头䴙䴘	古	—	LC	W	游
32	*Podiceps nigricollis*	黑颈䴙䴘	古	—	LC	W	游
	鹳形目 CICONIIFORMES 鹮科 Threskiornithidae						
33	*Anastomus oscitans*	钳嘴鹳	东	—	LC	V	涉
	鹈形目 PELECANIFORMES 鹭科 Ardeidae						
34	*Botaurus stellaris*	大麻鳽	古	—	LC	W	涉
35	*Ixobrychus sinensis*	黄苇鳽	东	—	LC	S	涉
36	*Ixobrychus cinnamomeus*	栗苇鳽	东	—	LC	S	涉
37	*Nycticorax nycticorax*	夜鹭	广	—	LC	R	涉
38	*Ardeola bacchus*	池鹭	东	—	LC	S	涉
39	*Bubulcus coromandus*	牛背鹭	东	—	LC	S	涉
40	*Ardea cinerea*	苍鹭	古	—	LC	R&W	涉
41	*Ardea purpurea*	草鹭	广	—	LC	S	涉
42	*Ardea alba*	大白鹭	东	—	LC	R&W	涉
43	*Egretta intermedia*	中白鹭	东	—	LC	V	涉
44	*Egretta garzetta*	白鹭	东	—	LC	R	涉
	鲣鸟目 SULIFORMES 鸬鹚科 Phalacrocoracidae						
45	*Phalacrocorax carbo*	普通鸬鹚	广	—	LC	W	游

续表

序号	学名	中文名	区系	保护等级	IUCN	居留型	生态类群
	鹰形目 ACCIPITRIFORMES 鹗科 Pandionidae						
46	*Pandion haliaetus*	鹗	古	Ⅱ	LC	V	猛
	鹰形目 ACCIPITRIFORMES 鹰科 Accipitridae						
47	*Pernis ptilorhynchus*	凤头蜂鹰	东	Ⅱ	LC	S	猛
48	*Accipiter nisus*	雀鹰	古	Ⅱ	LC	W	猛
49	*Milvus migrans*	黑鸢	古	Ⅱ	LC	R	猛
50	*Buteo japonicus*	普通鵟	古	Ⅱ	LC	W	猛
51	*Circus spilonotus*	白腹鹞	广	Ⅱ	LC	V	猛
	隼形目 FALCONIFORMES 隼科 Falconidae						
52	*Falco subbuteo*	燕隼	广	Ⅱ	LC	S	猛
53	*Falco peregrinus*	游隼	广	Ⅱ	LC	W	猛
	鹤形目 GRUIFORMES 秧鸡科 Rallidae						
54	*Gallirallus striatus*	蓝胸秧鸡	东	—	LC	S	涉
55	*Amaurornis phoenicurus*	白胸苦恶鸟	东	—	LC	S	涉
56	*Porzana fusca*	红胸田鸡	东	—	LC	S	涉
57	*Gallicrex cinerea*	董鸡	东	—	LC	S	涉
58	*Gallinula chloropus*	黑水鸡	东	—	LC	R&W	涉
59	*Fulica atra*	骨顶鸡	广	—	LC	W	涉
	鸻形目 CHARADRIIFORMES 反嘴鹬科 Recurvirostridae						
60	*Himantopus himantopus*	黑翅长脚鹬	广	—	LC	V	涉
	鸻形目 CHARADRIIFORMES 鸻科 Charadriidae						
61	*Vanellus vanellus*	凤头麦鸡	古	—	LC	W	涉
62	*Vanellus cinereus*	灰头麦鸡	古	—	LC	V	涉
63	*Pluvialis fulva*	金[斑]鸻	古	—	LC	V	涉
64	*Charadrius placidus*	长嘴剑鸻	古	—	LC	R	涉
65	*Charadrius dubius*	金眶鸻	广	—	LC	R	涉
66	*Charadrius alexandrinus*	环颈鸻	广	—	LC	R	涉
67	*Charadrius mongolus*	蒙古沙鸻	广	—	LC	V	涉
68	*Charadrius leschenaultii*	铁嘴沙鸻	广	—	LC	V	涉
	鸻形目 CHARADRIIFORMES 彩鹬科 Rostratulidae						
69	*Rostratula benghalensis*	彩鹬	东	—	LC	R	涉
	鸻形目 CHARADRIIFORMES 水雉科 Jacanidae						
70	*Hydrophasianus chirurgus*	水雉	广	Ⅱ	LC	S	涉
	鸻形目 CHARADRIIFORMES 丘鹬科 Scolopacidae						
71	*Gallinago gallinago*	扇尾沙锥	古	—	LC	R	涉

续表

序号	学名	中文名	区系	保护等级	IUCN	居留型	生态类群
72	*Gallinago stenura*	针尾沙锥	广	—	LC	V	涉
73	*Limosa limosa*	黑尾塍鹬	广	—	NT	V	涉
74	*Tringa totanus*	红脚鹬	古	—	LC	V	涉
75	*Tringa nebularia*	青脚鹬	古	—	LC	W	涉
76	*Tringa ochropus*	白腰草鹬	古	—	LC	R	涉
77	*Tringa glareola*	林鹬	古	—	LC	S	涉
78	*Actitis hypoleucos*	矶鹬	古	—	LC	R	涉
79	*Calidris subminuta*	长趾滨鹬	广	—	LC	V	涉
80	*Calidris temminckii*	青脚滨鹬	广	—	LC	V	涉
81	*Calidris alpina*	黑腹滨鹬	广	—	LC	V	涉
	鸻形目 CHARADRIIFORMES 燕鸻科 Glareolidae						
82	*Glareola maldivarum*	普通燕鸻	古	—	LC	V	涉
	鸻形目 CHARADRIIFORMES 鸥科 Laridae						
83	*Chroicocephalus ridibundus*	红嘴鸥	古	—	LC	W	游
84	*Larus mongolicus*	蒙古银鸥	古	—	LC	W	游
85	*Larus cachinnans*	黄脚银鸥	古	—	LC	W	游
86	*Sternula albifrons*	白额燕鸥	广	—	LC	W	游
87	*Rissa tridactyla*	三趾鸥	古	—	VU	W	游
88	*Chlidonias hybrida*	须浮鸥	广	—	LC	S	游
	鸽形目 COLUMBIFORMES 鸠鸽科 Columbidae						
89	*Streptopelia orientalis*	山斑鸠	古	—	LC	R	陆
90	*Streptopelia tranquebarica*	火斑鸠	东	—	LC	R	陆
91	*Spilopelia chinensis*	珠颈斑鸠	东	—	LC	R	陆
	鹃形目 CUCULIFORMES 杜鹃科 Cuculidae						
92	*Eudynamys scolopaceus*	噪鹃	东	—	LC	S	攀
93	*Surniculus dicruroides*	乌鹃	东	—	LC	S	攀
94	*Hierococcyx sparverioides*	鹰鹃	东	—	LC	S	攀
95	*Cuculus poliocephalus*	小杜鹃	东	—	LC	S	攀
96	*Cuculus micropterus*	四声杜鹃	东	—	LC	S	攀
97	*Cuculus saturatus*	中杜鹃	古	—	LC	S	攀
98	*Cuculus canorus*	大杜鹃	广	—	LC	S	攀
	雨燕目 APODIFORMES 雨燕科 Apodidae						
99	*Apus nipalensis*	小白腰雨燕	东	—	LC	S	攀

续表

序号	学名	中文名	区系	保护等级	IUCN	居留型	生态类群
	佛法僧目 CORACIIFORMES 翠鸟科 Alcedinidae						
100	*Halcyon pileata*	蓝翡翠	东	—	LC	S	攀
101	*Alcedo atthis*	普通翠鸟	广	—	LC	R	攀
102	*Megaceryle lugubris*	冠鱼狗	广	—	LC	R	攀
	犀鸟目 BUCEROTIFORMES 戴胜科 Upupidae						
103	*Upupa epops*	戴胜	广	—	LC	R	攀
	䴕形目 PICIFORMES 啄木鸟科 Picidae						
104	*Jynx torquilla*	蚁䴕	广	—	LC	V	攀
105	*Picumnus innominatus*	斑姬啄木鸟	东	—	LC	R	攀
106	*Picus canus*	灰头绿啄木鸟	广	—	LC	R	攀
	雀形目 PASSERIFORMES 鹃鵙科 Campephagidae						
107	*Coracina melaschistos*	暗灰鹃鵙	东	—	LC	S	鸣
	雀形目 PASSERIFORMES 伯劳科 Laniidae						
108	*Lanius tigrinus*	虎纹伯劳	古	—	LC	S	鸣
109	*Lanius cristatus*	红尾伯劳	古	—	LC	S	鸣
110	*Lanius schach*	棕背伯劳	东	—	LC	R	鸣
	雀形目 PASSERIFORMES 黄鹂科 Oriolidae						
111	*Oriolus chinensis*	黑枕黄鹂	东	—	LC	S	鸣
	雀形目 PASSERIFORMES 卷尾科 Dicruridae						
112	*Dicrurus macrocercus*	黑卷尾	东	—	LC	S	鸣
113	*Dicrurus leucophaeus*	灰卷尾	东	—	LC	S	鸣
	雀形目 PASSERIFORMES 王鹟科 Monarchidae						
114	*Terpsiphone incei*	寿带	东	—	LC	S	鸣
	雀形目 PASSERIFORMES 鸦科 Corvidae						
115	*Garrulus glandarius*	松鸦	古	—	LC	R	鸣
116	*Urocissa erythroryncha*	红嘴蓝鹊	东	—	LC	R	鸣
117	*Pica pica*	喜鹊	古	—	LC	R	鸣
	雀形目 PASSERIFORMES 山雀科 Paridae						
118	*Pardaliparus venustulus*	黄腹山雀	东	—	LC	R	鸣
119	*Parus minor*	远东山雀	广	—	NR	R	鸣
120	*Parus monticolus*	绿背山雀	东	—	LC	R	鸣
	雀形目 PASSERIFORMES 百灵科 Alaudidae						
121	*Calandrella dukhunensis*	蒙古短趾百灵	广	—	LC	V	鸣

续表

序号	学名	中文名	区系	保护等级	IUCN	居留型	生态类群
122	*Alauda gulgula*	小云雀	东	—	LC	R	鸣
	雀形目 PASSERIFORMES 鹎科 Pycnonotidae						
123	*Spizixos semitorques*	领雀嘴鹎	东	—	LC	R	鸣
124	*Pycnonotus xanthorrhous*	黄臀鹎	东	—	LC	R	鸣
125	*Pycnonotus sinensis*	白头鹎	东	—	LC	R	鸣
126	*Ixos mcclellandii*	绿翅短脚鹎	东	—	LC	R	鸣
	雀形目 PASSERIFORMES 燕科 Hirundinidae						
127	*Riparia diluta*	淡色沙燕	古	—	LC	R	鸣
128	*Hirundo rustica*	家燕	古	—	LC	S	鸣
129	*Cecropis daurica*	金腰燕	古	—	LC	S	鸣
	雀形目 PASSERIFORMES 树莺科 Cettiidae						
130	*Seicercus albogularis*	棕脸鹟莺	东	—	LC	R	鸣
131	*Horornis fortipes*	强脚树莺	东	—	LC	R	鸣
	雀形目 PASSERIFORMES 长尾山雀科 Aegithalidae						
132	*Aegithalos concinnus*	红头长尾山雀	东	—	LC	R	鸣
	雀形目 PASSERIFORMES 柳莺科 Phylloscopidae						
133	*Phylloscopus fuscatus*	褐柳莺	广	—	LC	W	鸣
134	*Phylloscopus proregulus*	黄腰柳莺	古	—	LC	W	鸣
135	*Phylloscopus inornatus*	黄眉柳莺	古	—	LC	V	鸣
136	*Phylloscopus coronatus*	冕柳莺	古	—	LC	V	鸣
	雀形目 PASSERIFORMES 苇莺科 Acrocephalidae						
137	*Acrocephalus orientalis*	东方大苇莺	广	—	LC	S	鸣
	雀形目 PASSERIFORMES 扇尾莺科 Cisticolidae						
138	*Cisticola juncidis*	棕扇尾莺	广	—	LC	R	鸣
139	*Prinia crinigera*	山鹪莺	东	—	LC	R	鸣
140	*Prinia inornata*	纯色山鹪莺	东	—	LC	R	鸣
	雀形目 PASSERIFORMES 鹛科 Timaliidae						
141	*Pomatorhinus ruficollis*	棕颈钩嘴鹛	东	—	LC	R	鸣
142	*Stachyridopsis ruficeps*	红头穗鹛	东	—	LC	R	鸣
	雀形目 PASSERIFORMES 幽鹛科 Pellorneidae						
143	*Alcippe davidi*	灰眶雀鹛	东	—	–	R	鸣
	雀形目 PASSERIFORMES 噪鹛科 Leiothrichidae						
144	*Babax lanceolatus*	矛纹草鹛	东	—	LC	R	鸣
145	*Garrulax sannio*	白颊噪鹛	东	—	LC	R	鸣
146	*Leiothrix lutea*	红嘴相思鸟	东	Ⅱ	LC	R	鸣

续表

序号	学名	中文名	区系	保护等级	IUCN	居留型	生态类群
	雀形目 PASSERIFORMES 莺鹛科 Sylviidae						
147	*Sinosuthora webbiana*	棕头鸦雀	东	—	LC	R	鸣
	雀形目 PASSERIFORMES 绣眼鸟科 Zosteropidae						
148	*Yuhina diademata*	白领凤鹛	东	—	LC	R	鸣
149	*Zosterops japonicus*	暗绿绣眼鸟	东	—	LC	S	鸣
	雀形目 PASSERIFORMES 椋鸟科 Sturnidae						
150	*Acridotheres cristatellus*	八哥	东	—	LC	R	鸣
151	*Spodiopsar sericeus*	丝光椋鸟	东	—	LC	R	鸣
152	*Spodiopsar cineraceus*	灰椋鸟	古	—	LC	W	鸣
153	*Agropsar sturninus*	北椋鸟	广	—	LC	V	鸣
	雀形目 PASSERIFORMES 鸫科 Turdidae						
154	*Turdus merula*	乌鸫	广	—	LC	R	鸣
155	*Turdus cardis*	乌灰鸫	东	—	LC	S	鸣
156	*Turdus naumanni*	红尾鸫	广	—	LC	W	鸣
157	*Turdus eunomus*	斑鸫	古	—	LC	W	鸣
158	*Turdus mupinensis*	宝兴歌鸫	东	—	LC	R	鸣
	雀形目 PASSERIFORMES 鹟科 Muscicapidae						
159	*Luscinia svecica*	蓝喉歌鸲	古	Ⅱ	LC	V	鸣
160	*Tarsiger cyanurus*	红胁蓝尾鸲	古	—	LC	W	鸣
161	*Copsychus saularis*	鹊鸲	东	—	LC	R	鸣
162	*Phoenicurus hodgsoni*	黑喉红尾鸲	东	—	LC	W	鸣
163	*Phoenicurus auroreus*	北红尾鸲	古	—	LC	W	鸣
164	*Phoenicurus frontalis*	蓝额红尾鸲	东	—	LC	W	鸣
165	*Phoenicurus ochruros*	赭红尾鸲	广	—	LC	R	鸣
166	*Rhyacornis fuliginosa*	红尾水鸲	东	—	LC	R	鸣
167	*Chaimarrornis leucocephalus*	白顶溪鸲	东	—	LC	R	鸣
168	*Saxicola maurus*	黑喉石䳭	广	—	NR	S	鸣
169	*Oenanthe isabellina*	沙䳭	东	—	LC	S	鸣
170	*Monticola rufiventris*	栗腹矶鸫	东	—	LC	R	鸣
171	*Monticola solitarius*	蓝矶鸫	东	—	LC	R	鸣
172	*Ficedula zanthopygia*	白眉姬鹟	古	—	LC	S	鸣
173	*Ficedula albicilla*	红喉姬鹟	广	—	LC	V	鸣
	雀形目 PASSERIFORMES 雀科 Passeridae						
174	*Passer rutilans*	山麻雀	东	—	LC	R	鸣

续表

序号	学名	中文名	区系	保护等级	IUCN	居留型	生态类群
175	*Passer montanus*	麻雀	古	—	LC	R	鸣
	雀形目 PASSERIFORMES 梅花雀科 Estrildidae						
176	*Lonchura striata*	白腰文鸟	东	—	LC	R	鸣
177	*Lonchura punctulata*	斑文鸟	东	—	LC	R	鸣
	雀形目 PASSERIFORMES 鹡鸰科 Motacillidae						
178	*Motacilla tschutschensis*	黄鹡鸰	古	—	LC	V	鸣
179	*Motacilla citreola*	黄头鹡鸰	古	—	LC	V	鸣
180	*Motacilla cinerea*	灰鹡鸰	广	—	LC	W	鸣
181	*Motacilla alba*	白鹡鸰	广	—	LC	R	鸣
182	*Anthus richardi*	理氏鹨	广	—	LC	V	鸣
183	*Anthus hodgsoni*	树鹨	古	—	LC	R	鸣
184	*Anthus roseatus*	粉红胸鹨	古	—	LC	S	鸣
185	*Anthus cervinus*	红喉鹨	广	—	LC	V	鸣
186	*Anthus rubescens*	黄腹鹨	古	—	LC	W	鸣
187	*Anthus spinoletta*	水鹨	古	—	LC	W	鸣
	雀形目 PASSERIFORMES 燕雀科 Fringillidae						
188	*Eophona migratoria*	黑尾蜡嘴雀	古	—	LC	R	鸣
189	*Chloris sinica*	金翅雀	古	—	LC	R	鸣
	雀形目 PASSERIFORMES 鹀科 Emberizidae						
190	*Emberiza aureola*	黄胸鹀	古	I	CR	V	鸣
191	*Emberiza pusilla*	小鹀	古	—	LC	W	鸣
192	*Emberiza elegans*	黄喉鹀	古	—	LC	R	鸣
193	*Emberiza spodocephala*	灰头鹀	古	—	LC	W	鸣

注：1. R.留鸟；S.夏候鸟；W.冬候鸟；V.旅鸟。2. 广.广布种；古.古北界；东.东洋界。3. Ⅰ.国家一级重点保护野生动物；Ⅱ.国家二级重点保护野生动物。4. CR.极度濒危鸟类；VU.易危鸟类；NT.近危鸟类；LC.无危鸟类；NR.未认可。5. 生态类群：攀.攀禽；游.游禽；涉.涉禽；猛.猛禽；陆.陆禽；鸣.鸣禽。